供电生产事故分析与预防

《供电生产事故分析与预防》编委会　编著

中国水利水电出版社
www.waterpub.com.cn

内 容 提 要

为深刻吸取事故教训，进一步提升各供电企业安全生产可控、能控、在控水平，增强一线干部职工的安全意识和防护技能，特遴选了电力系统历年来发生的典型事故案例303起，汇编成《供电生产事故分析与预防》一书。本书共分十二章，内容涉及输电、配电、变电、试验、调度等各专业，每个案例包括：事故简况、事故原因及暴露问题、防范措施等。

本书可供电力系统生产技术人员和管理人员阅读和参考。

图书在版编目（CIP）数据

供电生产事故分析与预防 / 《供电生产事故分析与预防》编委会编著. -- 北京 : 中国水利水电出版社, 2011.3

ISBN 978-7-5084-8473-0

Ⅰ. ①供… Ⅱ. ①供… Ⅲ. ①供电－电力工业－事故分析－案例②供电－电力工业－事故预防－案例 Ⅳ. ①TM08

中国版本图书馆CIP数据核字(2011)第045342号

书　名	供电生产事故分析与预防
作　者	《供电生产事故分析与预防》编委会　编著
出版发行	中国水利水电出版社 (北京市海淀区玉渊潭南路1号D座　100038) 网址：www.waterpub.com.cn E-mail：sales@waterpub.com.cn 电话：(010) 68367658（营销中心）
经　售	北京科水图书销售中心（零售） 电话：(010) 88383994、63202643 全国各地新华书店和相关出版物销售网点
排　版	中国水利水电出版社微机排版中心
印　刷	三河市鑫金马印装有限公司
规　格	184mm×260mm　16开本　17.75印张　421千字
版　次	2011年3月第1版　2011年3月第1次印刷
印　数	0001—5000册
定　价	**48.00**元

凡购买我社图书，如有缺页、倒页、脱页的，本社营销中心负责调换

《供电生产事故分析与预防》编委会名单

前言

供电企业是社会公用事业的基础性行业之一，承担着重要的政治责任、经济责任和社会责任。供电安全事故的发生，不仅影响供电企业自身的稳定、效益和发展，而且直接影响广大电力客户的利益和安全，干扰社会秩序的稳定和人们的日常生活。

多年来，供电企业始终把“安全第一、预防为主、综合治理”作为企业经营管理的中心和重点，安全生产管理水平也在逐年提高。但世界上没有绝对安全的事物，在企业生产经营过程中，由于人的不安全行为、物的不安全状态和管理上的疏忽，各类供电安全事故仍时有发生。

前事不忘，后事之师。为深刻吸取事故教训，进一步提升各供电企业安全生产可控、能控、在控水平，增强一线干部职工的安全意识和防护技能，特遴选了电力系统历年来发生的典型事故案例303起，汇编成《供电生产事故分析与预防》。本书共分十二章，内容涉及输电、配电、变电、试验、调度等各专业。书中选取的事故案例，是以电力系统《事故通报》、《事故快报》为蓝本，隐去了事故发生的地点和人员姓名等。针对每起事故，本书简述了事故经过、事故原因及暴露问题，并根据现行安全规章制度提出了具体防范措施，供大家在实际工作中参考。

由于编者水平有限，书中难免存在错漏之处，敬请批评指正。对于案例中涉及到的某些单位和某些人，恳请能够谅解。

编　者

2010年12月

目　录

第一章　输电线路工作中人身伤亡事故案例

一、不执行工作票制度

案例1：没有带电作业经验的新人员，在没有征得领导同意、无工作票和工作负责人的情况下，擅自进行带电作业，触碰带电跳线致死

1. 事故简况

某供电公司带电班，进班不到一年的工作人员甲（技工学校毕业生），在未征得领导同意，也未与调度联系，在无工作票和工作负责人的情况下，擅自与另一名作业人员乙带领仅进班两个月的八名培训新工人到35kV某线路#9杆更换耐张绝缘子。

到达现场后，甲登杆到横担上，还未等乙上到横担，便蹲在横担上解开软铜线，拟短接靠横担侧的第一片绝缘子。由于软铜线过长，致使解开的软铜线下垂到该相跳线上，造成触电，使其仰面朝天，脚踩在吊杆与横担之间，屁股碰到跳线上，直到尼龙安全带被烧断，人才头朝下脚朝上从十几米高的杆塔上掉下来，当即死亡。

2. 事故原因及暴露问题

进行带电作业人员未执行国家电网安监［2009］664号《国家电网公司电力安全工作规程》（线路部分）［以下简称《安规》（线路部分）］第2.3.4条"带电作业应填用带电作业工作票"的规定，未经领导同意，在没有工作负责人和没有采取保证安全的任何措施的情况下，就擅自登上杆塔进行带电作业，造成触碰带电的跳线致死，是发生事故的主要原因。

本身是从事带电作业不到一年的新人员，自己没有带电作业经验，还带领了刚进班参加培训不到两个月的新工人去进行带电作业，纯属蛮干。当甲发生触电后，杆上、杆下人员不知道应该如何去进行抢救，直等到将安全带烧断，甲掉到地下致死，这是发生事故的重要原因。

3. 防范措施

带电作业是一项技术性要求很强，安全操作水平要求很高和相互间要求密切配合的特殊工作。因此在进行带电作业时，必须认真做到以下几点。

（1）对从事线路带电作业人员，必须认真挑选和经过严格的带电作业专业技术培训。应从有一定线路运行和检修工作经验的工人中挑选。首先，进行带电作业专业理论学习，然后进行模拟操作以及简单的实际操作，待综合考试和考核合格，经局总工程师批准持有中国带电作业培训中心颁发的合格证书后，方可从事带电作业工作。

（2）严格执行工作票制度。工作票制度是《安规》（线路部分）的核心，是保证工作人员在电力线路上工作，防止发生事故的重要组织措施。无票作业，对人身安全就无保

障，就是拿生命当儿戏。发生事故、血的教训说明：无工作票作业，就没有保证安全的措施；作业中没有监护人，发生危及人身安全的动作就没有人制止，发生触电事故就无人进行紧急抢救。因而，必须特别强调：在电力线路上不论进行复杂的或简单的带电作业，要坚决杜绝无工作票作业。

（3）进行带电作业应选用正确的方法和所需工具，更换耐张绝缘子的正确操作方法应该是在组装好前后卡具和绝缘子拉板，收紧导线后才能进行短接绝缘子工作。而且短接工作必须使用专用短接线，不允许随便使用软铜线，否则将会因软铜线过长触碰引线或跳线而发生事故。

案例2：无票作业，误触带电线路死亡

1. 事故简况

某供电局所属的供电所的外线合同工张××在班长带领下，未办理工作票，只根据所领导的口头通知，就去拆除35kV的一条出线杆上的弓字线，在作业时，误触另一条已送电的弓字线死亡。

2. 事故原因及暴露问题

（1）事故的主要原因是所领导严重违反《安规》（线路部分）第2.3.2.1条“在停电线路或同杆（塔）架设多回线路中的部分停电线路上的工作，应填用第一种工作票”的规定，仅给班长下达了一个口头通知就让班长带领工作人员前去作业。

（2）班长在接到所领导口头通知后，在未弄清工作性质、未弄清停电和带电范围的情况下，不认真执行《安规》（线路部分）第三章有关“保证安全的技术措施”，没有进行验电和挂地线就让张××贸然登杆去拆弓字线，是发生事故的直接原因。

（3）工作人员张××在领导的一系列违章指挥下，明知未采取任何安全措施，没弄清停电和带电范围，没有一点自我防护意识，就贸然登杆作业，亦是发生事故的重要原因。

此事故暴露出领导对安全生产的管理存在着严重的片面性。领导只管布置任务，任务下达了，开不开工作票是工作负责人的事，工作负责人在实际工作中，又忽视了安全，图省事，怕麻烦，拆个弓字线用不着工作票，免得验电、挂地线，上去一拆就完事。工作人员存在着“我是干活的，安全的事你们管，拆弓字线这么简单的一个活，还能出啥事”的心理。

3. 防范措施

（1）对于《安规》（线路部分）要不折不扣地认真执行，特别是“工作票制度”在执行中存在的习惯性违章做法，必须坚决纠正。

（2）工作负责人和工作班成员，应做到：没有工作票应坚决拒绝工作，没有安全措施不开工，安全措施和注意事项交待不清不开工，没有指明停电和带电范围不开工、不设监护人不开工。坚决克服图省事、怕麻烦以及习惯性违章习以为常的恶劣作风。

案例3：不遵守工作票制度，带电作业中擅自增加作业任务，作业人员背部与跳线放电致伤

1. 事故简况

某供电局线路工区带电一班进行35kVⅠ线路检测不良绝缘子工作。现场分两个作业

组，工作负责人方××，带领张××（青工）等三人为一小组，测至#24杆，（该杆为双回路转角双杆，另一回路是35kVⅡ线路，三相横担垂直排列），准备开始工作前，工作人员张××问工作负责人“Ⅱ线路要不要测?”，方××回答说“顺便测一下吧!”（工作票中并无此项任务）。于是张××就从Ⅱ线路侧登杆，站在下横担上检测Ⅱ线路绝缘子，结束后，张××从下横担向Ⅰ线路爬去，因Ⅰ线路下横担与中相跳线距离只有1.1m，在张××爬向Ⅰ线路侧杆子时，背部与跳线放电，张××从横担上跌下，因坠落处土质松软，虽然休克，但经抢救后苏醒，事后检查背部与两脚放电烧伤，肩部弧光灼伤。

2. 事故原因及暴露问题

（1）执行工作票不严。工作票是执行工作任务和采取安全措施的依据。在签发工作票时，工作票签发人将依据工作任务提出保证带电作业安全顺利进行的各项措施。本案例在工作票中没有检测Ⅱ线路绝缘子的任务。因而也就没有提出从Ⅱ线路向Ⅰ线路转移时的安全措施。工作负责人对作业现场，未经认真考察和思考，顺口就答应增加工作票中所未列入的工作任务，因而发生了从Ⅱ线路向Ⅰ线路转移过程中跳线对张××放电的事故，是发生事故的主要原因。

（2）人与带电体间的安全距离不够。根据《安规》（线路部分）第10.2.1条规定“在进行地电位带电作业时，人与带电体间的安全距离，对于35kV电压等级来说，最小安全距离为0.6m”。而作业人员进行作业现场转移时，Ⅰ线路下横担与中线跳线距离仅为1.1m，满足不了人体转移时最小安全距离要求。按规定“必须采取可靠的绝缘隔离措施”。可是作业人员在转移过程中，没有采取任何措施，这才发生了在横担上爬行时，背部对跳线放电，是发生事故的重要原因。

3. 防范措施

（1）不折不扣地认真执行工作票。工作票是作业人员进行带电作业的指令书。对工作票上所列项目必须严肃认真地对待，不折不扣地执行，无论工作负责人或工作班成员，都无权随便增加工作任务和更改工作票中所列内容。执行中如发现疑问，应立即停止作业，向工作票签发人请示，询问明确后，方能进行作业。

（2）作业现场必须保证足够的安全距离。所有带电作业人员，特别是工作负责人，对《安规》（线路部分）中规定的各电压等级与人身最小安全距离的数值，必须了如指掌。每到一个作业现场均应首先对最小安全距离进行观察，必要时应采用绝缘尺进行测量，切不可马虎从事。若发现最小安全距离满足不了要求时，必须采取可靠的绝缘隔离措施，不允许图省事、怕麻烦、将就着干的现象存在。

案例4：工作票上停电范围不清，误登带电侧，触电死亡

1. 事故简况

某电业局66kVⅠ线路停电春检。同塔架设的Ⅱ线路带电，Ⅰ线路向中分歧乙线#1～#12塔也同时清扫。某电业局送变电工区送电站副站长张××（男、49岁、八级工）在登上向中分歧线#9直线塔时，误登带电侧触电死亡。

2. 事故原因及暴露问题

（1）事故的主要原因是工作票签发人严重违反《安规》（线路部分）第5.3条“同杆塔架设多回线路中部分线路停电的工作”的各项有关规定，在工作票上只写了Ⅰ线路停电，而向中分歧线上，只说#1～#12塔清扫，没有指明哪一侧作业、哪一侧带电及线路的双重称号。虽有安全措施，但交代的不明确、不具体，工作票上只要求在向中分歧线#12塔装设一组接地线，没有写明是向中分歧乙线上。

（2）工作负责人不认真审查工作票中的各项内容，没有发现工作票存在的严重问题，也不提出异议，不组织工作班成员列队宣读工作票，不进行人员分工，不指定专职监护人，对工作票中所列安全措施不认真执行，不验电，也不挂接地线就和工作班成员分头去登杆作业，严重失职和违章蛮干，是发生事故的重要原因。

（3）工作班成员“麻木不仁”，没有一点安全意识和自我防护能力，对一系列严重违章行为，置若罔闻，不管线路停电还是有电，到现场就登杆，登杆就干活，因而，误认为有电线路为无电，触电致死。

3. 防范措施

（1）工作票签发人：通过工作票签发人签发出的工作票，是保证工作人员在线路上进行工作时，防止发生事故的重要保证。像这种“同杆塔架设多回线路中，部分线路的停电工作”不指明哪一侧有电，哪一侧停电，简直是拿人命当儿戏！如对现场有不清楚和拿不准的地方，必须亲自到作业现场进行调查，逐一核对，直到彻底清楚明了才能签发工作票。

（2）工作负责人：对每项工作能否确实保证人身安全以及顺利完成任务，应对工作票中所有的内容进行认真审查，只有在无任何异议后，才能组织开工；如有异议应提出询问，并彻底弄清。开工前应组织所有工作班成员列队宣读工作票，在宣读过程中，注意观察每一个工作人员对工作票所列各项内容听得是否认真，思想是否集中，并及时就工作票中有关事项提出相应的问题，指定工作班成员进行回答。要求每个工作人员必须充分了解：工作任务、作业范围、地线悬挂位置、停电和带电部位；详细进行人员分工、明确工作中的监护人，最后还应再考察每个工作人员对各自分配的工作任务的了解程度及完成各自任务的工作方法和注意事项。

（3）工作监护人：对工作班成员生命安全负有重要责任，在工作中要强化工作监督力度，当工作负责人担任监护人或指派他人担任监护人时，对监护人应明确指出监护重点和监护过程中的注意事项，以及怎样才能对作业人员进行全过程监护。工作人员登杆作业时，决不允许失去监护，当监护人未到位前，决不允许工作人员擅自登杆作业，当监护人因故需要离开作业，杆上人员也应全部从杆塔上撤下来，不允许停留在杆上等候。严禁监护人员擅离职守，脱离岗位，更不允许直接参加工作。

（4）工作班成员：工作中必须头脑清醒，思想集中。严肃认真地落实和执行工作票中所有保证安全的组织和技术措施，增强安全意识和自我防护能力，做到“我不伤害自己，我不伤害别人和我不被别人伤害”。

案例5：现场情况不清，农电线路返电，造成作业人员触电死亡

1. 事故简况

某电业局所属桦甸供电所，在66kVⅠ线路停电，更换已裂纹弯曲的#5水泥杆，#5～#6垂直跨越10kV同杆架设的矽铁二线（用户自维线路、上排）和水泥线（农电线路、下排），为安全需要，这两条线路已停电，但10kV水泥线#9杆上还有第三排横担，装设一组农东线（农电线路带电）与水泥线的联络跌落式开关，当时在拉开位置，上鸭嘴无电，底部及熔丝管有电，这一回联络线，工作班大部分成员及工作票签发人都没有注意到。

工作开始后，工作负责人送电检修班班长，指派李××（监护）、于××（操作）在矽铁二线水泥线#9杆上挂了接地线，装地线者由于没碰到带电部位，没有发生危险。

在66kVⅠ线路#5杆两侧导线撤下放倒后，班长告诉李××、于××两人拆10kV线路#9标的地线，9时57分，李××登上#9杆，右手握住第二排横担，左肢跨越拉线过程中，碰到带电跌落式开关B相熔丝管端，当即放电，工作负责人发现后，迅速跑过来摇晃拉线，使李××脱离电源，由于安全带尚未系上，李××从7m高处摔下，立即送往医院，经抢救无效死亡。经查：胶鞋被击穿，左手小指外侧电烧伤5cm^{2}左右，右手虎口处有1cm^{2}烧伤痕迹。

2. 事故原因及暴露问题

（1）此次66kVⅠ线路换杆工程中，跨越有农电和用户的10kV线路，在用户和农电线路上挂、拆地线作业，没有按照《安规》（线路部分）第5.2.1条规定“停电检修的线路如与另一回带电线路交叉或接近至表5.2安全距离以内，则另一回线路必须停电并接地”。

（2）工作票签发人没有认真查看工作现场就签发了工作票，对农电及用户设备不熟悉，未注明#9杆上跌落式开关带电，致使工作人员登上带电杆挂、拆地线。挂地线者幸运未触电；拆地线者碰触了带电部位，并从高处坠落致死是发生事故的主要原因。

（3）工作开始前，工作负责人未到现场宣读工作票，指明邻近带电线路和带电部位。全体人员均不知道#9杆上跌落式开关有电。实际工作现场无人监护，当触电发生后，工作负责人迅速跑过来，晃动拉线使触电者脱离电源，地面上没有采取保护措施，致使触电人脱离电源后从高处坠落致死，是发生事故的重要原因。

此事故除了暴露出领导不能严肃认真地贯彻执行《安规》（线路部分）外，还存在着没有制定施工安全组织和技术措施（标准化作业指导书）。像这样更换三级水泥杆的大修工程，工作量大、参加作业人员较多，工作现场也很复杂，多处跨越10kV线路和通信线路，按有关制度规定应事先编写施工安全技术组织措施（标准化作业指导书），经批准后，组织参加工程的人员学习，然后才能开工，但这些重要环节都被忽略了。

此事故还暴露出生产指挥系统及安全技术管理都存在一些问题。对复杂作业重视不够，开工前没有对现场认真核对，运行维护单位没有与现场实际相符的交叉跨越资料和可能窜电、返电的有关资料。

3. 防范措施

(1) 对于《安规》(线路部分) 的第 5.2.1 条的规定要不折不扣地认真地执行。

(2) 送电线路运行维护单位，要切实做好运行技术管理工作，要有符合实际的线路路径图和与实际相符的平行交叉跨越图纸和资料，查清高、低压双电源和用户发电机以及联络线等情况，坚决消除迂回供电和同一杆交叉供电。

(3) 工作票签发人、工作负责人、工作监护人及工作班子成员保证安全的注意事项，详见案例 4。

案例 6：安全技术措施不到位，误登运行线路触电死亡

1. 事故简况

某电业局线路工区维护班处理火南 148 线路接地故障工作中，将与火南 148 线路同杆架设的下层城夺 146 线路误认为是 148 线路，导致申报的停电线路与实际应停电线路不符，同时工作人员未对线路进行验电、挂地线等安全措施，发生 1 起人身伤亡事故，造成 1 人死亡。

2. 事故原因及暴露问题

本次事故是在事故抢修时发生的，经现场查看和调查分析，事故发生的原因主要有：

(1) 工作人员作业前未对线路进行验电和挂接地线，属严重的习惯性违章行为。

(2) 工作负责人对设备现状不清楚、不了解，对现场未进行认真核对的情况下，申请停电工作，导致停电线路发生错误，为事故埋下隐患。

(3) 工作许可人在现场情况存在疑问的情况下，未认真核对图纸，同意了现场申请，没有履行应有职责，未能有效防范事故发生。

(4) 电业局工程施工部门对改造后的杆塔没有及时进行移交，同时投运前没有及时做好线路杆塔标识。

(5) 工作监护人没有认真履行应有职责。

暴露问题：

(1) 习惯性违章问题十分突出。该电业局并未真正重视安全生产，未能从事故中真正吸取教训，仍然我行我素、有章不循；班组现场工作、作业的安全管理与监督不力，反习惯性违章的措施与工作不到位，没有有效地遏制习惯性违章行为。

(2) 安全管理工作不扎实。管理部门深入现场不够，班组的安全管理失控，安全责任与措施不落实，规章制度执行不力；管理制度不完善；缺乏有效的技术防范措施，未能实施危险点分析和预控，作业标准不健全；工程建设验收与投运工作管理不严；事故检修与调度停电工作管理制度不完善；对工作票签发人、工作负责人、工作许可人管理不严格。

(3) 人员素质较差，培训工作不到位。作业人员缺乏必要的安全意识、作业技能和自我防护意识。

3. 防范措施

(1) 制定有力措施，切实加强现场安全管理与监督，确保现场安全组织与技术措施的严格执行。

（2）按照《安规》（线路部分）的要求，严格执行“电力线路事故应急抢修单”，健全事故抢修管理制度。

（3）加强反习惯性违章教育和培训，通过反复地、大量地、规范化、标准化和形象化地作业训练，养成遵章作业的习惯。

（4）完善工程验收交接制度和设备标识管理制度。

（5）认真开展好工作班前会和班后会，认真地进行安全和技术交底，做好危险点分析和预控工作，完善作业标准。

（6）规范调度许可与复核制度，制订线路陪停方案，完善事故预案，规范调度术语；加强对三类工作人员（工作票签发人、工作负责人、工作许可人）的安全教育和管理，确保其严格履行各自的安全职责，从组织措施上把好安全生产的每道关口。

（7）加强对临时工的安全管理，按照临时工有关安全管理工作规定，从安全教育、技术培训、安全考核与持证上岗、现场工作安排、工作范围与内容的界定、现场监督检查、工作监护等各个环节着手，切实加强临时工的安全管理。强化临时工的安全工作意识与自我保护意识，提高专业技能，增强遵章守规的自觉性。

（8）加强对各级安全生产管理人员的安全教育，改变工作作风，深入现场，加强监督、检查与协调工作。

二、不执行工作许可制度

案例1：未履行工作许可手续，不清楚停电与带电范围，爬上构架触电死亡

1. 事故简况

某电业局送电工区××保线站工人黄××，在××电厂出口开关场处理阻波器，开了线路工作票，未与电厂办理工作许可手续，黄××及工作负责人爬上架构，黄××触及带电的110kV刀闸口，当即触电死亡。

2. 事故原因及暴露问题

作业违反了《安规》（线路部分）第2.3.8.4条规定，持线路或电缆工作票进入变电所或发电厂升压站进行架空线路、电缆等工作，应增添工作票份数，由变电所或发电厂工作许可人许可的规定。没有按照安规履行工作许可手续。没有会同变电所工作许可人“对工作负责人指明带电设备的位置和注意事项”。工作人员在不清楚停电和带电范围的情况下，就开始作业，造成作业人员爬上架构，触及110kV带电刀闸死亡，是发生事故的主要原因。

事故暴露出工作票签发人和工作负责人的技术管理素质低，对作业内容在电厂变电所开关场内应执行安规的各项有关规定都不清楚，拿着线路工作票，到变电所开关场去工作。到现场后工作负责人未与变电所值班人员联系，就与工作人员爬上架构是发生事故的重要原因。

3. 防范措施

（1）严格执行《安规》（线路部分）第2.3.8.4条规定，持线路或电缆工作票进入变

电所或发电厂升压站进行架空线路、电缆等工作，应增添工作票份数，由变电所或发电厂工作许可人许可的规定。当线路工作范围扩大到变电所时，必须到变电所，根据安规有关规定履行工作许可手续，向工作班成员指明带电设备和注意事项，方可开始工作。

（2）提高工作票签发人和工作负责人的技术管理水平和技术素质，加强安规的学习，明确线路工作票的适用范围。

三、不执行工作监护制度

案例1：监护人放弃职守自己登错杆，造成人身触电重伤

1. 事故简况

某电业局送电工区，在清扫35kV Ⅰ线路绝缘子工作中，李××小组负责#1～#6杆塔挂地线和清扫工作。开工后，李××负责监护，董××登上#1双回线路进行（同塔的Ⅱ线路，送电中）工作，小组中另两人向李××说：“#2杆留给你们，我俩去干#3～#6杆”，当董××从#1塔上下来，要去#2杆时，李××说：“我去吧，你等着拆地线”，李××便自去，Ⅰ线路与Ⅱ线路#2杆分开后相距160m。Ⅰ线路#2杆在山上，Ⅱ线路#2杆在山下，李××直奔山下Ⅱ线路走去，董××这时误认为李××是选好路去，也没过问。李××误登上Ⅱ线路杆（杆上无名称）后，绑好腰绳左手伸向绝缘子，发生弧光放电，将李××手指与两脚烧伤。

2. 事故原因及暴露问题

（1）工作小组开工时已明确分工，李××担任监护人，董××登杆作业，#1杆作业完毕后，李××擅自决定自己去#2杆作业，让董××在#1杆下等候拆地线。李××严重违反了《安规》（线路部分）第2.5.1条“工作负责人、专责监护人应始终在工作现场，对工作班人员的安全进行认真监护，及时纠正不安全的行为”和第2.5.2条规定的“对有触电危险，容易发生事故的工作，应增设专责监护人，专责监护人不得兼做其他工作”。脱离监护工作岗位，亲自去登杆作业，是发生事故的主要原因。

（2）工作班子成员董××，对工作负责人脱离监护人岗位，亲自去参加作业未予反对，且在发现李××走错方向也未予提醒，没有尽到《安规》（线路部分）第2.3.11.5条规定的工作班成员“互相关心工作安全”的安全责任，是发生事故的重要原因。

事故暴露出有关人员的安全思想麻痹，已经到麻木不仁的程度。这对自己是不负责任，对别人则是犯罪行为。

3. 防范措施

（1）作业人员必须严格遵守《安规》（线路部分）第2.5.1条、第2.5.2条各项条款的有关规定，不容许有丝毫的麻痹和大意。

（2）要采取防止误登带电杆塔的技术措施。

1）做好判别标识、色标或采取其他措施，使工作人员能准确区别哪一条线路是停电线路。

2）在这些线路上进行作业时，需要发给工作人员相对应线路的识别标帜（例如同色

袖标）。

3）登杆作业前，核对标帜无误，验明线路确已停电应挂好地线后，方可攀登。

（3）登杆作业前，作业人员思想要高度集中，认真核对线路名称、杆号和相应标志，逐一核对导线的排列方式，对换位杆塔都要特别保持高度警惕，对无杆号、名称的杆塔，一定要前后相邻杆塔核对清楚无误后方可攀登，后不可盲目蛮干。

（4）严格执行工作监护制度。监护人对工作人员生命安全负有重要责任。工作人员登杆作业时，决不容许失去监护，当监护人未到现场，未经监护人许可，严禁工作人员擅自登杆。特别在同杆架设多回线路中，部分线路停电和有平行、交叉带电线路上工作时，要设专人监护，以免误登有电线路杆塔。监护人对登杆作业人员必须进行全过程监护，即从登杆开始，到作业结束后，下杆到地面为止，作业中间不允许中断监护。监护人对那些习惯性违章行为，要敢管、坚决制止，否则就是严重失职，就是犯罪。

（5）各级领导，特别是班组长，在工作中一定要严肃认真，不折不扣地执行安规的各项有关制度，强化组织和劳动纪律，坚决杜绝有章不循和习惯性违章的恶劣行为和现象。

案例 2：作业中监护人从事其他工作，使作业人员失去监护，触电死亡

1. 事故简况

某电业局线路工区某供电站电工甲在某 110kV 线路#339 耐张单杆（110°转角）横担上使用自制的检测杆测量零值绝缘子。当测完Ⅰ端绝缘子串后，便从Ⅰ端转移到Ⅱ端测，以便继续检测。在穿越中线跳线过程中，工作负责人未认真监护（正在紧分角拉线），以致电工甲手持检测杆上的短路叉碰触中相跳线。电流由中相跳线—短路叉—电工甲的后脑—吊杆形成回路，触电死亡。

2. 事故原因及暴露问题

带电作业的工作负责人严重违反《安规》（线路部分）第 2.5.1 条“工作负责人、专责监护人应始终在工作现场，对工作班人员的安全进行认真监护，及时纠正不安全的行为”和第 2.5.2 条规定的“对有触电危险，容易发生事故的工作，应增设专责监护人，专责监护人不得兼做其他工作”，以及第 10.1.5 条中“带电作业应设专责监护人，监护人不准直接操作”的规定。在杆塔上有人进行带电作业时，不对作业人员进行认真的监护反而去紧分角拉线，是发生事故的主要原因。

3. 防范措施

（1）严肃认真地执行工作监护制度。导致这起事故发生的主要原因事故重演，应特别重申监护人一定要严肃认真的执行工作监护制度，监护人在带电作业过程中对作业人员的生命安全负有重要责任。监护人对现场作业指挥是否得当，直接关系到作业人员和设备的安全，一旦稍有疏漏，对作业人员失去监护就会造成人身伤亡和设备事故。在执行工作监护制度中，应特别强调对作业的全过程和全方位的强化监护。全过程监护就是从作业人员登上杆塔的第一步起到作业完毕下杆到地面为止。全方位监护就是对作业人员在作业过程中的一举一动都不能失去监护。如作业人员的每一项操作是否正确、是否保持足够的安全

距离，在复杂或高杆塔作业是否增派了专职监护人，监护人的监护范围是否超过了一个作业点等。监护人对作业人员的每一个细小的违反规程的动作以及每一个习惯性违章行为都要敢管、敢制止。决不能放任自流，否则就是严重失职。监护人在进行监护过程中，还应以身作则，严于律已，绝不干与监护工作无关的任何事情，绝不擅离职守。

（2）提高作业人员的安全意识和自我保护能力。由于带电作业是一项复杂作业，工作中随时可能发生触电危险，因此对从事带电作业的人员要求十分严格，作业中必须思想高度集中，保持头脑清醒，要求动作十分准确，操作认真细心。要满足和达到这些要求，就必须大力提高作业人员的安全意识和自我保护能力，对任何违反安规的命令不予执行，并向发令人指出错误所在，必要时向发令人的上级领导报告。做到“我不伤害自己，我不伤害别人，我不被别人伤害”。

案例3：监护人员尚未到位，作业人员误登带电线路触电，摔至地面死亡

1. 事故简况

某供电局在110kV高（井）一八（里庄）二线与这条线路“T”接的古支二线上进行停电清扫工作。上午完成部分工作，午后重新分组继续工作。古支一、二线各9基杆，由古城变电所至高八线“T”接处依次编号#1～#9。下午古支二线上的任务是清扫#2～#4杆。工人赵××（4级工、1970年进局）和李××（4级工，副班长）被分配从#4杆开始清扫，李××为监护人，另两人从#2杆开始清扫，午饭后，赵××在古支二线#9杆处挂好地线，班长带领四人乘车赴工作现场，赵××、李××两人在#4杆处下车，班长作了交待后便带另两人去#2杆处。

110kV古支一、二两线#4杆处平行相距约20m，工人赵××在未判明杆塔编号，失去监护的情况下误登未停电的古支一线#4杆，没系安全带。即沿绝缘子串下降，结果触电坠落，经抢救无效死亡。

2. 事故原因及暴露问题

（1）古支一、二两线相互靠近，平行段仅相距约20m，在这样线段上工作，要严格遵守《安规》（线路部分）第5.2.4条中规定的：①每基杆塔上都应有双重名称，使工作人员能正确区别哪一条线路是停电线路；②经核对停电检修线路的双重名称无误，验明线路确已停电并挂好地线后，工作负责人方可宣布开始工作，在这些平行或交叉线路上进行工作时，应发给工作人员相对应线路的识别标志；③在该线路上工作，登杆塔时要核对停电检修线路的双重名称无误后，并设专人监护，以防误登有电线路杆塔。赵××在进行工作时，线路没有识别标志，监护人尚未到位，自己又未判明杆塔编号就误登未停电的线路，不系安全腰带就沿绝缘子串下降，是发生事故的主要原因。

（2）有两条以上相互靠近的（100m以内）平行或交叉的线路段，需做判别标帜，但是，不少单位嫌麻烦、图省事，不去认真落实安规规定的“做判别标帜”这一有效措施，是发生事故的重要原因。

3. 防范措施

（1）作业人员必须严格遵守《安规》（线路部分）第5.2.4条、第5.3条的有关规定，不容许有丝毫的麻痹和大意。

（2）要采取防止误登带电杆塔的技术措施。

1）做好判别标帜、色标或采取其他措施，使工作人员能准确区别哪一条线路是停电线路。

2）在这些线路上进行作业时，需发给工作人员相对应线路的识别标帜（例如同色袖标）。

3）登杆作业前，核对标帜无误，验明线路确已停电且挂好地线后，方可攀登。

（3）登杆作业前，作业人员思想要高度集中，认真核对线路名称、杆号和相应标志，逐一核对导线的排列方式，对换位杆塔要特别保持高度警惕，对无杆号、名称的杆塔，一定要前后相邻杆塔核对清楚无误后方可攀登，且不可盲目蛮干。

（4）严格执行工作监护制度。监护人对工作人员生命安全负有重要责任。工作人员登杆作业时，决不容许失去监护，当监护人未到现场，未经监护人许可，严禁工作人员擅自登杆。特别在同杆架设多回线路中，部分线路停电和有平行、交叉带电线路上工作时，要设专人监护，以免误登有电线路杆塔。监护人对登杆作业人员必须进行全过程监护，即从登杆开始，到作业结束后，下杆到地面为止，作业中间不允许中断监护。监护人对那些习惯性违章行为，要敢管、坚决制止，否则就是严重失职，就是犯罪。

（5）各级领导，特别是班组长，在工作中一定要严肃认真，不折不扣地执行安规的各项有关制度，强化组织和劳动纪律，坚决杜绝有章不循和习惯性违章的恶劣行为和现象。

案例4：一人作业无人监护，误登用户带电线路杆塔触电，摔落重伤

1. 事故简况

某电业局××供电局送电班，计划8时30分至15时30分进行66kVⅠ线路停电清扫，9时接到调度许可工作命令，工作负责人（班长）召集作业人员布置工作任务（分段擦检，每两人一组）宣读小组作业任务单和讲解工作票，然后随作业人员分乘两辆汽车到现场装设接地线，其中吕××（小组负责人）与姚××，工作任务是Ⅰ线路#21～#40线路绝缘子清扫，吕××、姚××二人未乘汽车，私自骑一辆摩托车直接去作业现场，到Ⅰ线路分支#20杆，两人同时下车，吕××向姚××交待："有铁塔那一条线路不要上，那是油田线路，有电，#27杆处有一大水渠过不去，你从#21杆（用手指停电线路方向）开始干，我绕过去从#40杆向这边干。"姚××一边走一边回答："知道了"，于是吕××向#40杆塔走去，姚××顺着稻田的水渠埂走到油田所属的66kV带电的Ⅱ线路#12杆下（杆上无线路名称、杆号、与分支#21杆相距88m），扎上安全带就开始登杆，登杆到距地面12m处横担时，站在横担上准备系安全带，在挥动手臂时，B相导线对该手臂放电，姚××从12m高处坠落到地上，经送县医院抢救，虽无生命危险，但姚××双手被电击伤，脾脏摔破切除，肠管外膜震裂修复，构成重伤。

2. 事故原因及暴露问题

（1）小组工作负责人吕××，违反了《安规》（线路部分）第 2.5.1 条“工作负责人、专责监护人应始终在工作现场，对工作班人员的安全进行认真监护，及时纠正不安全行为”和第 2.5.2 条规定的“对有触电危险，容易发生事故的工作，应增设专责监护人，专责监护人不得兼做其他工作”。小组负责人吕××不但不认真起到监护作用，反而放弃工作监护任务，自己走向线路另一端登杆作业，结果姚××误登油田带电线路杆塔触电，是发生事故的主要原因。

（2）工作班成员姚××安全思想不牢，对小组工作负责人交待的“油田线路带电，不能上”，不仔细听，不认真记，自身又缺少自我保护能力，不能正确判断哪条线路停电，哪条线路带电，误登带电的油田线路电杆触电，是发生事故的直接原因。

（3）工作负责人违反《安规》（线路部分）第 3.4.1 条“线路经验明确无电压后，应立即装设接地线并三相短路，各工作班工作地段各端和有可能送电到停电线路工作地段的分支线都要验电、装设工作接地线”的规定，只在变电所--侧挂上地线后，另一侧未挂地线就开始作业，未认真执行停电、验电、挂地线保证安全的技术措施，是事故发生的重要原因。

事故暴露出：

（1）工作票上未注明邻近有带电线路。

（2）作业前工作负责人未组织作业人员对危险点进行认真分析。

（3）作业人员没有近电报警装置。

3. 防范措施

（1）工作票签发人必须认真履行应负的安全责任，对所签发的工作票，从组织措施上和技术措施上都要保证作业人员的安全，不应有考虑不周、想得不全现象发生。对作业现场不熟悉的，要事先进行现场摸底，从而使所签发的工作票符合现场实际，没有安全方面的漏洞和不足之处。

（2）工作负责人和小组工作负责人（监护人）对安规的执行，必须一丝不苟，严格执行，特别是怎样保证作业人员的安全，不能有丝毫马虎大意，线路登杆清扫作业，虽然是简单工作，但也必须严格执行两人一起工作，一人登杆作业，一人杆下认真监护，切记不可图省事，抢进度，一人一杆的进行工作。

（3）对于作业的停电线路附近有带电线路，还应严格按照《安规》（线路部分）第 5.2.4 条、第 5.3 条的规定：“做判别标记、色标或采取其他措施，以便工作人员能正确区别哪一条是停电线路，在这些平行或交叉线路上进行工作时，应发给工作人员相对应线路识别标记，登杆前经核对标记无误，验明线路确已停电并挂好地线后，方可攀登；在平行或交叉线路上工作时，要设专人监护，以免误登有电线路杆塔。”

案例 5：监护人失职，对作业人员严重习惯性违章不予制止，造成误触带电线路身亡

1. 事故简况

某电业局输变电工区超高压站，在对 63kVⅠ线路停电进行登杆检查和清扫绝缘子，

并拆除Ⅱ线路侧的警告红旗，Ⅰ线路和Ⅱ线路是同杆塔架设的双回线（Ⅰ线路停电，Ⅱ线路带电运行）。工作负责人孙××（运行班长）在驶往工作地点的车上，组织全体人员宣读了工作票，并划分了工作组，指定了各小组负责人，赵××（死者，男，26岁）与王×（小组负责人）负责#23～#33杆塔的检查和清扫。赵××、王×两人由#33杆向小号侧方向进行作业。首先由赵××登#33杆，王×监护，赵××登杆时，既不带安全帽，又不扎安全带，并说："Ⅰ线路、Ⅱ线路明年就要改造了，用不着清扫了!"只想上杆后看一下，把Ⅱ线路的警告红旗拆下来了事。而监护人王×对赵××的一系列严重习惯性违章和工作态度并未加制止和批评。当赵××登上杆塔后，发现绝缘子很脏，便告诉王×，王×说："下一基就得擦一擦"，这时，王×就失去了对赵××的监护，在杆塔下整理安全帽、系安全带，准备去登#32杆，没有看到赵××向Ⅱ线路的中线导线侧移动，当赵××距中线半米准备抓导线擦拭绝缘子时，导线对人体放电。赵××感电后，身体失去平衡，从塔上23.3m处坠落地面，抢救无效死亡。

2. 事故原因及暴露问题

（1）作业人员赵××在既不戴安全帽又不系安全带的严重违章情况下，就登杆作业，无视《安规》（线路部分）第6.2.4条、第7.10条规定的"在杆塔上作业时，应使用有后备绳的双保险安全带，在转移作业位置时不准失去安全保护"和第13.1.1条规定的"任何人进入生产现场应正确佩戴安全帽"，造成误触带电线路，高空坠落死亡，是发生事故的主要原因。

（2）监护人王×在赵××一系列严重违章的情况下不加批评和制止，甚至放纵，在赵××仍在杆上时，王×就失去了对赵××的监护，在杆下整理，准备登下一杆塔的工作。未认真遵守《安规》（线路部分）第2.5.1条"工作负责人、专责监护人应始终在工作现场，对工作班人员的安全进行认真监护，及时纠正不安全行为"，是发生事故的重要原因。

（3）班组长和工作负责人在工作中不能以身作则，甚至带头违反规章制度，不是在工作现场组织工作班成员列队宣读工作票，而是在行驶的车上宣读工作票，没有对工作班成员进行停电与带电线路情况进行询问，所以才发生了赵××将Ⅱ线路侧的警告红旗拆除后马上就去擦拭绝缘子，感电摔下死亡，也是发生事故的重要原因。

3. 防范措施

（1）作业人员必须严格遵守《安规》（线路部分）第2.5.1条、第2.5.2条各项条款的有关规定，不容许有丝毫的麻痹和大意。

（2）要采取防止误登带电杆塔的技术措施。

1）做好判别标帜、色标或采取其他措施，使工作人员能准确区别哪一条线路是停电线路。

2）在这些线路上进行作业时，需发给工作人员相对应线路的识别标帜（例如同色袖标）。

3）登杆作业前，核对标帜无误，验明线路确已停电应挂好地线后，方可攀登。

（3）登杆作业前，作业人员思想要高度集中，认真核对线路名称、杆号和相应标志，逐一核对导线的排列方式，对换位杆塔都要特别保持高度警惕，对无杆号、名称的杆塔，一定要前后相邻杆塔核对清楚无误后方可攀登，且不可盲目蛮干。

（4）严格执行工作监护制度。监护人对工作人员生命安全负有重要责任。工作人员登杆作业时，决不容许失去监护，当监护人未到现场，未经监护人许可，严禁工作人员擅自登杆。特别在同杆架设多回线路中，部分线路停电和有平行、交叉带电线路上工作时，要设专人监护，以免误登有电线路杆塔。监护人对登杆作业人员必须进行全过程监护，即从登杆开始，到作业结束后，下杆到地面为止，作业中间不允许中断监护。监护人对那些习惯性违章行为，要敢管、坚决制止，否则就是严重失职，就是犯罪。

（5）各级领导，特别是班组长，在工作中一定要严肃认真，不折不扣地执行安规的各项有关制度，强化组织和劳动纪律，坚决杜绝有章不循和习惯性违章的恶劣行为和现象。

案例6：人员违章作业，失去监护，误入同塔双回带电侧触电死亡

1. 事故简况

某供电局进行配合停电登检，按照线路检修计划进行了现场勘察。2月25日，施工班组编制了详细的施工“三措”计划、危险点分析、标准化作业指导书，对同塔双回临近带电线路作业的危险点做了专门分析（Ⅰ线路#1～#14塔与Ⅱ线路同杆架设），提出针对性措施：一是明确要求与带电的Ⅱ线路保持不小于1.5m的安全距离；二是一人登塔、一人专门监护。2月25日下午，线路检修班进行了“三措”交底。此次线路检修共分为五个小组，熊×（死者、上塔人员）、王×（现场地面监护人员）在第二小组，负责Ⅰ线路#4～#6塔的登检，工作班成员（包括熊×）参加了交底并在工程技术交底记录上签字确认。2月26日上午8时30分左右，在检修班召开班前会时，再次对全体工作成员进行了施工“三措”、标准化作业指导书讲解。工作负责人、生技科线路专责、供电局生产副局长分别对当天工作内容、安全注意事项以及防止误登带电线路的预控措施等进行了部署和强调。2月26日9时41分，Ⅰ线路进行检修，乘车前往工作地点的途中，王×专门问同组的熊×：“休息好没有？”熊×说：“没得啥子的”。2月26日上午10时51分，线路工作班组在Ⅰ线路#1、#15塔分别挂好接地线后，工作负责人刘×通知各小组可以上塔工作。王×组首先进行#5塔的工作。王×再次在现场面向大号侧，对熊×作了左为Ⅱ线路带电、右为Ⅰ线路检修的交代。10时54分，熊×从D腿（靠停电线路侧）脚钉登塔，由下层往上层工作。由于凌晨下过雨，瓷瓶只简单地擦了一下，熊×工作完毕后，告诉王×：“我已擦完。”王×回答：“好。”王×就没有再监护熊×下塔，从挎包中拿出“标准作业指导书”，开始检查#5塔的基础。11时12分，王×正在检查A腿接地线时，听到放电声，抬头看见熊×倒在未停电的Ⅱ线路中相横担上，身上已着火。王×就边往塔上爬边喊山坡下的司机电话通知人。当大家赶到，火已扑灭，但熊×因伤势过重已经死亡。事故时Ⅱ线路C相接地，零序Ⅰ段保护动作，Ⅱ线路开关跳闸，重合不成功。

2. 事故原因及暴露问题

（1）#5塔上作业人员违章作业。擅自进入带电区域。

（2）#5塔下监护人员监护不到位。在作业人员尚未下塔前开始进行其他工作，未执行全过程监护，致使塔上作业人员的违章行为未能及时被制止。

(3)#5 塔上作业人员经验不足、自我保护意识淡薄。已知Ⅱ线路带电，在登检工作完成后本应下塔，却擅自移至带电线路区域，对安全帽的报警信号以及带电线路的电晕声都未引起警觉。

(4) 同塔双回线路中对一条线路运行、一条线路登检的区别措施不完备。

(5) 现场作业班组劳动组织有缺陷。安排本工种工龄不到一年、经验不足的施工人员从事临近带电线路作业。

(6) 教育培训针对性不强。安全知识教育、技能培训针对性不足。

3. 防范措施

(1) 作业人员必须严格遵守《安规》(线路部分) 第 2.5.1 条、第 2.5.2 条各项条款的有关规定，不容许有丝毫的麻痹和大意。

(2) 作业人员必须严格遵守《安规》(线路部分) 第 5.3 条同杆塔架设多回线路中部分线路停电的工作的各项条款的有关规定。

(3) 登杆作业前，作业人员思想要高度集中，认真核对线路名称、杆号和相应标志，逐一核对导线的排列方式，对换位杆塔要特别保持高度警惕，对无杆号、名称的杆塔，一定要前后相邻杆塔核对清楚无误后方可攀登，且不可盲目蛮干。

(4) 严格执行工作监护制度。监护人对工作人员生命安全负有重要责任。工作人员登杆作业时，决不容许失去监护，特别在同杆架设多回线路中，部分线路停电线路上工作时，要设专人监护，以免误登有电线路杆塔。监护人对登杆作业人员必须进行全过程监护，即从登杆开始，到作业结束后，下杆到地面为止，作业中间不允许中断监护。监护人对那些习惯性违章行为，要敢管、坚决制止，否则就是严重失职，就是犯罪。

(5) 各级领导，特别是班组长，在工作中一定要严肃认真，不折不扣地执行安规的各项有关制度，强化组织和劳动纪律，坚决杜绝有章不循和习惯性违章的恶劣行为和现象。

案例 7：失去监护，不核对杆号牌，误登触电死亡

1. 事故简况

因配合高速铁路的施工，某电业局 1 月 24～27 日对 110kV Ⅰ线全线计划停电，由某电业局高压检修管理所（以下简称高检所）进行Ⅰ线 16 号—1、16 号—2、#90 杆塔搬迁更换工作，同时对Ⅰ线—#1～#118 杆塔及Ⅰ线的分支线#1～#44 杆塔登检及绝缘子清扫工作。工作分成三个大组进行，分别由高检所线路一、二班和带电班负责，经分工，带电班工作组负责分支线#1～#44 杆塔停电登杆检查工作。

1 月 24 日，各工作班在挂好接地线、做好有关安全措施后开始工作。

1 月 26 日带电班的工作又分成 4 个工作小组，其中第 4 组是莫××和王×两人，负责#31、#32、#34 共 3 基杆塔的登杆检查消缺工作。在该班分别检查确认 110kV Ⅰ线的分支线两端杆塔（#1、#44）的接地线完好无误后，便分组开展登杆检查消缺工作。

莫××和王×两人，走到 110kV Ⅰ线的分支线#31 杆的山脚下时，因为正面上山困难，便绕道寻路。结果莫××、王×两人走错了一个山头，走到了与停电的 110kV Ⅰ线的分支线平行架设的 110kV Ⅲ线路#35 杆处（原 110kVⅡ线的分支线#32 杆）。两人在未

认真核对线路杆号牌和监护人未履行监护职责的情况下，王×误登带电的110kV Ⅲ线路#35杆，造成触电，并起弧着火，安全带被烧断，从约23m高处坠落，当即死亡。

2. 事故原因及暴露问题

(1) 工作监护人安全意识淡薄，责任心差，完全没有履行监护人的职责，严重违反《安规》(线路部分) 第2.5.1条、第2.5.2条的规定。

(2) 安全意识淡薄，工作班成员王×缺乏自我防护意识，登杆塔前未认真进行“三核对”，盲目上杆工作，严重违反了《安规》(线路部分) 第5.2.4条3款的规定，以致酿成惨剧。

(3) 线路运行维护不力，线路的三牌管理不规范，巡线道维护不力。

(4) 危险点分析没有针对性，特别是对于类似平行架设的线路没有针对性的预防措施。

(5) 这次事故反映安全管理存在漏洞，尤其是线路运行方面，安全检查没有完全到位，还有许多隐患没有及时发现，一些薄弱环节没有攻克，违章现象没有从根本上杜绝，安全基础仍然薄弱。

3. 防范措施

(1) 加大设备整治力度，对所有线路的“三牌”进行一次彻底的检查登记，凡未写“三牌”和字迹模糊的杆塔号一律重写。对同杆或平行架设的线路实施色标区分，在线路工作中实行对色工作。对其他运行设备进行全面清理和排查，加大资金投入，完善设备健康水平。

(2) 严厉打击违章行为，宣传“违章就是杀人”、“违章就是犯罪”的认识，严厉打击各种习惯性违章，坚决做到发现一个，处理一个，对打击违章不力的各级干部要从重、从严加倍处罚。要组织力量，常年在基层和现场查处违章。

(3) 广泛开展安全培训：一是要进行思想认识上的培训，用血的教训敲醒麻木的头脑，重新认识安全管理中的薄弱环节；二是广泛开展安全技术培训，要认真举办“两票”学习班、违章人员培训班、安监人员培训班、工作负责人培训班等各种技术培训，提高全员安全素质。

案例8：违章指挥，违章作业，导致人身伤亡

1. 事故简况

某电力送变电公司××项目部施工队队长甘×和安全负责人陈×与当地建设工程有限公司23名施工人员进行N2058塔（ZB63A－30，重13.905t）组立施工。13时10分左右，开始起吊横担，于13时40分铁塔横担起吊到位，绞磨停止牵引，控制绳调整到位后固定好。在全部工作做好后，指挥员叫地面人员固定好所有控制风绳并保持稳定，然后高空人员从地面到高空进位组装。5名高空人员陆续到达指定位置并拴好安全带。13时50分左右，风力突然增大，超过6级，横担控制风绳受力增加。左侧控制风绳起省力作用的铁桩因受力过大突然上拔，风绳失去控制，快速飞出，吊件铁塔横担左侧风速向大号侧旋转摆动，快速冲击上曲臂，将铁塔上、下曲臂首先从K节点处开始变形，使抱杆向大号侧快速倾斜，继而向大号侧扭倒。张×因安全带拴于曲臂伸出的主材上，坠落过程中安全

带滑落，其余四名高空人员随曲臂下坠，吊于曲臂构件上。经现场人员全力施救，张×因伤势过重死亡，另一伤者经医院抢救无效死亡，其余 3 人中 1 人重伤，2 人轻伤。

2. 事故原因及暴露问题

违章指挥、违章作业、违反操作规程、现场监督不力。

3. 防范措施

全面做好事故分析处理工作。结合事故情况，按照“四不放过”原则，从现场危险点分析，现场安全措施和标准化作业等方面进行深入地剖析，深刻反思安全管理工作中的薄弱环节和存在的问题，特别是责任制落实上有哪些环节存在问题，提出整改措施，落实人员责任。

四、作业中不戴安全帽

案例 1：作业中不戴安全帽，三角紧线器掉下砸伤

1. 事故简况

某电业局 35kV 线路停电作业进行#5～#6 杆改造，紧线时使用三角紧线器，当第一根导线紧完后，叶××将三角紧线器从导线上摘下往滑绳勾上挂时，不慎失手将三角紧缚器（4kg）从 7m 高的架构上掉下，正巧打在同杆下方工作的杨××（男，36 岁、五级送电工），头部右侧（杨××未戴安全帽），造成 3.5cm 长伤口，送往医院缝合两针，住院观察 8 天，险些酿成人身死亡事故。

2. 事故原因及暴露问题

作业人员杨××在杆上作业不戴安全帽，严重违反《安规》（线路部分）第 6.2.5 条规定的“杆塔上下无法避免垂直交叉作业时，应做好防坠物伤人的措施”和第 13.1.1 条规定的“任何人进入生产现场应正确佩戴安全帽”，是发生事故的主要原因。

3. 防范措施

（1）为杜绝人身伤亡事故的发生，在检修作业中，必须按有关规定，佩戴好安全帽和正确使用安全用具，安全帽的作用不仅是防止高处落物伤人，而且还有防止人从高处坠落时对头部伤害及周围物件碰撞、倒塌、打击等意外伤害的作用。因此，对于进入检修作业现场工作人员，不论是进行高空作业，还是进行地面作业，均必须按正确方法戴好安全帽，也就是不但要戴安全帽，还应扎紧安全帽下颏的系带，这一点必须严格执行，养成习惯。

（2）对于高空或上面有工作人员作业时，如有必要进入工作现场时，必须事先同上边作业人员打好招呼，在得到上面作业人员许可后，方可进入。在上面工作的作业人员“应防止掉东西，使用的工具、材料应用绳索传递，不得乱扔”。当遇有可能发生掉东西时，应及时提醒下面人员离开现场，以免发生意外。

案例 2：施工现场不戴安全帽，高处掉紧线器打破头皮

1. 事故简况

某电业局送电工区在 220kV 线路修巡线吊桥，下午 2 时许，四条线已紧完，王××

在地上工作，他想到桥下边看看弛度，这时谭××（2级工）正好用钳子打紧线器，他没注意下边有人，结果紧线器掉在王××头顶上，因王××没戴安全帽，将头顶皮打破，缝合了六针，造成轻伤。

2. 事故原因及暴露问题

工作人员王××在作业现场不戴安全帽，严重违反了《安规》（线路部分）第13.1.1条规定的“任何人进入生产现场应正确佩戴安全帽”，是发生事故的主要原因。另外当有必要进入高空作业现场时，应与高空作业人员打个招呼，提醒一下，否则杆上人员正在思想高度集中的工作难免掉下东西，砸伤地面人员。

3. 防范措施

（1）为杜绝人身伤亡事故的发生，在检修作业中，必须按有关规定，佩戴好安全帽和正确使用安全用具，安全帽的作用不仅是防止高处落物伤人，而且还有防止人从高处坠落时对头部伤害及周围物件碰撞、倒塌、打击等意外伤害的作用。因此，对于进入检修作业现场工作人员，不论是进行高空作业，还是进行地面作业，均必须按正确方法戴好安全帽，也就是不但要戴安全帽，还应扎紧安全帽下颔的系带，这一点必须严格执行，养成习惯。

（2）对于高空或上面有工作人员作业时，如有必要进入工作现场时，必须事先同上边作业人员打好招呼，在得到上面作业人员许可后，方可进入。在上面工作的作业人员“应防止掉东西，使用的工具、材料应用绳索传递，不得乱扔”，当遇有可能发生掉东西时，应及时提醒下面人员离开现场，以免发生意外。

五、不按规定使用安全带保护

案例1：作业人员未系安全带，用手抓连通引流线，触电摔死

1. 事故简况

某电厂供电所带电班在某110kV线路接通环路（全长7km）搭头，由电工甲、乙、丙三人分别等电位完成（均穿着屏蔽服）。在完成左、中两根引流线的连通作业后，地面工作人员在工作负责人指挥下，将右相环路下导线的连通引流线用绝缘绳拉至右相上导线接触，电工丙登绝缘软梯至右相上导线并骑在导线上，拟完成引流线与上导线绑扎任务，由于导线摆晃厉害，致使连通引流线与上导线接触不良，而电工丙在未系安全带的情况下，就用手去抓连通引流线以致人体串入电路，使人体承受环路电流，触电后从高空摔跌死亡。

2. 事故原因及暴露问题

作业人员电工丙骑在导线上，不严格遵守《安规》（线路部分）第6.2.4条、第7.10条规定的“在杆塔上作业时，应使用有后备绳的双保险安全带，在转移作业位置时不准失去安全保护”等规定，由于导线摆晃厉害，在未系安全带和后备保护绳的情况下，就用手抓连通引流线，以致人体串入电路，使人体承受环路电流，触电后从高空摔跌死亡是发生

事故的主要原因。

对于“带电断、接引线”，《安规》（线路部分）第10.4.1.5条和第10.4.4条中都明确规定了“禁止同时接触未接通的或已断开的导线两个断头，以防人体串入电路”和“带电断、接空载线路时，应采取防止引流线摆动的措施”，进行该项工作时，作业人员均未按上述要求认真执行。当工作负责人发现电工丙骑在导线上摆晃厉害以及未系安全带，均未立即下令停止作业，以便在采取相应措施后再进行作业，是发生事故的重要原因。

3. 防范措施

事故的主要原因，是由于作业人员在安全带的使用上未能严格、认真遵守《安规》（线路部分）有关“正确使用安全带”的规定。为了杜绝在安全带使用上再发生人身伤亡事故，应特别强调：带电作业人员登杆进行作业时，必须一丝不苟，严肃认真地执行《安规》（线路部分）有关“正确使用安全带”的各项规定，使用前应对安全带进行全面检查，在作业现场系好安全带之后，应经监护人检查，监护人认为无异议后，才能允许作业人员开始作业。

严禁使用不合格的安全带，更不允许使用绝缘绳临时代用安全带，要提高作业人员的安全意识和自我防护能力。如作业现场确无合格的安全带应拒绝作业。作业人员上、下杆塔和在杆、塔上横向转移时，不得失去后备保护绳的保护。

用等电位方法接通或断开空载线路时，最危险的莫过于人体串入电路。因为一旦串入，人体将变成导体。尽管穿着屏蔽服，也是相当危险的，为确保断、接空载线路的人身安全，必须做到：接通或断开空载线路前，必须使用截面符合要求，且两端装有带电线夹和绝缘手柄的专用短接工具。接通的操作顺序是：先用专用短接工具将空载线路与运行带电线路连通，再将空载线路与正式线路正式连接，最后拆除短接工具。断开的操作顺序是：先用短接工具将需要断开的连接处两端连通，拆开连接点后，再拆除短接工具。

案例2：安全带系在有伤的导线上，导线突然断线，安全带脱空，摔下死亡

1. 事故简况

某供电局所辖线路四班与带电班共同处理110kV线路，被农民放炮炸伤的导线时，工人熊××在#53杆装中线防震锤，安全带系在有伤的导线上，导线突然断线，熊××所系的安全带脱空，不起作用，从高空摔下死亡。

2. 事故原因及暴露问题

熊××的安全带未按《安规》（线路部分）第7.9条规定的“安全带应系在牢固的构件上，禁止系在移动或不牢固的物件上”，以及第6.2.4条规定的“在杆塔上作业时应使用有后备绳或速差自锁器双控背带式安全带”。而熊××是系在有伤的导线上，在导线突然断裂时，安全带脱空，起不到保护作用，且安全带没有后备保护，造成高空摔跌死亡，是发生事故的主要原因。

3. 防范措施

（1）这起事故根本原因是没有认真执行《安规》（线路部分）第7.9条、第6.2.4条的各项有关规定，有的根本没系安全带，有的虽然系安全带，但不是未系牢就是系的位置

不正确。为了杜绝在安全带问题上再发生人身伤亡事故，应特别强调工作负责人在监护中把好这一关，对严重地习惯性违章，以及不系安全带就参加作业的行为一定要严厉制止，严肃批评，并给予相应的处分。

（2）在高空作业时，一定要使用新型双保险安全带，并在使用前认真检查安全带和保险绳是否良好。在杆塔上，安全带和保护绳应分挂在杆塔不同部位的牢固构件上，今后严禁使用单一的安全带，更不容许用绝缘绳临时代用安全带。

作业人员上、下杆和在杆塔上转位及杆塔上作业时，手扶的构件应牢固，不准失去安全保护。

案例3：作业人员失去安全带保护，转移时失手摔落地面死亡

1. 事故简况

某电力局线路队队长沈××（六级工）参加220kV线路巡线并测量瓷瓶工作。沈××登上#190杆塔（26.15m）工作，当完成顶相瓷瓶串测量工作后，在进行转移时，失去安全带保护，在距地面20m处，不慎失手摔落地面死亡。

2. 事故原因及暴露问题

身为线路队队长直接参加杆上作业，由于思想上存在着："作业简单，不会发生什么危险"的麻痹意识，因而在作业转移过程中，不能严格要求自己，带头违反《安规》（线路部分）第6.2.3条"在杆塔上作业转位时，不准失去安全保护"的规定，在失去安全带保护的情况下，从20m高处失手摔落地面致死，是发生事故的主要原因。

3. 防范措施

事故的主要原因，是由于作业人员在安全带的使用上未能严格、认真遵守《安规》（线路部分）有关"正确使用安全带"的规定所引起的。为了杜绝在安全带使用上再发生人身伤亡事故，应特别强调：带电作业人员登杆进行作业时，必须一丝不苟，严肃认真地执行《安规》（线路部分）有关"正确使用安全带"的各项规定，使用前应对安全带进行全面检查，在作业现场系好安全带之后，应经监护人检查，监护人认为无异议后，才能允许作业人员开始作业。

严禁使用不合格的安全带，更不允许使用绝缘绳临时代用安全带，要提高作业人员的安全意识和自我防护能力。如作业现场确无合格的安全带应拒绝作业。作业人员上、下杆和在杆塔上转位及杆塔上作业时，手扶的构件应牢固，不准失去安全保护。

案例4：作业人员系用不合要求的安全带，从横担上摔下

1. 事故简况

某供电局送电处带电三班，在某变电所外35kV"T"接线路终端杆上更换耐张绝缘子。杆上电工甲的安全带（用绝缘绳代替）系在杆塔主杆上，用活结系牢，人站在横担上用绝缘操作杆取弹簧销子。在弯腰过程中安全腰带活结头卡在横担的缝中，当甲再次直腰工作时，活结头从活结中抽出，致使甲失去保护，从横担上摔下来，幸其臀部着地，且土质较软，才避免一次重大事故。

2. 事故原因及暴露问题

(1) 这次带电作业严重违反了《安规》(线路部分) 第10.1.6条“工作负责人应组织有关人员……确定作业方法、所需工具和应采取的措施”的规定。连关系人员生命安全的安全带都不准备，进行带电作业时用绝缘绳临时代替，可见严重失职到何种地步，这是发生事故的主要原因。

(2) 作业人员思想麻痹，自我防护能力差，在进行带电作业时，不认真执行安规的有关规定，反而使用绝缘绳代替安全带，并且打了活结，所以才发生了活结头从活结中抽出，失去安全带保护，从横担上摔下，是发生事故的重要原因。

3. 防范措施

事故的主要原因，是由于作业人员在安全带的使用上未能严格认真遵守《安规》(线路部分) 有关“正确使用安全带”的规定所引起的。为了杜绝在安全带使用上再发生人身伤亡事故，应特别强调：带电作业人员登杆进行作业时，必须一丝不苟，严肃认真地执行《安规》(线路部分) 有关“正确使用安全带”的各项规定，使用前应对安全带进行全面检查，在作业现场系好安全带之后，应经监护人检查，监护人认为无异议后，才能允许作业人员开始作业。

严禁使用不合格的安全带，更不允许使用绝缘绳临时代用安全带，要提高作业人员的安全意识和自我防护能力。如作业现场确无合格的安全带应拒绝作业。作业人员上、下杆和在杆塔上转位及杆塔上作业时，手扶的构件应牢固，不准失去安全保护。

案例5：系安全带未扣好，作业中失去保护，高空坠落摔伤致残

1. 事故简况

某供电局，在天气阴雨的情况下进行35kV线路停电检修，工作负责人孙××与工作班成员陆××、刘××、李××在#76杆塔作恢复塔头线工作。开工会上工作负责人宣读了工作票所列的工作内容，并布置了安全措施，强调天气不好，注意登杆防滑和防止登错杆塔。

到达现场后，陆××等系好安全带（并未检查是否真正系好）。刘××先上塔，陆××跟上，刘××站在中横担处，陆××站在下横担处，在起吊验电笔之后，刘××见陆××拿验电笔转身准备验电时，掉在山芋田里，瞬间休克，到医院检查，脊椎骨压缩性骨折，双下肢无知觉。

2. 事故原因及暴露问题

事故后检查发现以下问题：①陆××身上的安全带围绳弹簧搭扣已不在左边环里；②安全带弹簧头的弹性是好的；③陆××穿的工作服，在右腰部有1个2～3cm长新钩破的洞。因此，分析认为陆××的安全带围绳弹簧搭扣误扣在衣服上，没有认真遵守《安规》(线路部分) 第7.10条中“高处作业人员在作业过程中，应随时检查安全带是否拴牢”的规定，是发生这次事故的直接原因。另外工作监护人对工作人员系好安全带之后，对是否系得牢固没有检查与提示也负有一定的责任。

3. 防范措施

（1）这起事故根本原因是有关人员未认真执行《安规》（线路部分）第 6.2.4 条、第 7.10 条的各项有关规定，有的根本没系安全带，有的虽然系安全带，但不是未系牢就是系的位置不正确。为了杜绝在安全带问题上再发生人身伤亡事故，应特别强调工作负责人在监护中把好这一关，对严重地习惯性违章，以及不系安全带就参加作业的行为一定要严厉制止，严肃批评，并给予相应的处分。

（2）在高空作业时，一定要使用新型双保险安全带，并在使用前认真检查安全带和保险绳是否良好。在杆塔上，安全保险绳应拴在牢靠固定的构件上，今后严禁使用单一的安全带，更不容许用绝缘绳临时代用安全带。

作业人员上、下杆和在杆塔上转位及杆塔上作业时，手扶的构件应牢固，不准失去安全保护。

案例 6：工作人员不系安全带，作业中手扶抱杆，抱杆骤落，失重从高空坠落死亡

1. 事故简况

某电力安装公司送变电安装队在组立 220kV 铁塔时，作业人员在组立第五段的基础上，继续组立该塔。班长王××分配了工作，口头上讲了安全注意事项，副班长张××负责地面指挥和监护，铁塔组立完第六段后，开始升抱杆（11m 长、100kg 重，铝合金的），这时作业人员徐×（男、41 岁、八级送电工）上塔负责塔上指挥，塔上还有作业人员林×、李×两人，徐×告诉林×把升抱杆用的滑子、钢丝套子拴在绳子上，由李×拽上来，徐×一看是 3t 滑子，就说：不要这个换一个 1t 滑子！李×把 3t 滑子放下去，换了一个 1t 滑子，连同钢丝绳套一起递给了徐×，徐×没用钢丝套，而是将滑子直接挂到塔的第六节上侧水平铁中线挂线板的内侧眼中，徐×在塔上指挥升抱杆，地面用汽车绞盘和牵引钢丝绳提升抱杆，当抱杆到位即停止，由徐×、李×两人调整抱杆的方向和角度，徐×脚踏着斜铁，用手扶抱杆进行调整，抱杆的四条临时拉线也随之调整，这时，塔上的提升滑车钩子突然折断，抱杆骤落，徐×因腰上扎的安全带未系在牢固的构件上，失重，从 32.4m 高处坠落地面死亡。

2. 事故原因及暴露问题

（1）徐×在塔上作业时，严重违反《安规》（线路部分）第 6.2.2 条中“安全带应系在电杆及牢固的构件上”的规定，以及第 6.2.4 条规定的“在杆塔上作业时应使用有后备绳或速差自锁器双控背带式安全带”。在双手扶抱杆进行调整时，抱杆突然下落，双手脱离抱杆，身体失去平衡，高空坠落致死，是发生事故主要原因。

（2）安全技术措施不落实，施工方法错误。措施中明确规定：“提升抱杆时，必须使用 3t 滑子和 5 分钢丝绳套”，而徐×却自作主张改用 1t 滑子，不用钢丝绳套，将滑子直接挂在挂线板上，由于硬性连接和滑子过小承受不了过大的拉力，导致滑子钩脖处折断，造成抱杆骤然脱落，是发生事故的直接原因。

（3）现场工作负责人，对作业人员缺乏监护和管理，未能发现和及时纠正徐×不系安

全带，不按安全技术措施规定执行，擅自改变起重用具和使用方法等一系列严重习惯性违章行为，对事故发生负有重要责任。

3. 防范措施

（1）这起事故根本原因是未能认真执行《安规》（线路部分）第 6.2.2 条、第 6.2.4 条的各项有关规定，有的根本没系安全带，有的虽然系安全带，但不是未系牢就是系的位置不正确。为了杜绝在安全带问题上再发生人身伤亡事故，应特别强调工作负责人在监护中把好这一关，对严重地习惯性违章，以及不系安全带就参加作业的行为一定要严厉制止，严肃批评，并给予相应的处分。

（2）在高空作业时，一定要使用新型双保险安全带，并在使用前认真检查安全带和保险绳是否良好。在杆塔上，安全保险绳应拴在牢靠固定的构件上，今后严禁使用单一的安全带，更不容许用绝缘绳临时代用安全带。

作业人员上、下杆和在杆塔上转位及杆塔上作业时，手扶的构件应牢固，不准失去安全保护。

案例 7：未系安全带，高处摔落造成重伤

1. 事故简况

某电业局输电工区带电三班工作任务是在 35kV 线路悬挂杆号牌。工作开始前工作负责人张×在宣读了工作票、危险点预控卡，并让工作班成员在危险点预控卡上签字确认完毕后，进行了分组，6 人共分为 3 个工作小组。工作负责人张×和郭×分为一组，由张×监护，郭×作业，工作任务为#21～#30 悬挂杆号牌。工作开始后由#21 杆向#30 杆方向进行悬挂杆号牌，从#28 杆起郭×就坐在依维柯工程车的车厢上，15 时 15 分，在对#30 杆作业时，郭×在还未得到工作负责人张×的命令，在没有监护的情况下就开始登杆，登杆时未系安全带，且未双手抱杆。张×在关车门时听到叫声，回头看到郭×从离地面约 3m 高处坠落，郭×落地后，安全帽摔坏，头的右后部出血，右肩部有伤。当即将伤者送往医院，院方无能力救治，拨打了 120 急救电话，救护车赶到后，送往军区总医院急诊科进行抢救，军区总医院立即对伤者的头部、胸部、脊椎、腿部进行了拍片检查，未见异常。次日对伤者再次进行拍片检查时，发现颈椎（第六节）骨折。

2. 事故原因及暴露问题

（1）工作人员安全意识极其淡薄，安全思想麻痹，违章作业，工作中始终没有执行危险点预控卡制定的安全措施，在登杆过程中不使用安全带是造成事故的直接和主要原因。

（2）监护人没有正确安全的组织生产，对工作人员的违章行为没有进行有效地制止，失去对工作人员行为全过程监护，是本次事故发生的重要原因。

（3）输电工区领导安全意识不强，安全管理存在漏洞。

（4）防范措施没有落实。

3. 防范措施

（1）认真组织事故通报学习，提高全体工作人员安全行为意识，增强遵章守纪的自觉性。

（2）进一步加强作业过程管理，加大对人员执行作业规定情况考核的力度，保证各项组织措施、安全防护措施在现场得到扎扎实实的落实。

（3）把防止人身事故、防止误操作事故作为反事故斗争的重点。

（4）按照反事故斗争工作方案，以查找违章行为、麻痹思想、侥幸心理、不负责任为重点，全面落实开展反事故斗争主要工作的具体要求。

案例8：高空移位时失去后备保护，高空坠落死亡

1. 事故简况

某供电局110kV线路计划停电，送电工区配合消缺，任务是消除#86、#87杆间导线对地距离不够缺陷（导线对道路的距离为5.7m），方案是对#86、#87杆加装铁头，提升导线。送电工区带电班工作负责人乔××，带领工作成员史××等六人，10时左右到达现场。工作负责人宣读完工作票，进行了交底并签名，布置完现场安全措施后，开始工作。#87杆加装铁头工作完工后，14时左右，开始进行#86杆加装铁头工作。工作负责人安排史××、杜××上杆操作，其余人员做地勤。

16时40分左右，#86杆加装铁头杆上作业结束。工作班成员杜××从下横担下杆时，因下横担拉杆包箍下滑引起下横担下倾，杜××从约13m高处坠落至地面，现场工作人员立即将其送往医院进行抢救，17时24分到达医院开始抢救，19时30分，经抢救无效死亡。

2. 事故原因及暴露问题

事故原因如下：

（1）下横担拉杆包箍安装质量不良、突然下滑引起下横担下倾是造成本次事故的直接原因。拉杆包箍安装后检查不细，致使包箍松动的重大隐患没能及时发现，直接导致本次事故发生。

（2）作业人员杜××自我防护意识不强，高空移位时失去后备保险绳保护，违反《安规》（线路部分）中第6.2.3条、第6.2.4条，是造成本次事故的主要原因。

（3）工作负责人（监护人）职责履行不到位，违反《安规》（线路部分）第2.3.11.2条和第2.3.11.4条，既没有发现并制止作业人员下杆时失去保护的违章行为，又没有及时发现安装质量存在的重大问题，是造成本次事故的另一主要原因。

暴露问题如下：

（1）全过程的安全质量控制措施不力。在本次工作过程中，现场人员对施工质量控制不严格，检查工作不细致，没有及时发现包箍松动这一严重隐患。标准化作业未能与危险点分析控制、施工工艺标准等要求有机结合，现场执行不力。

（2）规章制度执行不严肃。《安规》（线路部分）明确规定“在杆塔高空作业过程中，人员在转位时不得失去后备绳的保护”，但是本次作业人员并没有严格执行，致使高空转位失去保护。

（3）工作协调和管理不力，没有正确处理好技术改造和设备消缺的关系。该线路已运行46年，且已纳入大修改造计划，消缺施工方案未能兼顾长远，从安全、技术、设备、

运行管理等方面统筹安排，改造工作不彻底。

(4) 教育培训内容和方式缺少针对性和实效性。对员工的技能培训方式单一，效果较差，致使员工技术水平不高，实际工作能力不强，安全风险防护、自我保护意识较差。

(5) 面对平稳上升的安全形势，一些人员对存在的隐患和风险重视不够，认识不足，思想上麻痹大意，安全管理监督不到位。

3. 防范措施

(1) 单位领导和职能部室负责人、管理人员按照挂靠关系，深入各有关单位，帮助基层单位认真分析查找隐患，指导单位整改。

(2) 政工部负责，有关职能部室配合，深入基层单位，切实研究、了解职工的思想状况，全力做好职工的思想和队伍稳定工作。

(3) 安监部负责制定防止高空坠落的措施。

(4) 生技部组织对规范化作业进行专项检查。

(5) 主管部室全面调整和控制工作量。

(6) 教育培训中心负责开展冬季大培训工作。

(7) 送电工区再次进行扩大分析，开展为期40天的学习整顿工作。

案例9：安全带没有后备保护，高处坠落死亡

1. 事故简况

某电力公司为解决110kV输电线路频繁故障跳闸的问题，组织实施对全线提高绝缘配置、加强防风偏、防鸟害和防雷等措施的整治工作，由某电力建设总公司承担全线整治施工。接到工作通知后，某电力建设总公司进行了全面的工作计划和安排，并对参建人员进行了安全教育和培训，要求加强现场安全措施的落实，认真做好危险点分析工作后，对线路进行增加绝缘子工作。电建公司线路二班一组在完成#23铁塔增加绝缘子工作后，11时10分，转移到#13铁塔工作。按照工作程序，先用3t葫芦把导线回收，退去绝缘子串的受力，然后在绝缘子与球头挂环连接处断开，加装绝缘子。11时55分，在完成#13铁塔增加绝缘子工作后准备拆除紧线器时，由于距离较远，只能骑坐在绝缘子串上作业。施工人员巴×××将安全带系在#13铁塔C相绝缘子串上，正准备作业时，绝缘子U形挂环与铁塔挂点处螺栓发生脱落，导致绝缘子串滑脱，致使骑坐在绝缘子串上的施工人员坠地。其他工作人员随即将其送往医院进行抢救，因伤势过重抢救无效，于12时30分死亡。

2. 事故原因及暴露问题

(1) 施工班组在工作前没有认真开展危险点分析工作，没有采取必要的安全防范措施。同时施工人员没有严格按照规定，在杆塔高空作业时，没有佩戴有后备绳的双保险安全带。

(2) 线路施工质量有问题，存在安全隐患。#13铁塔C相耐张绝缘子U形挂环与铁塔挂点处螺栓没有安装开口销，因导线长期摆动造成螺栓、螺帽向外滑移，在施工时该螺栓脱落，导致绝缘子串发生滑脱，工作人员从高空坠落。事故后还发现该铁塔的A相耐张

绝缘子串U形挂环没有使用规范的螺栓，螺杆长度不够。

(3) 施工安全管理不规范，现场安全工作与措施不落实。在工程开工之前，没有认真开展危险点分析，没有采取相应的防范危险措施；现场施工中没有严格按照安规有关规定配备和使用安全工器具；同时班前会、作业前的安全和技术交底没有记录。

(4) 工程建设施工单位在施工中存在质量问题，绝缘子与铁塔的挂接螺栓规格与安装工艺均不符合要求。监理单位没有尽到应有的监理责任，未能及时发现施工质量与安全存在的问题。工程建设管理单位管理不到位，工程验收把关不严，埋下事故隐患。

(5) 安全管理与监督不到位，没有发挥安全管理与监督应有作用。

3. 防范措施

(1) 组织全体管理与施工人员学习《安规》，重点是线路施工的有关安全内容。对安全工器具进行全面检查，组织进行安全工器具使用方法培训。深入查找在安全管理和安全施工等各个环节存在的问题，制定和落实防范人身事故措施。

(2) 施工单位要认真落实现场安全管理与安全措施，对每项工作可能存在的危险点要进行全面、细致、深入的分析，认真落实防范和预控危险的措施。扎扎实实地开展好班前会、班后会和安全、技术措施交底工作，并做好详细的文字记录。

(3) 针对此次整治工作中暴露出的施工质量问题，公司有关部门要立即组织相关单位进行全面清查和整改。

(4) 加强工程质量管理，规范工程验收程序。工程建设管理部门要经常深入施工现场进行质量与安全监督和检查，工程管理要规范化、制度化；工程验收要实行标准化管理，严把工程质量关。

(5) 加强工程监理工作，加强对监理单位的管理，切实落实监理的责任。

(6) 进一步健全安全保证体系和安全监督体系，完善监督管理和考核制度，明确各级安全生产责任制，按照安全监督和分级、分层管理的原则，加强作业现场安全监督和管理。

案例10：系安全带未扣好，作业中失去保护，高空坠落造成人身死亡

1. 事故简况

某超高压局送电工区进行500kVⅠ号线更换绝缘子作业，全线共分6个作业组。作业进行到第五天，第三作业组负责人周×，带领作业人员乌×（死者，男，蒙族，1974年10月出生，1995年由牡丹江电校毕业参加工作，班组安全员）等8人，进行#103塔瓷质绝缘子更换为合成绝缘子工作。塔上作业人员乌×、邢××在更换完成B相合成绝缘子后，准备安装重锤片。邢××首先沿软梯下到导线端，14时16分，乌×随后在沿软梯下降过程中，不慎从距地面33m高处坠落至地面，送医院抢救无效死亡。

事故调查确认，乌×在沿软梯下降前，已经系了安全带保护绳，但扣环没有扣好、没有检查。在沿软梯下降过程中，没有采用“沿软梯下线时，应在软梯的侧面上下，应抓稳踩牢，稳步上下”的规定操作方法，而是手扶合成绝缘子脚踩软梯下降，不慎坠落。小组负责人抬头看到乌×坠落过程中，安全带保护绳在空中绷了一下，随即同乌×一同坠落至

地面。

2. 事故原因及暴露问题

（1）工作班成员乌×（死者）的违章行为是造成此次事故的直接原因。首先，乌×在系安全带后没有检查安全带保护绳扣环是否扣牢，违反《安规》（线路部分）第7.10条“高处作业人员在作业过程中，应随时检查安全带是否拴牢。在转移作业位置时不准失去安全保护”的规定。其次，在沿软梯下降时，违反工区制定的使用软梯的规定。

（2）工作负责人没有实施有效监护，默认乌×使用软梯的违规操作方式是造成此次事故的间接原因。

（3）人员违章问题突出。作业人员在工区对软梯使用方法有明确规定的情况下，仍然使用过去习惯性的做法，表现出对规定和要求的漠视，说明反违章工作开展不力。

（4）培训的针对性和实效性亟待加强。员工实际操作技能较差，基本技能欠缺。

（5）安全意识和风险意识不强。对沿软梯上下的风险估计不足，在作业指导书和技术交底过程中，都没有强调软梯的使用。

3. 防范措施

（1）立即进行事故原因分析，吸取事故教训，加大反违章工作力度，全面开展反违章培训，重点进行班组反违章的督察和指导。

（2）加大培训的针对性和实效性，全面提高人员实际操作技能。

六、不遵守放线、撤线、紧线有关规定

案例1：放线未装设临时拉线，也未按安全技术措施要求施工，造成杆塔折断，塔倒死亡三人

1. 事故简况

某电业局线路工区检修班在110kV线路（放北面导线时，绞磨位置在南侧顺导线方向，距#7塔约50m处）。北面的导、地线都放完后，再放南面导、地线之前，班长方××提出要倒绞磨，工作班成员任××等提出“不倒绞磨可不可以？”方××说：“也可以吧”，于是就在未移动绞磨的情况下，放南面的导、地线，当放到最后一条地线时，铁塔从距地面4.66m处折断倒下，在塔上工作的李××、任××、武××等三人随塔倒跌下死亡。

2. 事故原因及暴露问题

（1）整个放线过程中，没有严格遵守《安规》（线路部分）第6.4.5条规定的“紧线、撤线前，应先检查拉线、桩锚及杆塔。必要时，应加固桩锚或加临时拉绳，拆除杆上导线前，应检查杆根，做好防止倒杆措施”，是发生事故的主要原因。

（2）施工过程中没有按照事先制定的“施工安全技术措施”中规定的绞磨放置位置去执行，班长提出“要倒绞磨位置”，而工作人员怕麻烦，图省事，竟然提出违反“施工安全技术措施”做法，班长也不坚决反对，反而姑息迁就，结果在放线过程中，杆塔受力不

均，造成铁塔折断，是发生事故的重要原因。

3. 防范措施

（1）这起事故系作业人员严重违反《安规》（线路部分）第 6.4 条中的有关“放线、紧线与撤线”各条款造成的，因此，在杆塔上工作，对安规有关条款必须一丝不苟认真贯彻执行。执行中决不容许存在图省事、怕麻烦的侥幸心理，特别是工作负责人更应坚持原则，严肃对待，否则稍有放松，后果不堪设想。

（2）作业中必须严格遵守事先拟定的作业方案、步骤和安全技术措施，任何人在作业过程中均无权任意改变。如作业中确实遇到困难，无法贯彻执行相应安全技术措施，对于需要改动的部分，必须经过认真研究，提出新的改进方法或措施。这些改进的方法和措施，须经有关部门和领导批准后，方可实施。

（3）提高作业人员的技术素质和自我防护能力，对领导违反规程制度和不认真执行作业安全技术措施的行为，应有相应的判断能力，对错误指挥和习惯性违章行为有权反对和抵制，真正做到“我不伤害自己、我不伤害别人和我不被别人伤害”。

案例 2：新装设钢丝绳拉线不符合要求，也未进行检查，竟拆除临时拉线，引起倒杆，杆上三人一死两伤

1. 事故简况

某供电局设备安装公司在变电所 35kV 进线电杆（18m）做紧线工作，在四个方向用三根#8 线做好临时拉线，放线前，决定将永久性拉线做好，为防止倒杆，将西、北各加装一根三分钢丝绳做加强拉线。由于西侧的一根钢丝绳未穿进地锚的拉攀孔内，只与原来的三根#8 线加了两只 U 形轧头，且未夹紧，之后，东、南两侧的拉线作了反紧，此时在杆上工作的副班长认为新加钢丝绳拉线已经装设牢靠，便命令同在杆上工作的另一名作业人员，将西侧临时拉线拆除，当即引起倒杆，致使杆上工作的三人，一人死亡，两人受伤。

2. 事故原因及暴露问题

（1）紧线工作应严格遵守《安规》（线路部分）第 6.4.5 条规定的“紧线、撤线前，应先检查拉线、桩锚及杆塔。必要时，应加固桩锚或加临时拉绳”。在安装钢丝拉绳过程中，应该穿入地锚攀孔内却未穿入，应该夹紧的也未夹紧，且未经工作负责人检查是否合格，在杆上工作的副班长就下令，让杆上工作人员将西侧临时拉线拆除，是发生事故的主要原因。

（2）《安规》（线路部分）第 6.3.15 条中还规定“杆塔上有人时，不准调整或拆除拉线”，而在杆上工作的副班长，却下令让杆上工作人员将西侧临时拉线拆除，是发生事故的重要原因。

3. 防范措施

（1）这起事故系作业人员严重违反《安规》（线路部分）第 6.3 条中的有关“拉线”各条款造成的，因此，在杆塔上工作，对有关“拉线”各条款必须一丝不苟认真贯彻执

行。执行中决不容许存在图省事、怕麻烦的侥幸心理，特别是工作负责人更应坚持原则，严肃对待，否则稍有放松，后果不堪设想。

（2）作业中必须严格遵守事先拟定的作业方案、步骤和安全技术措施，任何人在作业过程中均无权任意改变。如作业中确实遇到困难，无法贯彻执行相应安全技术措施，对于需要改动的部分，必须经过认真研究，提出新的改进方法或措施。这些改进的方法和措施，须经有关部门和领导批准后，方可实施。

（3）提高作业人员的技术素质和自我防护能力，对领导违反规程制度和不认真执行作业安全技术措施的行为，应有相应的判断能力，对错误指挥和习惯性违章行为有权反对和抵制，真正做到“我不伤害自己、我不伤害别人和我不被别人伤害”。

案例3：杆上有人工作，竟松开临时拉线，发生倒杆，造成杆上四人致伤

1. 事故简况

某供电局高压工区进行35kV跳下线改造工程。高压所停电一班负责#26杆，因内角临时拉线过高，将另一回10kV导线抬起，影响10kV线路送电，需要将临时拉线下放若干距离，当时有四名工作人员在杆上作业，在未加临时拉线平衡对侧拉力就松开事先打好的临时拉线，杆塔受力倒下，四人随杆坠落，两人重伤，两人轻伤。

2. 事故原因及暴露问题

作业中需要调整杆塔上事先打好的临时拉线，而作业人员无视《安规》（线路部分）第6.2.1条、第6.3.15条有关规定“遇有冲刷、起土、上拔或导地线、拉线松动的杆塔应先培土加固。杆塔上有人时，不准调整或拆除拉线”。在未加设临时拉线平衡对侧拉力和在杆塔上工作人员没有完全撤离杆塔的情况下，就松开事先打好的临时拉线，以致发生倒杆，造成杆塔上的工作人员随着杆倒坠落致伤，是发生事故的直接原因。

3. 防范措施

（1）这起事故系作业人员严重违反《安规》（线路部分）第六章中的有关“拉线”各条款造成的，因此，在杆塔上工作，对有关“拉线”各条款必须一丝不苟认真贯彻执行。执行中决不容许存在图省事，怕麻烦的侥幸心理，特别是工作负责人更应坚持原则，严肃对待，否则稍有放松，后果不堪设想。

（2）作业中必须严格遵守事先拟定的作业方案、步骤和安全技术措施，任何人在作业过程中均无权任意改变。如作业中确实遇到困难，无法贯彻执行相应安全技术措施，对于需要改动的部分，必须经过认真研究，提出新的改进方法或措施。这些改进的方法和措施，须经有关部门和领导批准后，方可实施。

（3）提高作业人员的技术素质和自我防护能力，对领导违反规程制度和不认真执行作业安全技术措施的行为，应有相应的判断能力，对错误指挥和习惯性违章行为有权反对和抵制，真正做到“我不伤害自己、我不伤害别人和我不被别人伤害”。

案例4：作业方法不当，装设临时拉线时倒杆，使作业人员致伤

1. 事故简况

某电业局送电工区带电班，承包用户工程，撤除35kV某线路#28（18m）单杆。作业前没打临时拉线，没有采取防止倒杆措施，就在杆的负荷侧左侧挖开深度为2m的“马道”（杆塔的埋深仅为2.5m）。这时班长李××令曲××上杆打临时拉线和挂滑子立抱杆，当曲××上杆完成上述任务后，下杆至距地面5m多时，杆开始向“马道”侧倾斜，由于惯性使曲××身体转到杆的倾斜侧，当杆倾斜到45°角时，为避免将曲××压在杆下，李××令曲××从杆上跳下。曲××跳下时，双脚落地，双手触地，造成右手桡骨（克雷氏骨）裂纹，左手桡骨斜向骨折。

2. 事故原因及暴露问题

（1）根据《安规》（线路部分）第6.4.5条规定“在撤杆工作中，拆除杆上导线前，应先检查杆根，做好防止倒杆措施，在挖坑前应先绑好拉绳”。工作负责人正好与这条规定反其道而行之，先在杆根下开了一个2.0m深的“马道”，之后才让工作人员上杆挂滑子和装临时拉线，因而造成杆倒人伤，是发生事故的主要原因。

（2）工作人员安全思想麻木不仁，只管干活，班长让干什么就干什么，让怎么干就怎么干，一点保护意识也没有，对班长一系列违反安规各项规定的做法没有一点反对意识，没有尽到一个工作班成员应尽的安全责任，是发生事故的重要原因。

3. 防范措施

（1）这起事故案例系作业人员严重违反《安规》（线路部分）第六章中的有关“拉线”各条款造成的，因此，在杆塔上工作，对有关“拉线”各条款必须一丝不苟认真贯彻执行。执行中决不容许存在图省事、怕麻烦的侥幸心理，特别是工作负责人更应坚持原则，严肃对待，否则稍有放松，后果不堪设想。

（2）作业中必须严格遵守事先拟定的作业方案、步骤和安全技术措施，任何人在作业过程中均无权任意改变。如作业中确实遇到困难，无法贯彻执行相应安全技术措施，对于需要改动的部分，必须经过认真研究，提出新的改进方法或措施。这些改进的方法和措施，须经有关部门和领导批准后，方可实施。

（3）提高作业人员的技术素质和自我防护能力，对领导违反规程制度和不认真执行作业安全技术措施的行为，应有相应的判断能力，对错误指挥和习惯性违章行为有权反对和抵制，真正做到“我不伤害自己、我不伤害别人和我不被别人伤害”。

七、作业工具放置、传递不当

案例1：作业梯子放置不当，作业人员从高处被刮下，坠落致伤

1. 事故简况

某电业局送电工区带电班班长孔××，在进行66kV线路工程施工中，登梯子撤电源

线时，由于本人将梯子放置位置不当和不牢固，又无人扶持，当电源线突然下落时，孔××从6m高处被刮下坠地，造成右脚胫骨和右踝关节挫伤。

2. 事故原因及暴露问题

班长孔××自行立梯子上去撤电源线，没有遵守《安规》（线路部分）第6.2.2条有关"……应先检查……梯子是否完整牢靠"规定。因而在撤电源线时，被突然落下来的电源线刮下，从6m高处坠落致伤，是发生事故的直接原因。

3. 防范措施

这起事故案例是由于工作人员违反安规中有关规定，在作业梯子放置过程中发生的事故。因此，应特别强调作业人员在作业梯子放置和使用过程中，要认真做到：当线路作业需要使用梯子时，多数是由于条件限制才使用，梯子两端往往不十分稳定，加上梯子上工作人员活动或受其他外力冲击会发生梯脚移动、梯子倾斜等现象。所以要根据现场情况，采取防滑、防倒措施，如梯脚下嵌胶皮、铁尖或梯子顶装上挂钩等。除此之外，还应设有专人扶持，并在监护下进行作业。

案例2：作业中传递接地线，接地线用腿夹着，不慎脱落，碰带电导线，使下面传递人员感电致伤

1. 事故简况

某电业局送电工区带电班栾××等三人去35kV某线路#25杆装管型避雷器接地线，工作班成员张××在杆上工作，当他取备用螺丝时，用腿夹着的接地线脱落，触碰下面的带电导线，造成在下面用手把着接地线的同事感电致伤。

2. 事故原因及暴露问题

（1）作业人员在作业中传递工具时，不认真遵守《安规》（线路部分）第7.13条、第6.2.5条中规定的"在进行高处作业时，应防止落物伤人。上下传递物件应用绳索拴牢传递"。当接地线传递后，不放在正确位置，没用绳索将其系牢，竟然用腿夹着，而且还不考虑下面有带电导线。作业过程中，接地线脱落与下面的带电导线触碰放电，是发生事故的直接原因。

（2）这次作业中接地线的传递，是在带电线路杆塔上工作，不应视为一般的停电作业，因此，地面人员向杆塔上传递工具和材料时，应严格遵守《安规》（电力线路部分）第五章中规定的"地面作业人员传递工具和材料时，必须使用绝缘无极绳索进行，并应有专人监护"。用手直接把持着接地线，是发生事故的主要原因。

3. 防范措施

这起事故案例是由于工作人员违反安规中有关规定，在作业工具传递、放置过程中发生的事故。因此，应特别强调作业人员在作业工具、材料的传递、放置和使用过程中，要认真做到以下几点。

（1）作业现场需要传递工具、材料时，首先应查看现场周围环境，是全部停电还是临时有带电线路，如在带电线路附近传递工具、材料时，必须使用绝缘工具和绝缘无极绳索

进行，特别像传递接地线时，更应防止触碰带电导线，应将接地线捆绑整齐、牢固、传递人员除应使用绝缘工具和绝缘绳外，还应戴绝缘手套。防止人体直接碰触接地线，整个传递过程均应在监护人监护下进行。无监护人在场监护决不允许擅自进行传递。

（2）传递到杆上的工具、材料应放置在可靠和稳定的位置上，必要时应用绳索系牢绑好，防止从杆上掉下来碰触带电导线和砸伤下面作业人员。

八、感应电压触电

案例1：触及同杆并架、垂直排列平行线路上产生的感应电压，高空坠落死亡

1. 事故简况

某供电局线路运输班工人协助基建单位施工，准备在新建即将投入运行的220kV四回线，电厂侧进行阻波器与给合电容器搭接工作。这条线路与正常运行的一回线同杆并架，垂直排列，平行1.35km，平行距11.44m，工作经基建单位许可后，工作人员登上架构，骑行进入绝缘子串，到达离导线第二片绝缘子后，便停下来准备挂地线，未验电，由另一名工作人员将接地线固定在架构上后，因接地线较重，用力时，脚碰导线，导致感应电触电，当即失去知觉，悬吊空中，后从尼龙安全带中脱出，坠落地面致死。

2. 事故原因及暴露问题

（1）进行阻波器与结合电容器搭接的电厂四回线与正常运行的一回线，同杆并架，垂直排列，平行段长达1.35km，产生较高的感应电压，工作负责人和作业人员都忽视了这一点，并且在挂地线前未按安规有关规定首先进行验电，在不验电的情况下就进行挂地线，在挂地线过程中触及带有感应电压的导线坠落死亡，是发生事故的主要原因。

（2）这次作业使用安全带是××市劳保皮件厂出品电信锦纶安全带。腰带使用滚花夹子，宽40mm，围腰带宽55mm。工作人员平时使用时，将安全带系在髂骨跨部位置，并且系得不是很紧，因此，这次工作中，在触电失去知觉后头朝下从安全带中脱出坠落致死，是发生事故的重要原因。从事故还可以看出，如果安全带使用得当，系得紧一些或加一条小挎肩绳，都可能避免脱出而得救。

3. 防范措施

（1）在签发工作地点在发电厂（变电所）与线路接口部位这类工作票时，从工作票签发人、工作负责人到工作班成员，不仅要熟悉《电力安全工作规程》（变电部分）[以下简称《安规》（变电部分）]，还要熟悉《安规》（线路部分），并对相关的连接设备进行全面摸底和制定出相应的施工方案与保证安全的组织和技术措施，并经主管领导批准后方可进行作业。

（2）在进行线路作业前（包括安装的线路），必须认真执行"停电、验电和挂地线"的安全措施。已停电的线路，也要保持足够的安全距离，先进行验电，并挂好地线，防止感应电压和可能突然来电的触电事故发生。

九、不遵守爆破压接的有关规定

案例1：耐张杆引流线爆压时，作业人员未转移到安全地点，被飞来的雷管加强帽碰伤

1. 事故简况

某电业局送电工区某线路工程收尾工作中，工区分配给检修班的任务是#1、#2、#5、#7、#9、#14等耐张杆接引流线工作，开工前工作负责人布置工作任务和安全措施及技术要求，并增加了补充安全措施。孙××领导的小组负责#5杆引流线爆压工作，孙××将引流线穿好，点燃导火索后，就将身体转移到杆身的另一侧，躲在杆子里侧，结果全身的一大半露出杆身，炮响后，雷管的加强帽飞来，将孙××右腿臀部下边穿进2.5cm，送往医院后，手术取出。

2. 事故原因及暴露问题

爆压点燃导火索的作业人员，没有认真遵守《安规》（线路部分）第6.1.9条规定的"线路施工需要进行爆破作业应遵守《民用爆炸物品安全管理条例》"，是发生事故的主要原因。

3. 防范措施

（1）从事爆破人员应严格遵守《民用爆炸物品安全管理条例》的各项规定，特别是为了保证点火人员安全、迅速地离开危险区，对导火索长度必须选择适当，一般导火索的燃烧速度约为1～1.25m/s。为安全起见，使用前应进行试验来确定更为可靠。

（2）在这起事故案例中出现的点燃导火索的人员不及时撤离到安全区，说明了从事爆破人员对有关爆破技术基础和理论和知识水平太低，因此应根据《电业安全工作规程》（热力和机械部分）的有关"爆破"的规定，对从事爆破工作的人员进行有关爆破技术技术理论和知识的培训与实际操作训练，取得从事爆破工作的技术合格证之后，方能参加爆破工作。

（3）由于爆破压接导线或接地引线工作处与高空进行，为防止爆炸残骸飞溅伤人，爆破工作中，不宜使用金属壳雷管、而应使用纸雷管。工作人员要躲开雷管金属加强帽飞出的方向，以免被其碰伤。

案例2：作业人员点燃导火索时，一只手点燃导火索，另一只手仍拿着雷管和导火索，结果误点燃，将手崩伤

1. 事故简况

某电业局送电工区运行一班，班长王×（工作负责人）带领全班14名同志去110kV某线路#90～#119停电处理缺陷，分配完其他同志工作后，王×带领李××、多××、陈××等四人去#119杆进行爆压接地引线。当车行至#105杆时，发现接地引线也断了，王×说："将这个也崩上吧！"李××在车上把药包和导火索拿来，王×接过后，又从上衣

兜里拿出两个雷管，其中一个插上导火索后，用黑胶布把雷管缠到药包上，王×一看导火索头没有药怕点不着，就用钳子剪了一段，但没有全剪断，耷拉着。这时李××和多××一看要放炮就走开了，王×双手戴着绒手套右手拿烟头，将剩下的一个雷管放到左手拿着，用拇指和食指把住导火索，这时陈××看到要点导火索也就走开了，刚走出两步就听到响声，回头一看王×的左手在流血，#105杆接地引下线上的药包和雷管却没有炸，反而将左手拿着的导火索误点燃引起爆炸，在场的三名同志，将王×送往医院。经检查，王×手中指崩掉一节，无名指崩掉半节。

2. 事故原因及暴露问题

（1）王×在点燃导火索时，没有认真遵守《安规》（线路部分）第6.1.9条规定的"线路施工需要进行爆破作业时应遵守《民用爆炸物品安全管理条例》"，是发生事故的主要原因。

（2）在场的其他三人没有尽到《安规》（线路部分）规定的"工作班成员的安全责任：互相关心工作安全"。没有及时提醒王×的左手不应再拿雷管和导火索，暴露出他们的安全思想不牢固，对事故的发生应负一定责任。

3. 防范措施

（1）从这起事故案例中看出：从事爆破人员应严格遵守《民用爆炸物品安全管理条例》的各项规定，特别是为了保证点火人员安全、迅速地离开危险区，对导火索长度必须选择适当，一般导火索的燃烧速度约为1～1.25m/s，为安全起见，使用前应进行试验来确定更为可靠。

（2）在这起事故案例中出现的点燃导火索的人员不及时撤离到安全区和用右手点燃导火索，左手还拿着雷管和导火索，都说明了从事爆破人员对有关爆破技术基础和理论和知识水平太低所致，因此应根据《电力安全工作规程》（热力和机械部分）的有关"爆破"的规定，对从事爆破工作的人员进行有关爆破技术技术理论和知识的培训与实际操作训练，取得了从事爆破工作的技术合格证之后，方能参加爆破工作。

十、不遵守起重、搬运的有关规定

案例1：绞盘汽车未采取防滑措施，起立电杆时，汽车滑动，将工作人员挤伤致死

1. 事故简况

某电业局基建工程队，在66kV线路起立水泥杆作业中，由于绞盘汽车未采取防滑措施，起吊电杆时，绞盘汽车滑动，将一名工作人员挤伤致死。

2. 事故原因及暴露问题

使用绞盘汽车起立电杆时，没有遵守《安规》（线路部分）第8.2.3条、第8.2.4条和第8.1.6条规定的"对起重机械，应当在每次使用前进行一次常规性检查"、"起吊重物前，应由工作负责人检查悬吊情况及所吊物件的捆绑情况"、"移动式起重设备应安置平稳

牢固，并应有制动和逆止装置”等。对绞盘汽车没有采取应有的防滑和防移动和措施，所以才发生起吊电杆时，绞盘汽车滑动，是发生事故的主要原因。

3. 防范措施

（1）根据《安规》（线路部分）第 8 条“起重与运输”中要求，起重搬运工作，必须由有经验的人担任工作负责人，以保证正确领导与组织好起重搬运工作。在进行起重搬运之前，应查清工作现场环境，确定起重搬运方案，确定使用起重搬运用具和工具，制定出相应安全技术措施，开始工作前，工作负责人应组织全体作业人员认真讨论工作任务和保证安全顺利完成任务的安全技术措施，并应逐项落实到人。

（2）开始起重搬运之前，工作负责人还应对所有起重搬运用具进行一次全面检查，发现满足不了起重搬运工作需要的地方和保证安全技术措施没有落实的地方，一定要坚持原则，进行改进，决不允许怕麻烦、姑息和迁就习惯性违章的恶劣行为，否则就有可能发生事故。

（3）参加起重搬运的所有工作班成员，必须认真领会和掌握起重搬运各项安全技术措施的内容和实施的意义，工作中做到一丝不苟，认真落实，在整个起重搬运工作过程中，一定要服从领导，听从指挥。工作负责人不在现场和未发布开始起重搬运工作命令之前，不允许擅自起动、操作起重搬运机械设备。

案例 2：绞磨稳定不牢固，钢钎拔出伤人

1. 事故简况

某电业局送电工区决定解冻前，将要进行带电作业更换的水泥杆二次搬运到 110kV 某线路施工现场，作业时使用牵引力三吨汽油机动绞磨。8 时，四人到现场（现场为沼泽地），主任到#305、#306 杆看路径，其他三人做运杆准备工作。稳定绞磨的钢钎是用 75 角铁，一端磨尖打在“塔头墩子”卡住，操作人员方×将高速挡变低速挡操作时，将钢钎拔出打在方×后背左侧，造成轻伤。

2. 事故原因及暴露问题

（1）在使用汽油机动绞磨，二次搬运水泥杆前，稳定绞磨时，工作负责人不严格遵守《安规》（线路部分）第 8.2.3 条规定的“对起重机械，应当在每次使用前进行一次常规性检查”，反而离开现场去察看施工路径，是发生事故的主要原因。

（2）工作人员在稳定绞磨时，不遵守《安规》（线路部分）第 8.1.6 条、第 6.3.10 条规定的“移动式起重设备应安置平稳牢固，并应有制动和逆止装置、牵引时，不准利用树木或外露岩石作受力桩”。为了图省力，仅将稳定绞磨的钢钎打入地面 0.3m，又未等待和请示工作负责人回来检查，就开工搬运水泥杆，因而在绞磨运杆吃力时，将钢钎拔出，打伤操作人员，这是发生事故的直接原因。

3. 防范措施

（1）根据《安规》（线路部分）第 8 条“起重与运输”中要求，起重搬运工作，必须由有经验的人担任工作负责人，以保证正确领导与组织好起重搬运工作。在进行起重搬运之前，应查清工作现场环境，确定起重搬运方案，确定使用起重搬运用具和工具，制定出

相应安全技术措施，开始工作前，工作负责人应组织全体作业人员认真讨论工作任务和保证安全顺利完成任务的安全技术措施，并应逐项落实到人。

（2）开始起重搬运之前，工作负责人还应对所有起重搬运用具进行一次全面检查，发现满足不了起重搬运工作需要的地方和保证安全技术措施没有落实的地方，一定要坚持原则，进行改进，决不允许怕麻烦、姑息和迁就习惯性违章的恶劣行为，否则就有可能发生事故。

（3）参加起重搬运的所有工作班成员，必须认真领会和掌握起重搬运各项安全技术措施的内容和实施的意义，工作中做到一丝不苟，认真落实，在整个起重搬运工作过程中，一定要服从领导，听从指挥。工作负责人不在现场和未发布开始起重搬运工作命令之前，不允许擅自起动、操作起重搬运机械设备。

案例3：作业中紧固器失灵，人随导线和绝缘子串坠落死亡

1. 事故简况

某电业局110kV线路停电，更换防污型悬式绝缘子，使用××市机械电子工业部国营新华化工厂出厂的新华牌P2型紧固器作为起吊和放落导线的起重工具，10时许，魏××（男、25岁）等两人在#39杆上换好右边相绝缘子串，再换上左边线绝缘子串后，装设悬式线夹时，因新绝缘串比原绝缘子串长一些，需将导线放下一点距离才能安装，当扳动紧固器手柄将其钢丝绳放松时，紧固器的制动扳手卡死不能返回，在导线重力（仅300多kg）作用下，带动钢丝绳迅速下滑，最后钢丝绳从绳轮上抽出，站在导线上的魏××因安全带未按规程要求系在牢固的构件上，而是系在紧固器上，结果人随导线及绝缘子从高空坠落，内脏受伤，经全力抢救无效，不幸于16时40分死亡。

2. 事故原因及暴露问题

（1）在作业中紧固器失灵是发生事故的主要原因，紧固器是新领的，器身上无标牌，产品说明书给定的拉紧力不大于1.5t，而同类型的常州产品标牌上，标明的使用拉力仅为0.5t，因此，说明书上的拉紧力与实际不符。

（2）发生事故的另一个重要原因是作业人员将安全带系在紧固器上，严重违反了《安规》（线路部分）第7.9条规定的“安全带应挂在牢固的构件上。禁止系挂在移动或不牢固的物件上”，如若将安全带系在牢固的构件上，不失去安全带保护，高空坠落是完全可以避免的。

3. 防范措施

（1）线路作业工具，直接关系到工作人员的生命安全，必须安全可靠。使用前应核实紧固器的使用拉力（必要时应进行破坏性测量实验）规定使用范围，并严格遵守，不允许超负荷使用。对那些无标牌、出厂价不明或与说明书不符的作业工具，应严格禁止使用。

（2）紧固器作为起吊工具，在收紧、放松导地线、拉线使用时，必须增加保险措施。

（3）杆、塔上作业时，作业人员如需离开横担，到绝缘子串和导线上工作时，一定要使用新型双保险安全带，增加保险绳的保护。

十一、不遵守砍伐树木有关规定

案例1：在带电线路附近伐树，拴树干的绳断，作业人员与树枝一起掉下，碰触带电导线后，坠落死亡

1. 事故简况

某电业局送变电线路工段巡线班班长方××在巡视线路中，发现有一棵树靠近并高出带电的线路。当方××上树锯树干时，由于拴树干的绳断，造成方××与树枝一起掉下，碰到35kV线路A相导线上，触电后坠落地面，经抢救无效死亡。

2. 事故原因及暴露问题

发生事故的主要原因，是由于巡线班班长方××在单人巡视线路中，发现有一棵树靠近并高出带电运行的导线时，无人监护下就上树锯树干，在树干上作业又未系安全带，上树前又未对绳索进行全面认真的检查等一系列严重习惯性违章的情况下，发生拴在树干上的绳索断裂时，方××随树枝一起掉下，碰到带电导线，触电后坠落死亡。

3. 防范措施

砍伐树木工作，一般都被人们视为最简单和容易干的工作，所以作业中的安全和注意事项，往往被人们所忽视，因而，也就最容易发生不安全行为，造成不应有的人员伤亡。为此，要特别强调，在砍伐树木工作中，一定要认真遵守《安规》（线路部分）第4.4条“砍剪树木”中规定的所有条款，同时，还应认真做到以下几点：

（1）无监护人时，单人决不允许登上邻近有带电线路的树木进行砍伐工作。

（2）登上邻近有带电线路的树木前，要仔细观察好与带电线路的安全距离。如安全距离满足不了要求时，必须采取预防触及带电线路的可靠措施，否则不允许上树砍伐。

（3）上树砍伐时应同登杆作业一样，系好安全带，并将安全带系在牢固、结实的树干上。

（4）为防止树干、树枝倒落在带电的导线上，应设法用绳索将其拉向与带电导线相反的方向。且绳索应有足够的长度，以免拉绳索的作业人员被倒落的树木砸伤。

（5）被砍伐下来的树枝，发生接近或触到带电线路时，应采取安全措施，如用绝缘绳拉或用绝缘杆挑，严禁用手直接去拉或取。

十二、不遵守带电作业规定

案例1：作业人员仅戴屏蔽手套便参加带电作业，造成烧伤

1. 事故简况

某供电公司带电班在某35kV支线#3加装防震锤，采用绝缘三角板，由电工甲等电位作业，副班长乙监护。

等电位电工甲未按工作负责人乙发出的穿上全套屏蔽服的命令执行，仅戴了屏蔽手

套。当甲安装第一相的防震锤之后，即转移到与其水平排列的第二相，在重新组装好绝缘三角板且甲的左手抓住导线进入电场后，见绝缘吊绳还在杆塔边，便伸出右手去取。当右手接近绝缘吊绳时，由于绝缘吊绳离水泥杆太近，造成电弧接地。甲当即倒下吊在三角板上，事后检查：甲右手所戴屏蔽手套与手腕接触处烧伤，幸好脱离电源快，才避免了重大事故。

2. 事故原因及暴露问题

作业人员严重违反《安规》（线路部分）第 10.3.2 条规定的“等电位作业人员应在衣服外面穿合格的全套屏蔽服（包括帽、衣裤、手套、袜和鞋），且各部分应连接良好。屏蔽服内还应穿着阻燃内衣”，并在工作负责人已下令让其穿上全套屏蔽服，他竟然不予理睬，仅仅戴上屏蔽手套就去作业，可见无视规程制度和工作负责人的命令，达到如此严重的地步，是发生事故的主要原因。

工作负责人在发出让作业人员穿上全套屏蔽服的命令后，作业人员并没有穿全套屏蔽服，仅仅戴了屏蔽手套就去作业。工作负责人也没有严肃认真的对待，下令其停止作业，没有尽到《安规》（线路部分）第 2.3.11.2 条规定的“工作负责人（监护人）的安全责任”，严重失职，是发生事故的重要原因。

3. 防范措施

进行等电位作业人员必须严格遵守《安规》（线路部分）中规定的“必须穿着全套合格的屏蔽服（包括帽、衣裤、手套、袜和鞋）”，其过流容量要大（布样 20mm 宽、200mm 长，熔断电流应大于 30A），防火性能要好，帽、衣、裤、手套和鞋连接可靠。屏蔽服内还应套阻燃内衣，才能较好地保证作业人员生命安全。

工作负责人对进行带电作业人员穿着的屏蔽服，必须进行全面细致的检查，穿着是否合体，各部位连接是否良好、牢固。发现异常情况时，必须马上处理，直到满足要求后，方能允许作业人员进行带电作业。

我们应从这起事故中的“违章行为”，来提高对“反习惯性违章”重要性的认识，对那些不遵守规程制度规定的各式各样“习惯性违章”恶习，要群起而攻之，要敢管，敢制止，让它无立足之地，无藏身之处，从而树立起“人人遵章，处处遵章”的好风气。

案例 2：用帆布手套代替屏蔽手套，两手串入电路死亡

1. 事故简况

某供电局带电班在某 35kV 线路#53 耐张杆上，由电工甲等电位解开跳线并沟线夹，以便断开 5.1km 空载线路。甲穿上屏蔽衣、裤，未戴屏蔽手套，仅戴上帆布手套。甲等电位后，直接解开跳线上的并沟线夹。操作中，甲的两手不慎接触了已断开的两端跳线而串入电路，使空载电流从甲的一只手通过心脏至另一只手，当即死亡。

2. 事故原因及暴露问题

作业人员未遵守《安规》（线路部分）第 10.3.2 条“等电位作业人员应在衣服外面穿合格的全套屏蔽服（包括帽、衣裤、手套、袜和鞋），且各部应连接良好。屏蔽服内还应

着阻燃内衣”的规定，虽然穿了屏蔽衣、裤等，但未戴屏蔽手套使屏蔽服失去作用，是发生事故的主要原因。

等电位作业人员在进行断开空载线路时，未严格遵守《安规》（线路部分）第10.4.1.5条规定的“禁止同时接触未接通的或已断开的导线两个断头，以防人体串入电路”，在未戴屏蔽手套的情况下，两手不慎同时接触了已断开的两端跳线，人体串入电路，是发生事故的直接原因。

3. 防范措施

进行等电位作业人员必须严格遵守《安规》（线路部分）中规定的“必须穿着全套合格的屏蔽服（包括帽、衣裤、手套、袜和鞋）”，其过流容量要大（布样20mm宽、200mm长，熔断电流应大于30A）防火性能要好，帽、衣、裤、手套和鞋连接可靠。屏蔽服内还应套阻燃内衣，才能较好地保证作业人员生命安全。

工作负责人对进行带电作业人员穿着的屏蔽服，必须进行全面细致的检查，穿着是否合体，各部位连接是否良好、牢固。发现异常情况时，必须马上处理，直到满足要求后，方能允许作业人员进行带电作业。

我们应从这起事故中的“违章行为”，来提高对“反习惯性违章”重要性的认识，对那些不遵守规程制度规定的各式各样“习惯性违章”恶习，要群起而攻之，要敢管，敢制止，让它无立足之地，无藏身之处，从而树立起“人人遵章，处处遵章”的好风气。

案例3：作业时绝缘子串被青草短接后闪络，作业人员致伤

1. 事故简况

某供电局检修队第四班在某110kV线路上带电更换绝缘子串。新换上的绝缘子串在地面上绑扎起吊绳套时，在绝缘子串上绑上了600mm长的青草，以致短接了四片绝缘子，绝缘子串吊至杆塔组装后，杆上作业人员去解绳套时，又短接了两片。这样全串七片绝缘子被短接了六片，以致电弧沿导线一片绝缘子的空气间隙—青草—作业人员右手—横担放电，作业人员幸好穿了全套屏蔽服，仅将手臂和面部烧伤。

2. 事故原因及暴露问题

带电作业中的地面作业人员由于思想不集中，在绑扎绝缘子绳套时误将600mm长的青草绑扎在绝缘子串上，将四片绝缘子短路，是发生事故的主要原因。

当地面作业人员绑扎好将要起吊的绝缘子串时，工作负责人未能尽职尽责地指令地面作业人员对绝缘子串进行清扫和检查，所以未能及时发现被绑上的青草，是发生事故的重要原因。

3. 防范措施

不论杆上作业人员或地面作业人员，都必须思想高度集中，对待带电作业中的每一项工作和每一项操作，要严肃认真的对待，决不允许马虎从事，对作业中使用的每一件工具、材料，在使用前都必须进行认真地检查，发现异常和不安全苗头，应及时进行处理，防止在带电作业过程中发生问题。

工作负责人应对带电作业中所负的安全责任，做到全面落实，只有这样才能正确、安

全的组织带电作业的进行。在作业中要严肃认真地对待每一道工序，不能马虎从事。作为工作负责人，如能在绑扎好的绝缘子串起吊前，对其进行细致检查和清扫一下绝缘子，及时发现和摘下青草，这类事故是可以避免的。

案例 4：使用皮尺测量距离，皮尺落到带电跳线上，触电摔伤

1. 事故简况

某供电局所辖某 35kV 线路#2 耐张杆（60°转角）的木横担腐朽，拟带电更换为铁横担。为准确测量两杆间的横担距离，由带电班电工甲带皮尺上杆测量。当甲沿Ⅰ杆从横担走至Ⅱ杆时，由于放出皮尺的速度过快，使皮尺落到跳线Ⅰ上，甲触电从横担上摔落下来，幸好跌在松软的菜地上，仅腰部受轻伤和轻度的电弧烧伤。

2. 事故原因及暴露问题

《安规》（线路部分）第 13.1.5 条明确规定“在带电设备周围禁止使用钢卷尺、皮卷尺和线尺（夹有金属丝者）进行测量工作”，作业人员甲严重违反此条规定，携带皮尺去测量距离。由于放皮尺速度过快，造成皮尺落到线路上，是发生事故的主要原因。

3. 防范措施

使用皮尺在带电设备上测量距离时，发生触碰带电设备，导致作业人员触电的事故，在其他专业作业中也发生过好几起，因此，应特别引起重视。伸缩皮尺内织有金属丝，是一良好导体。松出后由于重量轻、长度长，被风一吹很难控制，故极易碰触带电设备，造成事故。因此，凡测量带电设备的距离，或在带电设备附近测量其他距离时，必须使用绝缘绳或绝缘杆；或根据《带电作业技术导则》推荐的使用绝缘尺进行测量，这种测尺，每格 0.1m，黄、红交替，每 1m 标以黑线条。严禁使用皮尺、线尺（夹有金属丝者）进行测量。

工作票就是带电作业时的命令，已制定的正确安全措施，必须不折不扣地坚决执行，不得任意更改，否则，工作票就失去了严肃性。一旦在作业中发生工作票中所列措施无法执行时，应立即停止带电作业，工作负责人应组织全体作业人员进行认真地讨论，提出相应的措施，并说明原因和理由，报请主管领导批准，方可重新进行带电作业。

案例 5：用皮尺测量距离，碰触带电导线，引起电弧烧伤致残

1. 事故简况

某供电局所辖某供电所带电班三人，在某 110kV 线路#137 耐张杆上测量拉线长度，未按工作票上补充安全措施中提出“只许使用绝缘绳进行测量”的规定。擅自使用皮尺作为测量工具去进行测量。当电工甲登杆至横担与地面人员配合进行测量时，由于皮尺未拉紧，加上风吹，使皮尺碰触带电导线，甲触电后被安全带吊在空中，被电弧严重烧伤，经抢救后，左腿截肢致残。

2. 事故原因及暴露问题

（1）《带电作业技术导则》中第 6.1.5.1 条规定：“安全距离、交叉跨越距离和对地距

离可用带尺寸标志的绝缘测距杆、绝缘测距绳索或非接触性的测距仪进行测量”，但是，作业人员严重违反这一规定，使用皮尺去测量拉线长度，是发生事故的主要原因。

（2）带电作业工作票中补充安全措施明确规定“只允许使用绝缘绳进行测量”，而作业人员无视这一规定，擅自使用皮尺去测量，是发生事故的重要原因。

3. 防范措施

使用皮尺在带电设备上测量距离时，发生触碰带电设备，导致作业人员触电的事故，在其他专业作业中也发生过好几起，因此，应特别引起重视。伸缩皮尺内织有金属丝，是一良好导体。松出后由于重量轻、长度长，被风一吹很难控制，故极易碰触带电设备，造成事故。因此，凡测量带电设备的距离，或在带电设备附近测量其他距离时，必须使用绝缘绳或绝缘杆；或根据《带电作业技术导则》推荐的使用绝缘尺进行测量，这种测尺，每格0.1m，黄、红交替，每1m标以黑线条。严禁使用皮尺、线尺（夹有金属丝者）进行测量。

工作票就是带电作业时的命令，已制定的正确安全措施，必须不折不扣地坚决执行，不得任意更改，否则，工作票就失去了严肃性。一旦在作业中发生工作票中所列措施无法执行时，应立即停止带电作业，工作负责人应组织全体作业人员进行认真地讨论，提出相应的措施，并说明原因和理由，报请主管领导批准，方可重新进行带电作业。

案例6：水平绝缘梯两端绑扎不牢，吊绳脱落摔伤

1. 事故简况

某供电局带电班在某35kV线路，某耐张杆上处理跳线烧伤缺陷，采取等电位方法进行。在安装水平绝缘梯时，只将一侧绳固定在杆塔上，另一侧吊绳则绑扎在此吊绳上。在作业人员沿水平绝缘梯进入电场过程中，绝缘梯上一侧的绝缘吊绳突然脱落，作业人员从10m左右高空摔落地面，造成重伤。

2. 事故原因及暴露问题

《带电作业技术导则》第6.9.3.2条中规定：“水平放置的梯身前端应有吊拉绳索”，且吊拉绳均应与杆塔绑扎牢固。可是，作业前安装水平绝缘梯时，只将梯身前端的一侧吊拉绳固定在杆塔上，而另一侧吊拉绳却固定在此吊拉绳上。结果，作业人员在梯子上移动时，因吊拉绳受力不均突然脱落，是发生事故的主要原因。

3. 防范措施

进行等电位带电作业，直接同高电压接触，需要严肃认真的对待，对作业中所使用的工具要求十分严格，它的电气、机械性能必须满足要求，不允许以低代高，凑合使用，不论是竖梯还是水平梯满足不了性能上的要求，就不能进行作业，直到准备好适合要求的合格梯子后，方可进行作业。

带电作业中使用的梯子，不论是竖梯，还是水平梯，均应按规定绑扎好拉绳，绳子与杆塔或地面，必须固定牢固。作业人员在梯子上移动时，出现梯子受力不均匀时，就可能发生倾斜，造成不幸。

作业人员还在梯子上时，不允许调拉绳，如确实需要调整时，应等梯子上的作业人员

下到地面后，梯子上确无作业人员时，方能对拉绳进行调整。

工作负责人对带电作业的全过程和每一个操作步骤都应全面了解，精细安排，不能有一点疏漏，保证正确安全的组织工作，这样才能确保带电作业安全、顺利的完成。

案例7：绝缘竖梯绑扎方法不当，梯子折断作业人员摔伤

1. 事故简况

某供电局送电带电班在某66kV线路#43～#44杆之间，采用绑扎方法处理导线断股。按规定要求，不能使用软梯，便决定使用长2600mm的绝缘硬梯。并在下端连接7600mm长的竹梯以满足作业高度要求，并在绝缘梯上端第二节处（距顶端绝600mm）做了四方拉绳，但其下端未固定，仅用人拉住。当导线断股绑扎完以后，工作负责人命令调整拉绳，由于西南侧拉绳松得太多，站在绝缘梯上端的作业人员随之倾斜，使绝缘梯上端500mm处朝东北侧折断，等电位作业人员随断梯摔落，造成骨裂。

2. 事故原因及暴露问题

在进行导线断股处理时，由于绝缘硬梯高度不够，便在下边接了一个竹梯，这就严重违反了“禁止使用不合格的和非专用的工具进行带电作业。工具的电气、机械性能与所应用的设备相适应，不得以低代高，凑合使用”的有关规定。所以，作业中造成梯子折断，是发生事故的重要原因。

《带电作业技术导则》第6.9.1.2条规定：“使用直立竖梯作业应根据其高度不同设置1～3层四方绝缘拉绳索。每层四方拉绳索应互成90°，且对地夹角应在30°～45°之间。严禁以人作为拉绳索的锚固点。”本次作业竖梯高度超过10m，没有按规定采取多层拉绳，而是采取了一层拉绳，拉绳的下端用人拉来代替地面上的固定点，致使拉线受力不均，固定不牢是发生事故的主要原因。

工作负责人没有负起《安规》（线路部分）第2.3.11.2条中规定的“正确安全地组织工作”的安全责任，当作业人员绑扎完导线后，还没有从梯子上下来，工作负责人就下令调整拉绳，使竖梯发生倾斜、折断，应对事故发生负重要责任。

3. 防范措施

进行等电位带电作业，直接同高电压接触，需要严肃认真的对待，对作业中所使用的工具要求十分严格，它的电气、机械性能必须满足要求，不允许以低代高，凑合使用，不论是竖梯还是水平梯满足不了性能上的要求，就不能进行作业，直到准备好适合要求的合格梯子后，方可进行作业。

带电作业中使用的梯子，不论是竖梯，还是水平梯，均应按规定绑扎好拉绳，绳子与杆塔或地面，必须固定牢固。不允许用人力拉绳来代替固定点，因为人的拉力不可能保持均衡。作业人员在梯子上移动时，出现梯子受力不均匀时，就可能发生倾斜，造成不幸。

作业人员还在梯子上时，不允许调拉绳，如确实需要调整时，应等梯子上的作业人员下到地面后，梯子上确无作业人员时，方能对拉绳进行调整。

工作负责人对带电作业的全过程和每一个操作步骤都应全面了解，精细安排，不能有一点疏漏，保证正确安全的组织工作，这样才能确保带电作业安全、顺行的完成。

案例8：等电位作业人员进入电场时，因安全距离不够，触电烧伤双手，清醒后工作负责人令其自行下杆，因双手烧伤用不上劲，从13m高处摔下

1. 事故简况

某供电局所辖供电所带电班在某110kV线路#168耐张杆上爆压跳线，由电工甲担任等电位操作，中相爆压完毕后，准备沿绝缘水平梯进入等电位，拆除原有并沟线夹。在进入等电位过程中，甲采用俯卧式姿态进入电场。在右手距水泥杆仅230mm（实际上右手腕的屏蔽服袖口对杆塔只有190mm）的情况下就伸手去抓导线，造成单相接地短路，线路跳闸。甲衣服着火，发出惨叫声后，倒在绝缘梯上。约2分钟后苏醒并自行坐起，两手摆动，想把火扑灭，随即又仰卧在缘缘梯上，并喊“唉哟！唉哟!”，过一会儿，工作负责人叫他坐起来，把安全带解开，退到杆塔边。甲听到后坐起来，解开安全带，退到杆塔边，并转过身来。两手把住电杆，左脚踩在绝缘梯上，右脚准备去踩脚扣下杆。但因两手烧伤，用不上劲，从13m高处摔下，屁股先落地，躺在距水泥杆1.9m麦地里，在场人员协助扑灭他身上的火，送医院抢救，经检查认定：双手、左前胸、左、右背及两下腋均被电弧烧伤。烧伤总面积约33%，其中三度烧伤达23%，一星期后死亡。

2. 事故原因及暴露问题

等电位作业人员在转移电位时，在人体裸露部分与带电体的最小距离仅为230mm（实际上因右手腕的屏蔽服袖口对杆塔只有190mm）的情况下，没有认真遵守《安规》（线路部分）第10.3.6条规定的“等电位作业人员在电位转移前，应得到工作负责人的许可，并系好安全带。转移电位时，人体裸露部分与带电体的距离，对110kV电压等级最小距离应为0.3m”。在未经工作负责人许可，完成中相爆压任务后就进行转移，是发生事故的主要原因。

作业人员在110kV线路上触电，由于110kV线路接地时，接地短路电流很大，产生的电弧温度高，可以想象作业人员被烧伤后，伤势一定很严重。在这种情况下，工作负责人没有遵守《安规》（线路部分）第2.3.11.2条“安全责任”中规定的“正确、安全地组织工作”，没有及时果断地派人上杆进行抢救和让触电人躺在绝缘梯上，将其较慢地放下来，反而让触电烧伤人员自行下杆，造成其从13m高处摔下，是发生事故的重要原因。

3. 防范措施

等电位作业人员在进行转移时，人体裸露部分与带电体的最小距离必须满足《安规》（线路部分）有关规定。而且在转移前工作负责人一定要实地观察这一距离，在确认保证作业人员的安全距离足够时才能下令允许作业人员进行转移，如果满足不了要求必须再采取可靠措施，方可进行转移。

提高工作负责人的安全技术素质，特别是对带电作业中可能发生的各种异常情况的预见和处理能力，一旦在作业中发生异常情况，必须做到镇静，保持头脑清醒。不要一发生异常情况，就惊慌失措，手忙脚乱，甚至发生指挥错误。否则，本来能够正确处理地异常情况也会发生失误，甚至扩大事故，造成不幸。

案例 9：作业处人体与带电导线的安全距离不够，未采取可靠措施，触电烧伤

1. 事故简况

某电业局送电工区带电班在某 35kV 1、2、3、4 线的四回线同塔共架的#5 直线塔上更换绝缘子串。其施工方法是：用绝缘滑车组代替绝缘子串承受导线垂直荷载。绝缘滑车组一端固定在横担角铁上、一端钩住导线。用绝缘操作杆拔出弹簧销子后，即可更换绝缘子串。

此作业分两组进行，仅一位工作负责人登塔监护。当更换完 2 线和 3 线的 1.2 顶相绝缘子串后，开始转移工具准备更换 3.4 中绝缘子串。第二作业组的作业人员从 2 线顶相将更换绝缘子串的滑车移至 2 线中相横担上，起身准备系安全带时，忘记头的上部有顶相带电导线（顶相导线离中相横担仅 500mm），以致其头部碰触 2 线顶相导线，造成接地，作业人员被电弧烧伤。

2. 事故原因及暴露问题

作业处顶相导线离中相横担距离仅为 500mm，满足不了《安规》（线路部分）第 10.2.1 条规定的“电压等级为 35kV 时，最小安全距离不应小于 0.6m”，进行作业时，又没有按规定“35kV 及以下的带电设备，不能满足最小安全距离时，必须采取可靠的绝缘隔离措施”。在作业人员起身系安全带时，头部触碰顶相导线，是发生事故的主要原因。

作业分两个组同时进行，相当于两个作业点，可是在塔上只派了一个监护人，违反了《安规》（线路部分）第 10.1.5 条“带电作业应设专责监护人。监护的范围不准超过一个作业点”的规定，因此作业人员等于在失去监护的情况下进行作业，是发生事故的重要原因。

3. 防范措施

作业点处的最小安全距离必须满足安规规定距离，才能进行带电作业，如最小安全距离满足不了要求时，在没有采取可靠的措施前是不允许进行带电作业的。如必须进行，则必须采取绝缘隔离措施，其隔挡物的耐压水平必须满足 4 倍最大相电压、耐压 5 分钟的要求。这样，即使触碰至隔挡物也能保证安全。

严格执行《安规》（线路部分）中“工作监护制度”的各项规定，特别是带电作业，监护人的监护范围不能超过一个作业点，如果超过一个作业点，必须增派监护人。监护人在进行监护过程中一定要尽职尽责、思想集中，决不允许对作业人员失去监护。

案例 10：带电作业人员进行带电作业时，任务不清、态度不严肃，误触带电跳线坠落死亡

1. 事故简况

某供电局送电工区某保线站，由站长带领 6 名同志，采取间接作业法更换某 35kV 线路#1 耐张杆上的零值绝缘子。线路为三角布线，上横担的 B 相跳线距下横担仅 1.6m、下

横担对地高度 12.5m。

作业分工是：电工甲乙两人上杆，电工丙在地面监护。甲登杆后，站在下横担上，伸手指 B 相间零值绝缘子的位置，丙立即制止其不安全动作，并提醒跳线有电。甲强调零值绝缘子是第三片，并提出与工作负责人打赌。丙当即批评他在工作时间打赌的做法，是不严肃和错误的。后经复测是第二片。

在更换下横担 C 相绝缘子后，甲拆除工具，准备解安全带下杆，丙对甲说："要注意距离（意为要注意保持与上横担 B 相跳线的安全距离）"，甲解开安全带准备从 B 相跳线下退出时却站起来了（注：身高 1.72m），导致 B 相跳线对其放电，甲倒在横担上，随即从横担上坠落下来，经抢救无效死亡。

2. 事故原因及暴露问题

作业人员在进行带电作业时，精神状态不佳，并表现出一系列严重违章行动。对作业任务不清，上杆前不知道要更换哪片零值缘缘子，上杆后就伸手乱指，当工作负责人制止这一危险动作后，态度极不严肃地又提出要和工作负责人打赌哪片是零值绝缘子。

在《带电作业技术导则》第 2.4 中规定"带电作业人员应身体健康，无妨碍作业的生理和心理障碍。应具有电工原理和电力线路的基本知识，掌握带电作业的基本原理和操作方法，熟悉作业工具的适用范围和使用方法。熟悉《安规》（线路部分）和技术导则"，工作负责人对班组人员的精神状态和健康情况应充分了解，当发现身体状态不佳有可能危及安全的作业人员，不得分派工作。工作负责人发现甲带电作业操作方法有误，危及作业人员安全，却没有立即制止并采取相应措施，反而迁就他继续进行作业，以致发生接近带电跳线放电，是发生事故的主要原因。

上横担 B 相跳线的安全距离太小，虽然作业过程中工作负责人提出警告，但没有从技术上采取可靠的措施，是发生事故的重要原因。

3. 防范措施

带电作业是一项既要严肃认真，又要细致准确的工作，所有参加作业人员的精神状态必须保持在最佳状态，工作负责人必须严肃认真和极其负责地对待每一项操作，发现不好的兆头应高度警惕，像这种对待作业任务不清、态度不严肃的人员，就应马上令其停止参加带电作业，绝不能迁就和麻痹大意，否则后患无穷。

对上、下层布线安全距离比较小和不能满足安规最小安全距离要求的带电作业，光有监护人的警告性提示不够的，因为有时危险就发生在一瞬间，监护人想要制止都来不及，因此，必须从技术上采取严密、可靠的防范措施，如加绝缘隔板、限制作业人员的活动范围，做到即便工作人员发生失误也能确保安全。

案例 11：组合间隙不够，触电坠落死亡

1. 事故简况

某供电局送电工区带电班带电处理 330kV 线路#180 塔中相小号侧导线防振锤掉落缺陷。工作负责人李××办理了电力线路带电作业工作票，作业人员共 6 人，作业方法为等电位作业。16 时 10 分，工作人员乘车到达作业现场，工作负责人李××现场宣读工作票

及危险点预控分析，并进行了现场分工，工作负责人李××攀登软梯作业，王××登塔悬挂绝缘绳和绝缘软梯，刘××为专责监护人，地面帮扶软梯人员为王×、刘×，其余1名为配合人员。

绝缘绳及软梯挂好，检查牢固可靠后，工作负责人李××开始攀登软梯，16时40分，李××登到与梯头（铝合金）0.5m左右时，导线上悬挂梯头通过人体所穿屏蔽服对塔身放电，在距地面26m左右跌落到铁塔平口处（距地面23m）弹了一下后坠落地面，地面人员观察李××还有微弱脉搏，现场人员立即对其进行现场急救，并向当地120求救。17时12分左右，120救护车赶到由医护人员继续抢救，17时50分左右，李××经抢救无效死亡。

2. 事故原因及暴露问题

（1）绝缘软梯的挂点选取不当，造成组合间隙不够，严重违反了中相带电作业的安全技术规定。

（2）工作负责人未严格履行工作负责人的职责，而是直接参与工作，严重违反《安规》的规定。

（3）带电作业工作未执行“作业指导书”，防止高空坠落的控制措施并未严格执行，危险点分析预控流于形式。此次事故作业的铁塔为改进型的塔型，但工作负责人及其他工作人员以及公司、工区的管理人员都不清楚该塔型的有关参数。

（4）违反《安规》（线路部分）第10.1.1条“带电作业时，应根据作业区不同海拔高度，修正各类空气与固体绝缘的安全距离和长度、绝缘子片数等，并编制带电作业现场安全规程，经本单位分管生产领导批准后执行”的规定。

3. 防范措施

（1）认真执行《设备缺陷管理制度》，发现设备缺陷应逐级上报，并由上级部门安排进行处理。

（2）认真反思安全管理工作，不能就“安全”抓“安全”，要通过抓专业管理、基础管理、过程管理及安全管理来全面提升安全管理水平。

（3）深入开展反管理性违章、行为性违章和装置性违章排查活动；继续深化开展“安全提示、真情提醒”活动，强化保护人的生命、规范人员行为、提高员工素质全过程各项措施的落实。

（4）强化“四种人”（工作票签发人、工作负责人、工作许可人、专责监护人）的职责落实，加强培训和考试、考核。对于工作中履行职责不到位，无论是否造成事故，均按严重违章进行严肃处理。

案例12：接双电源时，作业人员相互配合不协调，触电致伤

1. 事故简况

某电厂带电班四人在某35kV甲线#1终端杆与乙线#1杆进行连通作业。杆上两人（即甲线和乙线杆上各一人），地面配合一人，监护一人。

杆上作业人员两人背对背分别在甲线#1杆和乙线#1杆上做连通准备工作。其中一人

做完了后，用双手将连通跳线放在架空地线的接地引下线上。而另一端杆上电工向工作负责人提出了用绝缘操作杆将连通跳线夹住伸至导线，以比较其长度是否合适的建议。但他一边说、一边将连通跳线伸向导线，以致造成另一端杆上电工触电，左右大拇指、虎口和脚底、膝盖处烧伤。

2. 事故原因及暴露问题

在两杆上的两名作业人员进行有联系和需要相互配合的作业时，不应背对背地进行操作，这样各干各的，双方无法相互照顾。违反了《安规》（线路部分）第2.3.11.5条规定的“工作班成员应互相关心工作安全”，是发生事故的主要原因。

根据《带电作业技术导则》第6.1.1中规定“带电作业班组在接受带电作业任务后，应根据任务难易和对作业设备熟悉程度，决定是否需要查阅资料和查勘现场。查勘现场应了解作业设备各种间距、交叉跨越、缺陷部位及其严重程度、地形状况、周围环境，确定需用器材及工（器）具等。根据查勘结果，做出能否进行带电作业、采用何种作业方法及必要的安全措施等决定”。可是在进行此项双电源接通前，并未事先将所需导线长度测好，而是在作业中去实际比划测量，作业人员提出这一建议后，还未得到工作负责人许可就去测量，是发生事故的直接原因。

工作负责人在对作业过程进行监护时，对作业人员背对背各自操作时以及在杆上实际比划等“不安全动作”未能及时纠正和制止，暴露了工作负责人未能严肃认真地执行“工作监护制度”，对事故的发生负有主要责任。

3. 防范措施

根据《带电作业技术导则》第6.1.1规定，带电班在接受每项带电作业任务时，应对现场进行勘查，对作业中所需的各种距离进行测量，使用什么样的工具材料，确定采用哪种作业方法和必要的安全措施。制定出详细、准确的作业方案，经带电作业人员周密、细致地讨论，经主管领导批准后，到作业现场，认真遵照执行。原跳线长度应在现场勘查时测好，做准备工作时截取好到现场就能用，就不会发生到作业现场才提出和实际距离比一比的错误做法。

在带电作业现场作业人员进行有联系的作业时，必须面对面的进行，不允许背对背作业，这样双方才能相互看见对方的作业情况，可以做到相互配合和照顾，以防失手发生意外。

作业人员在带电作业操作过程中，如对下一步操作方法有什么建议或改进，必须停止操作，提出和说明有什么改进和怎样改进的方法，经过工作负责人会同有关人员讨论、研究同意后，得到工作负责人许可后方能进行操作，不允许一边提建议，一边进行操作。

案例13：地电位人员与等电位人员直接传递工具，触电烧伤

1. 事故简况

某供电局进行某35kV线路大修带电更换Ⅱ型水泥杆。当杆塔已立好，横担亦组装好后，等电位电工甲拟将导线装入绝缘子串的线夹内，需杆上电工乙传递工具，此时，乙不慎用手直接进行传递，致使等电位电工甲对杆上电工乙放电，乙脚趾被电击伤致残，甲因

所穿屏蔽服未与手套连接，手腕严重烧伤致残。

2. 事故原因及暴露问题

传递工具过程中未严格遵守"等电位作业人员所需的工具、器材必须使用绝缘工具和绝缘绳索传递，工具和绳索应有足够的有效绝缘长度。杆塔上配合人员应与等电位人员始终保持足够的安全距离的有关规定。"杆塔上配合人竟然思想不集中、头脑不清醒的直接传递工具，是发生事故的主要原因。

等电位作业人员严重违反《安规》(线路部分）第 10.3.2 条规定的"等电位作业人员应在衣服外面穿合格的全套屏蔽服，且各部分应连接良好"。在屏蔽服未与各部分连接好的情况下就去进行等电位作业，又直接去接杆塔上配合人员传递来的工具，是发生事故的重要原因。

监护人未尽职尽责地对等电位人员穿着的屏蔽服及连接情况进行检查，在工具传递过程中的不安全动作监护不到位，应对本次事故的发生负主要责任。

3. 防范措施

带电作业是一项既严肃又细致的工作，不论等电位作业人员还是杆塔上配合人员，都必须保持头脑清醒、思想集中。特别是杆塔上配合人员不应存在"我是地电位，不会有什么危险"的麻痹思想。

等电位作业人员必须十分认真地对待身上穿着的屏蔽服，穿上后，必须从头到手、至脚进行全面认真的检查，在确认穿着舒服合身、各部位连接的接触良好后，还应主动请工作负责人再进行一次认真检查，确认良好后，再去进行作业。

案例 14：杆上作业人员在提拉水平拉杆时，触电烧伤

1. 事故简况

某供电局输电管理所带电班在某 35kV 线路Ⅱ杆更换斜拉杆和加装水平拉杆，在完成两边相的斜拉杆更换后，由地面人员配合将水平拉杆吊到杆上，作业人员甲拟将水平拉杆提放到横担上时，不慎触碰中相导线，以致电流经水平拉杆—人体接地。触电后，甲手一松，水平拉杆掉到地面。

事后检查，甲大腿两侧、左小腿、左手掌均轻度烧伤。

2. 事故原因及暴露问题

作业人员未能认真遵守《安规》(线路部分）第 5.1.1 条"在带电杆塔上……作业人员活动范围及所携带的工具、材料等，与带电导线的最小距离，对 35kV 应不小于 1.00m"的规定，不慎在提拉水平拉杆时，触及带电导线，是发生事故的主要原因。

按《安规》(线路部分）第 5.1.1 条规定"在进行上述作业时，应有专人监护"，可是当作业人员在提拉水平拉杆时，并没有专人进行监护，是发生事故的重要原因。

3. 防范措施

在带电杆塔上传递尺寸较长的金属部件时，应用绑扎绳在无头绳上捆扎两点，沿无头绳方向传递。当从地面传至杆上时，应垂直上、下。当传到导线上方时，杆上作业人员应

将金属件顺线路方向移至水平位置，再旋移到安装位置。在移动长金属部件转向时，一定要特别注意与带电导线的距离，绝不可马虎从事。这种传递工作，应从地面开始，一直传递到安装位置必须始终在专人监护下进行。必要时杆上、杆下应同时设有专人监护。

案例 15：在作业过程中绝缘绳严重受潮，触碰带电导线放电，作业人员烧伤

1. 事故简况

某供电局带电班在某 110kV 线路上更换直线杆绝缘子串，由于地面潮湿，未在地面上放置防水的帆布。杆上、杆下传递工具、材料的绝缘绳一直放在潮湿的地面上，使其局部严重受潮，当更换完绝缘子串以后，杆上作业人员甲与地面人员使用该绝缘绳传递工具时，不慎绝缘绳碰触中相导线，导致绝缘绳对杆上作业人员甲放电，烧伤甲的脸部和手。

2. 事故原因及暴露问题

工作负责人和带电班成员，到达作业现场后，未认真执行《带电作业技术导则》第 6.1.1 条中规定的“根据具体情况进行现场勘查，查勘现场应了解作业设备各种间距、交叉跨越、缺陷部位及其严重程度、地形状况、周围环境，确定需用器材及工（器）具等。根据查勘结果，做出能否进行带电作业、采用何种作业方法及必要的安全措施等决定”，对现场未进行认真勘查，对作业处地面严重潮湿未予重视，又未按“带电作业工具在现场使用应放在防水帆布上……”的规定铺上防水帆布，而是将带电作业工具直接放在潮湿的地面上，导致绝缘绳严重受潮，触碰带电导线放电，将作业人员烧伤，是发生事故的唯一原因。

3. 防范措施

为防止带电作业工具受潮，影响其绝缘性能，危及作业人员的人身安全，现场使用的绝缘工具必须按规定放置在防水帆布上，特别是潮湿的场地更应加倍注意，绝不能直接放在地面上。

案例 16：绝缘杆制造质量不良，带电作业中爆炸，作业人员致伤

1. 事故简况

某电业局带电作业班带电更换某 500kV 线路#240 塔绝缘子串。10 时 35 分线路解除重合闸，11 时 40 分开始更换左相绝缘子串，12 时 45 分左相绝缘子串更换结束。接着将工具转移到中相，准备更换中相绝缘子串，地面作业人员将绝缘吊杆提升到横担下面。横担上地电位工作人员胡××提绝缘吊杆吊钩靠近导线时，忽然听到一声巨响，看到一个大火球，塔上人员胡××右手小指被炸掉，500kV 线路跳闸，经抢修处理后，于 17 时 45 分，线路恢复送电。受伤人员送医院治救，因右手无名指炸伤，被迫截去。

2. 事故原因及暴露问题

绝缘吊杆制造质量不良，是发生事故的直接原因。该电业局使用的绝缘吊杆是从某电力工具厂购进，共 7 根。

绝缘吊杆壁厚8mm，由于制造技术上不能一次成型，先成型2mm厚，烘干后再成型6mm，从制造工艺上形成了层间间隙。生产条件全部是手工操作，无操作工艺和检验标准。事故时，故障绝缘吊杆炸成4段，每段长度分别为1.05m、0.56m、1.3m和0.99m。每段断口附近的内壁都有明显的经电弧烧伤碳化的玻璃丝布焦片，在断口壁厚处，有明显的碳化层和烟熏的未老化的绝缘撕裂层。从解剖绝缘吊杆的断面中发现：层间环氧树脂厚薄不匀，有的玻璃丝布的层间基本没有环氧层，由于手工操作缠绕过程拉力不均匀，缠绕层间不密集，使层间有空气间隙。带电作业时，绝缘吊杆在强电场的作用下，因空气的介电常数远小于环氧丝布介电常数，因此层间存在的空气间隙被击穿的瞬间，产生活性气体O_3、NO、NO_2等对周围绝缘层产生氧化，又使绝缘吊杆的绝缘水平下降，这样周而复始，逐步发展，加速绝缘吊杆的老化，最后导致贯穿性击穿短路，发生了这次绝缘吊杆爆炸事故。

3. 防范措施

严格遵守《安规》（线路部分）中关于“带电作业工具的保管与试验”的各项规定，把住带电作业工具关。一定保证带电作业工具在机械性能和电气性能上满足带电作业需要。

对新购进的带电作业工具，一定要保证质量，要从指定生产带电作业工具的制造厂家进货。并严格按有关“质量标准”进行验收，达不到相应“质量标准”的带电作业工具绝不允许在带电作业中使用。

十三、水泥杆缺脚钉

案例1：水泥杆缺脚钉，作业人员下杆时，脚踩水泥杆钢圈，打滑失重，高空坠落致死

1. 事故简况

某电业局送电工区对某220kV线路#116～#385杆进行调整绝缘工作。送电工区保线站工作地段是#285～#301杆。该工作班共8名同志，由杨××（站长）担任工作负责人，早8时，办理开工手续后，9时到达工作现场，在#301杆列队宣读工作票和安全措施后，杨××提问宋××（死者、男、33岁）“计划工作时间”，宋××回答正确，工作班成员在工作票背面签名，杨××将工作班分为4个工作小组，杨××和宋××一组，负责#285～#287杆调整绝缘任务。10时，杨××开始登上#285杆，宋××和送电工区副主任张××担任监护人，12时调整完#285、#286杆绝缘，宋××从#287杆右侧水泥杆登杆进行调整绝缘工作，由张××、杨××担任监护人，宋××按A、B、C顺序进行工作（从右到左）。13时35分工作结束，宋××用小绳将手拉葫芦和定滑轮递下后将小绳扔下，开始拆除临时接地线和解安全带，13时40分宋××从#287杆左侧水泥杆下杆，张××站在距左杆8m处，杨××站在右侧距左杆9m处监护。当宋××脚下到上叉梁抱箍时，张××发现距地12m处外侧少一根脚钉，张××当即喊：“小宋，你从叉梁下，下面缺脚钉。”宋××未出声继续下杆，张××又喊：“下面缺脚钉”。刚说完只见宋××双臂

一伸直，身体逐渐成水平坠落。当距地面 3m 时，脸朝上坠落地面。身体与线路同方向，脚距左杆根 1.5m，安全帽仍戴在头上，安全带系在腰上，临时地线背在左肩上。立即将宋××送往医院，经检查确诊宋××已死亡。

经事故现场调查分析，确认宋××从杆上坠落过程是：张××第二次提醒缺脚钉时，宋××的右脚已站到缺脚钉处，他确认无脚钉后，将右脚贴杆下移约 20cm，登在水泥杆钢圈突部出位（约突出 1cm），右手抓脚钉后，下移左脚和左手，此时重心落在右脚，在左脚左手下移过程中右脚打滑脱离水泥杆，右手由于未抓牢而松开，造成高空坠落死亡。

2. 事故原因及暴露问题

这次高空坠落死亡事故看起来很简单，事故经过并不复杂，但事故暴露出的问题是多方面的，教训是深刻的。

(1) 事故的主要原因是死者本人安全意识不强造成的。同时也暴露出安全思想非常麻痹，登杆作业前不认真检查，因而思想上没有准备，遇到紧急情况手足无措。也反映出一部分职工安全技术素质低，下杆的要领和技巧不熟练，说明我们在安全教育和技术培训上还有漏洞，还要做大量的艰苦细致工作。

(2) 安全技术措施流于形式。这次 220kV 线路停电工作虽然专门制定了 9 条安全技术措施，但工作起来都不认真执行，对事先预防和分析危险点都没有做，也没有具体防范措施，措施只是写在纸上，没有具体落实到工作项目和每个人的行动上，还是流于形式。

(3) 缺脚钉是造成事故的重要原因。送电线路杆塔上缺脚钉的情况时有存在，过去不被人们所重视，认为缺一两个脚钉死不了人，工作熟练照样上下。基于这种司空见惯的现象，实际上是一种习惯性违章行为，所有的习惯性违章不一定都死人，但这次宋××的死亡，确确实实是因为缺个脚钉，而且事先没做检查，在思想准备不足的情况下，脚踏空了失手造成高空坠落死亡。

(4) 事故还反映出监护人没有尽到职责。监护人发现缺一根脚钉的不安全苗头，虽然曾两次提醒被监护人注意，但没有果断制止他的行为。事故发生时，监护人认为缺个脚钉没啥，没有坚决制止是因为心里也默许了。

(5)“安全第一、预防为主、综合治理”的方针在具体工作上没有体现出来。送电线路缺脚钉的现象很严重，有的属于丢失，有的属于厂家制造质量不良，或者安装时就缺少，该线路#287 杆缺的这根脚钉就是线路新建时未安装上的，原因是水泥杆内的螺母内径没有丝扣，验收时也没有严格把关，这条线路已经投产 6 年，对这样所谓的小缺陷，视而不见，在安全生产上往往就在小的问题上发生大事故。

3. 防范措施

(1) 对送电线路杆塔上的脚钉进行一次全面彻底的检查，对缺少脚钉的杆塔，进行认真的登记，要指定专人限期整改。丢失的要补全，严重腐蚀的要更换，对遗留缺陷装不上脚钉的，要采取打抱箍的方法补上，之后一定要经过专人进行验收。

(2) 今后登杆作业前，必须严格遵守《安规》（线路部分）第 6.2 条的有关规定，认真检查脚钉是否齐全、牢固。登杆塔时必须要手把住、脚踩牢，做到稳上稳下。

(3) 作业人员上、下杆和在杆塔上转位及杆塔上作业时，手扶的构件应牢固，不准失去安全保护。如脱离安全带保护上下杆塔时，要采取严密的监护和防高空坠落措施。

十四、架设跨越架时不遵守有关规定

案例 1：架设跨越架时，使用潮湿木杆，触及 110kV 带电导线，造成作业人员感电死亡

1. 事故简况

某电业局电力承装公司线路三班在某 110kV 线路#2～#3 杆塔之间做停电换线的准备工作，搭设跨越电话线的跨越架，在起立跨越架木杆过程中，由于跨越架木杆潮湿，杆的长度又超过了 110kV 带电导线对地距离，在倾斜移动中，木杆顶端与 110kV 带电导线相碰，杆子下部又触及电话线，在电话线被烧断落地的过程中，触及作业人员李××，造成感电死亡。

2. 事故原因及暴露问题

（1）架设跨越电话线的跨越架时，违反《国家电网公司电力安全工作规程》（火电厂动力部分）第 17.3.15 条中关于“脚手架接近带电体时，应做好防止触电的措施”的规定，不但没有做好防止触电的措施，反而使用潮湿和长度超过 110kV 导线对地距离的木杆，在木杆倾斜移动过程中，发生了杆顶端触及 110kV 带电线路，木杆下端又碰上电话线，在电话线被烧断的过程中触及作业人员，造成作业人员感电死亡，是发生事故的主要原因。

（2）在邻近有带电运行的线路下面架设跨越架，未指派专人进行监护，使整个作业过程失去监护，是发生事故的重要原因。

3. 防范措施

（1）认真遵守《国家电网公司电力安全工作规程》（火电厂动力部分）第 17.3.15 条的规定。该条内容虽然简单，但要求我们必须认真地对待“带电体”，架设跨越架前，应到现场实际观察好与带电运行线路的距离，使用什么样的木杆以及怎样进行架设，应制定出详细的施工方案和保证安全的技术措施，经有关领导批准后，组织全体参加作业的人员进行细致认真地讨论，保证各项措施都落实到具体工作中和每个参加作业人员都清楚掌握之后方可进行作业。

（2）架设跨越架的全过程中，应设专责监护人，特别注意与带电运行线路保持足够的安全距离。

十五、分配工作不当，力工直接参加作业

案例 1：分配工作不当，力工直接参加作业，不懂规程有关规定，误将索引钢丝绳拉向带电导线，造成作业人员触电两死两伤

1. 事故简况

某电业局工程队二班在 35kV 线路更换水泥杆作业中，工人李××和力工于×，在邻

近带电的35kV线路西侧（坑中心距离带电导线3.9m）立杆时，由于制式吊车绞盘离合器插入深度不够，立杆过程中发生摔杆。在清理现场时，力工于×不懂有关规程规定，现场又无专人进行监护，误将起重吊钩索引用钢丝绳拉向带电导线侧，索引用钢丝绳与带电线路接近时，瞬间放电，造成作业人员李××、力工于×两人触电死亡，还有另外两人受轻微电击伤。

2. 事故原因及暴露问题

（1）有临时工参加更换水泥杆作业，而且作业现场还有带电运行的线路，没有认真遵守《安规》（线路部分）第1.4.3条“临时参加劳动人员必须经过安全知识教育后，方可下现场随同参加指定的工作，并且不准单独工作”的规定，反而清理现场时，在无人监护和未经监护人许可的情况下，竟然将起重吊钩的钢丝绳拉向带电侧，发生瞬间放电，造成作业人员两死两伤，是发生事故的主要原因。

（2）更换水泥杆作业现场与邻近带电线路虽有一定安全距离，但没有采取预防作业中发生接触或接近至危险距离以内时的有效防范措施，如将作业的导、地线在工作地点接地或绞车等牵引工具接地，是发生事故的重要原因。

3. 防范措施

（1）工作负责人在邻近有带电线路现场工作时，应做好现场调查摸底，妥善研究好施工方案和措施，对工作中可能发生的意外，进行充分的预想、研究和安排，制定出全面可靠的安全技术措施，在开工前详细向作业人员进行交待，并落实到位。

（2）在邻近带电线路附近作业时，必须设专人监护，保证作业器械与作业人员、带电线路保证足够的安全距离，认真执行《安规》（线路部分）第5.2条规定的内容。

（3）在作业现场发现意外情况时，工作负责人组织处理意外情况之前，应重新明确并交待安全注意事项和处理方法及人员分工，严防混乱局面出现。

（4）对临时工和技术素质的安全素质差的作业人员参加作业时，应单独进行现场安全技术措施交底，并严格考问、讲解清楚，明白后方能让其参加指定的作业，并在监护人严格监护下进行，严防出现疏漏和差错。

十六、感应电压触电

案例1：连接空载线路，一相线路接通后另两相产生感应电压，作业人员触及有感应电压的线路致伤

1. 事故简况

某供电局所辖供电所带电班在某110kV线路耐张杆塔上，用搭通跳线的方法接通一段空载线路。

进行此项作业的杆上人员共4人，其分工如下：电工甲、乙、丙站在横担上协助工作，电工丁等电位连通。

在杆上、杆下和等电位电工丁的配合下，接通了右相跳线，随即进行中相跳线的连通工作。电工丙沿停电侧绝缘子串爬至导线端解开临时绑扎在绝缘子上的跳线，电工乙用绝

缘操作杆将跳线传递给电工甲。电工甲站在铁塔上用右手去接，由于左相带电，中相出现感应电压，导致中相跳线对电工甲右手放电，电工乙即用绝缘杆将跳线挑开，电工甲才脱离电源，但电工甲的右手和左脚被烧伤。

2. 事故原因及暴露问题

对空载线路一相带电后，其他两相将会出现感应电压不理解，是发生事故的主要原因。空载线路一相带电，其他两相将由于静电感应和电磁感应的作用，在另两相线路上感应出较高的电压，据实测在110kV线路上，感应电压最高可达4000V左右。作业人员甲直接用手去接跳线，造成感应电压对其右手放电。

作业人员甲未严格遵守《安规》（线路部分）第10.4.1.4条规定的“带电接引线时未接通相的导线及带电断接引时已断开相的导线将因感应而带电。为防止电击，应采取措施后才能触及”。用手直接接触已经带有感应电压的线路跳线，是发生事故的重要原因。

3. 防范措施

带电作业人员应加深对空载线路、绝缘架空地线及未接地的架空地线产生感应电压原因的理解，提高作业人员在作业中发生静电感应电压触电危险性及其严重后果的认识，从而达到认真执行规程制度中有关防止静电感应电压触电的各项规定，以避免再发生静电感应电压触电事故。

在220～500kV电压等级的线路杆塔上进行带电作业时，如需要接触有静电感应电压的空载线路、绝缘架空地线或未接地的架空地线时，应使用带有绝缘手柄的专用短路线，将空载导线、绝缘架空地线和未接地的架空地线先行短路接地。专用短路线应用多股软铜线，其截面不得小于10mm^2，绝缘手柄的长度不得小于400mm，且需耐压44kV达5分钟，合格后方可使用。接地的操作程序是：先将专用短路线的一端与杆塔接地装置连接牢固后，再将短路线的另一端与导线、绝缘架空地线或未接地的架空地线连接牢固，拆除时程序相反。

在有静电感应电压产生的空载导线、绝缘架空地线或未接地的架空地线的杆塔上进行带电作业时，应设有专责监护人，监护人应对作业人员的全过程进行监护，发现不安全动作应及时纠正和制止。

案例2：作业人员上铁塔涂漆，误触绝缘架空地线，感电死亡

1. 事故简况

某供电局带电班在某220kV线路铁塔上进行涂漆作业，当作业人员登上#302铁塔塔头时，不慎触及绝缘架空地线，在感应电压作用下，感电致死。

2. 事故原因及暴露问题

（1）对绝缘架空地线引起感应电压不理解，是发生事故的主要原因。架空地线原来主要起屏蔽作用，用来保护输电线路不受直接雷击，这样每基杆塔都必须永久接地，架空地线便处于零电位，因此，接触它是安全的。但近些年来，系统由于通信和远动通道不足，有的单位将架空地线设计为绝缘架空地线，以解决通道拥挤问题。有的为了减少电能损耗

和从地线抽能，也往往把架空地线绝缘起来。由于静电感应和电磁感应，绝缘的架空地线上将感应出较高电压。实测表明：220kV 输电线路上绝缘架空地线上的感应电压最低约为 1800V，最高达 7400V，而 500kV 输电线路上的绝缘架空地线上的感应电压高达 8250V。很明显，当作业人员站在杆塔上误触感应电压较高的绝缘架空地线时，便通过人体接地形成回路，其结果是：

1）如果绝缘架空地线上的充电电流较大，且通过作业人员的危险部位时（心脏或大脑），作业人员会立即被电死。

2）如果绝缘架空地线上的充电电流较小，且不通过作业人的危险部位而接地时，当作业人员未系安全带的情况下，则有可能被电击造成高空摔跌。

综上所述，如将绝缘架空地线误认为是无电的，是非常危险的。

(2) 作业人员未严格遵守《安规》（线路部分）第 5.4.4 条规定的“带电线路上的绝缘架空地线应视为带电体，作业人员与绝缘架空地线之间的距离不应小于 0.4m”的规定，不慎触及绝缘架空地线是发生事故的重要原因。

(3)《安规》（线路部分）第 5.1.1 条规定“在带电杆塔上工作，应有专人监护”。如该杆塔涂漆作业设有专人监护，及时提醒作业人员，绝缘架空地线有感应电，这次触电事故是可以避免的。

3. 防范措施

带电作业人员应加深对空载线路、绝缘架空地线及未接地的架空地线产生静电感电压原因的理解，提高作业人员在作业中发生静电感应电压触电危险性及其严重后果的认识，从而达到认真执行规程制度中有并防止静电感应电压触电的各项规定，以避免再发生静电感应电压触电事故。

在 220～500kV 电压等级的线路杆塔上进行带电作业时，如需要接触有静电感应电压的空载线路、绝缘架空地线或未接地的架空地线时，应使用带有绝缘手柄的专用短路线，将空载导线、绝缘架空地线和未接地的架空地线先行短路接地。专用短路线应用多股软铜线，其截面不得小于 $10mm^2$，绝缘手柄的长度不得小于 400mm，且需耐压 44kV 达 5 分钟，合格后方可使用。接地的操作程序是：先将专用短路线的一端与杆塔接地装置连接牢固后，再将短路线的另一端与导线、绝缘架空地线或未接地的架空地线连接牢固，拆除时程序相反。

在有静电感应电压产生的空载导线，绝缘架空地线或未接地的架空地线的杆塔上进行带电作业时，应设有专责监护人，监护人应对作业人员的全过程进行监护，发现不安全动作应及时纠正和制止。

案例 3：误碰未接地的架空地线，感应电压触电，高空坠落死亡

1. 事故简况

某电业局在 220kV 线路上进行带电检测不良绝缘子工作。工人何××等三人负责#0～#32 杆这一段，当测完#32 铁塔后，转向#31 水泥杆，何××从爬梯登杆上到适当部位，系好安全带，然后进行不良绝缘子检测，检测完右边相和中相绝缘子之后，解开安全

带，搭在肩上，就上了横担，从横担走向左边去测左边相绝缘子，绕过左边线地线支架，手拿3m长绝缘杆，脚站在吊杆外侧，左手抓吊杆，面向横担头，躬身移动向左边线行进，当走到架空地线底下，穿越架空地线时，触及未接地带感应电压的架空地线，从13m高的横担上坠落，经抢救无效死亡。

2. 事故原因及暴露问题

作业人员何××上杆作业转位时，碰到带有感应电压的架空地线是发生事故的直接原因。而在杆上工作转移过程中，没有遵守《安规》（线路部分）第6.2.3条规定的“在杆塔上作业转位时，不准失去安全保护”和第7.10条规定的“高处作业人员在转移作业位置时不准失去安全保护”，是发生事故的主要原因。当作业人员在失去安全带保护的情况下，进行转移，工作监护人未提出制止及时纠正，是发生事故的重要原因。

架空地线未接地，长期未进行处理，暴露出安全管理工作混乱。

根据设计说明和耐张塔避雷线接地图的要求，#30～#38杆耐张段的#30耐张塔，应将架空地线接地，但施工时，全段均未接地。线路投入运行后，于同年6月被巡线班发现这一缺陷，记入巡线记录簿，上报了专责技术员，至第二年才布置检查，生产组根据情况先后两次下达月度计划，处理这一缺陷，但均未执行，也无人过问，就不了了之。

#30～#38杆耐张段架空地线长3.8km。事故后测得这一耐张段的静电感应电压为9kV。如果在#30塔将架空地线接地后，按当时输送负荷电流20A，#38塔测得电磁感应电动势仅为8.2V。

3. 防范措施

带电作业人员应加深对空载线路、绝缘架空地线及未接地的架空地线产生静电感电压原因的理解，提高作业人员在作业中发生静电感应电压触电危险性及其严重后果的认识，从而达到认真执行规程制度中有并防止静电感应电压触电的各项规定，以避免再发生静电感应电压触电事故。

在220～500kV电压等级的线路杆塔上进行带电作业时，如需要接触有静电感应电压的空载线路、绝缘架空地线或未接地的架空地线时，应使用带有绝缘手柄的专用短路线，将空载导线、绝缘架空地线和未接地的架空地线先行短路接地。专用短路线应用多股软铜线，其截面不得小于10mm^2，绝缘手柄的长度不得小于400mm，且需耐压44kV达5分钟，合格后方可使用。接地的操作程序是：先将专用短路线的一端与杆塔接地装置连接牢固后，再将短路线的另一端与导线、绝缘架空地线或未接地的架空地线连接牢固，拆除时程序相反。

在有静电感应电压产生的空载导线，绝缘架空地线或未接地的架空地线的杆塔上进行带电作业时，应设有专责监护人，监护人应对作业人员的全过程进行监护，发现不安全动作应及时纠正和制止。

案例4：保安线脱落，感电死亡

1. 事故简况

某超高压公司输电公司根据线路检修计划对500kV线路#419～#735杆塔进行停电检

修，主要为绝缘子清扫和线路消缺。11时19分左右，工作班成员金××接到许可工作命令后，开始在#462杆塔挂设个人保安线，准备进行清扫绝缘子串作业。金××在挂设好保安线后，准备取工具包转移作业点时，身体意外失去平衡，右手失手抓住了保安线，导致保安线的接地端从塔材上脱出，接地端击中左胸部，感应电经胸部泄放，遭电击休克死亡。

2. 暴露问题

(1) 未严格落实安全生产“三个百分之百”要求。

(2) 作业人员技术素质不高，安全意识不强。

(3) 危险点分析不到位。

(4) 监护人监护不到位。

(5) 个人保安线设计不合理，会因意外而导致脱落。

3. 防范措施

(1) 加强高处作业人员的综合技能培训，特别是要加强线路作业人员的技能培训。对技术素质不过硬、综合素质不高的作业人员，必须经理论学习和技能再培训，考核合格后方可参加作业。

(2) 加强现场作业过程中危险点分析和控制。针对不同专业、不同工作任务开展危险点分析，制定可行的作业指导书、指导卡。

(3) 认真执行工作票制度。

(4) 对个人保安线进行改进，保证在安装完毕后不会因意外而导致脱落。

十七、作业人员素质不强

案例1：工作签发人、工作监护人不称职，作业人员误触带电引流线，从杆上摔下致死

1. 事故简况

某电业局送电工区管辖的66kV线路于7月20日、8月8日先后两次跳闸，在地面巡视检查时，未查出故障点，因该线路是茶色瓷釉绝缘子，地面巡线较难发现问题，工区确定8月11日进行带电登杆检查。

11日早8时，送电检修二班技术员侯××持填好的六张第二种工作票向全班人员布置工作。该局将工作票签发权下放至班组长，有的人根本不胜任，这次作业的工作票签发人是检修二班班长，因文化程度低，不能填写工作票，由班技术员代填写的，班长未认真审查，就在工作票上签字。工作票中提出：“大家登杆后要仔细检查，人体与带电体的安全距离为0.7m（《安规》（线路部分）规定为1.5m），杆塔下必须设专人监护等要求。”

这次南石线登杆检查共81基杆，分六个作业组，每组三人。第六组负责检查#69～#81杆，因是最后一个组，路途较远，工作负责人赵××要求增派一人，技术员侯××临时允许仓库管理员靳××参加作业，因临时抽调，未列入工作票人员名单。靳××原系送电工区副主任，后来调到承装公司多年，再后来调回送电工区，在检修班担任仓库管理

员。11时36分第六组人员至达工作现场，由工作负责人赵××宣读工作票，交待了安全措施。随后分成两个小组，一组由赵××带领青年工人徐××检查#69～#76杆；另一组靳××带领青年工人李××（死者，男、24岁）负责检查#77～#81杆。12时06分检查到#81杆（最后一基），小组负责人靳××来到杆下检查，未认真进行监护。#81杆为A型水泥杆，是12°5′转角终端耐张杆，该杆下横担、左侧为短臂，上横担也在杆的左侧，左导线的引流线距左杆很近，只有860mm；位于上横担的中导线的引流线也在左侧，距下横担的铁拉板只有560mm。左、右杆均装有脚钉。在此情况下，工作人员李××本应从右侧杆攀登，但右杆法兰盘处缺少两个脚钉无法攀登。因此，李××从左侧登杆攀登。当李××登到法兰盘时，靳××站在距杆8m远处喊："注意引流线啊!"李××即转身靠近电杆内侧继续攀登，当其左手抓住下横担铁拉板，左脚踏在下横担，在抬右脚挺身时，头部对上面中导线引流线放电，安全帽击穿，将头部、两手及左脚掌烧伤，从杆上摔下，抢救无效死亡。

2. 事故原因及暴露问题

工作票签发人素质低，不称职。该局未按《安规》（线路部分）第2.3.10.1条规定的"工作票签发人应由熟悉人员技术水平、熟悉设备情况、熟悉本规程，并具有相关工作经验的生产领导人、技术人员来担任"，而将工作票签发权，下放到班组长，而检修二班的班长因文化水平低，不能填写工作票，这才由班组技术员代为填写，写完后，班长也未认真审查，就在工作票上签字。结果工作票上的安全距离填写错误，《安规》（线路部分）第5.1.1条明确规定："在带电杆塔上进行巡视检查，作业人员的活动范围及其所携带的工具、材料等，对电压等级为66kV时，与带电导线的最小距离不准小于1.5m。"可代理工作票签发人却误写为0.7m。而且所列的安全措施也不具体，缺乏针对性，致使作业人员在思想上忽略了对安全距离的重视，是发生事故的主要原因。

安全管理混乱，严重违反《安规》，监护人不称职。靳××离开工区岗位多年，调回工区后，又担任仓库管理员，没有按《安规》（线路部分）第1.4.2条规定的"电力线路工作人员，因故间断电气工作连续三个月以上者，必须重新学习本规程，并经考试合格后，方能恢得工作"执行。当缺少人手时，就将没有经过《安规》学习和考试的靳××派到工作现场，工作票中没有列入的人员，反而在现场担任监护人，靳××在监护中，不认真、不到位，是发生事故的重要原因。

工区和班组对这次带电登杆检查缺乏足够的重视。66kV送电线路空气间隙小，过去很少进行登杆检查，但工区事先没有组织研究制定安全措施。特别是准备工作匆忙，当天早晨做准备工作，作业人员到达工作现场已经是11时30分，势必会做出只顾抢时间、抢任务，而忽视安全的现象，也是发生这次事故的原因之一。

对青年工人的培训抓得不实。这次事故的死者，青年工人李××刚入局不到3个月即开始参加作业。虽经三级教育、安规考试和实际操作训练，但没有经过师徒合同的严格培训。从事故发生情况来看，李××缺乏基本操作技能和安全知识，不适应安全作业的要求。

这次事故暴露出设备维护与缺陷管理都存在一定问题。该线路#81杆脚钉不全，长期以来无人过问和处理。该杆是终端耐张杆，与变电所架构间导线绝缘子串，按规程规定应平行地面，却错误地装为垂直方向，使导线引流对下横担间隙减少（仅有1.5m），且这一威胁人身安全的缺陷长期没有得到解决。对这样明显的缺陷，班（组）工区干部和技术人员心中无数，在布置作业时，没有提出针对性安全措施及提醒工作人员特别注意。

3. 防范措施

工作票签发人必须称职。应根据《安规》（线路部分）第10.1.4条规定："带电作业工作票签发人和工作负责人、专责监护人应由有带电作业资格、带电作业实践经验的人员担任"，以及《安规》（线路部分）第2.3.7.4条规定："工作票由工作负责人填写，也可由工作票签发人填写"。在签发工作票时，必须亲自填写，决不允许由他人来代笔。签发完的工作票，应由工作票签发人审核无误，手工或电子签名后方可执行。

工作负责人（监护人）必须称职，且不失职。应根据《安规》（线路部分）第10.1.4条规定："带电作业专责监护人应由有带电作业资格、带电作业实践经验的人员担任"。监护人是带电作业现场操作的组织者和安全措施的实施者，责任重大。在带电作业的全过程中必须尽职尽责的，认真地对作业人员的一举一动进行监护，并正确地指导作业人员下一步该做什么，并能分析作业人员每个动作的意图，及时发现不安全动作的苗头，及时纠正和制止，防患于未然。所以，不是什么人都可以随便地来担任监护人。

加强对带电作业新人员的培训。根据《带电作业技术管理制度》第18条规定，对新参加带电作业人员，要指派带电作业经验丰富的技术人员和技工向他们逐条讲解《安规》（线路部分）"带电作业部分"以及《带电作业现场操作规程》，并组织他们学习电工基础知识和带电作业基本知识，绝缘材料性能，常用工具的构造、规格、性能、使用范围和操作方法。上述基本知识考试合格后，还需经过模拟实际操作训练和运行设备上操作考核。只有经过中国带电作业技术培训中心全部考核合格，才能发给合格证，参加经批准的带电作业项目操作。

案例2：带电作业班的班长不称职，作业中蛮干，带电导线对手放电致伤

1. 事故简况

某电业局带电班副班长甲（从事带电作业时间不到1年）带领7名工人在某35kV线路#12耐张杆更换靠导线侧第一片零值绝缘子，由甲和1名学员（技工学校新分人员）上杆操作，使用前后卡具，绝缘拉板和托瓶架等工具用间接作业法进行，当拔出零值绝缘子前后弹簧销子收紧丝杆，使绝缘子串松弛后，再用绝缘操作杆取出零值绝缘子，由于取瓶器卡不住绝缘子，一时无法用绝缘操作杆取出。站在横担上的甲便去用手直接将其取出，导线对甲的右手放电，并经甲的左脚接地，烧伤了甲的右手和左脚，甲险些从横担上摔下。

2. 事故原因及暴露问题

带电作业班的副班长素质低，不称职，作业中无知蛮干。

领导进行带电作业的副班长是一位刚从事带电作业不到一年的人，本身就缺少从事带电作业的实践经验，作业中遇有异常情况时就束手无策，不知道该怎样处理，不符合《安规》（线路部分）第10.1.4条规定："带电作业工作票签发人和工作负责人、专责监护人

应由有带电作业资格、带电作业实践经验的人员担任”，竟然在作业中站在横担上用手直接去取靠近导线侧的第一片绝缘子，是发生事故的主要原因。

与不符合担任带电作业班的副班长一起上杆进行带电作业操作的作业人员，竟是一个到班还不到3个月的技校学生，按《安规》（线路部分）第10.1.4条规定“参加带电作业人员，应经专门培训，并经考试合格取得资格、单位书面批准后，方能参加相应的作业”。只有经过中国带电作业技术培训中心全部考核合格，才能发给合格证，参加经批准的带电作业项目操作。由于未经过带电作业专门培训，所以在进行零值绝缘子更换这一个简单的常规带电项目操作中，操作取瓶器数次却卡不住绝缘子，导致无知的副班长用手直接去取，是发生事故的重要原因。

3. 防范措施

工作票签发人必须称职。应根据《安规》（线路部分）第10.1.4条规定：“带电作业工作票签发人和工作负责人、专责监护人应由有带电作业资格、带电作业实践经验的人员担任”，以及《安规》（线路部分）第2.3.7.4条规定：“工作票由工作负责人填写，也可由工作票签发人填写”。在签发工作票时，必须亲自填写，决不允许由他人来代笔。签发完的工作票，应由工作票签发人审核无误，手工或电子签名后方可执行。

工作负责人（监护人）必须称职，且不失职。应根据《安规》（线路部分）第10.1.4条规定：“带电作业专责监护人应由有带电作业资格、带电作业实践经验的人员担任”。监护人是带电作业现场操作的组织者和安全措施的实施者，责任重大。在带电作业的全过程中必须尽职尽责，认真地对作业人员的一举一动进行监护，并正确地指导作业人员下一步该做什么，并能分析作业人员每个动作的意图，及时发现不安全动作的苗头，及时纠正和制止，防患于未然。所以，不是什么人都可以随便地来担任监护人。

加强对带电作业新人员的培训。根据《带电作业技术管理制度》第18条规定，对新参加带电作业人员，要指派带电作业经验丰富的技术人员和技工向他们逐条讲解《安规》（线路部分）“带电作业部分”以及《带电作业现场操作规程》，并组织他们学习电工基础知识和带电作业基本知识，绝缘材料性能，常用工具的构造、规格、性能、使用范围和操作方法。上述基本知识考试合格后，还需经过模拟实际操作训练和运行设备上操作考核。只有经过中国带电作业技术培训中心全部考核合格，才能发给合格证，参加经批准的带电作业项目操作。

案例3：不具备从事带电作业资格的学员参加带电作业，挥手系安全带时，缩短了对导线的距离放电烧伤

1. 事故简况

某供电局送电处某保线站，组织全站人员分四组用火花间隙检测杆，对某35kV线路进行不良绝缘子检测工作。其中一组由甲担任工作负责人，新学员乙登杆进行检测。当检测到#27杆塔（上字形）时，乙登到双线侧的横担上，右手抱杆，左手准备系安全带，不慎挥手后缩短了对导线的距离，导线对乙的左手放电，以致烧伤左手背和左手心。人从杆上摔下，幸杆塔附近为竹林，才幸免扩大事故。事故发生时，因甲还未来得及监护，乙是

怎样触电和怎样从杆塔上摔下来的均不清楚。

2. 事故原因及暴露问题

不具备从事带电作业资格的新学员参加带电作业，严重违反了《带电管理制度》第18条规定的“对新参加带电作业人员，要经过基本知识考试合格后，还需经过模拟实际操作训练和运行设备上操作考核。只有经过中国带电作业技术培训中心全部考核合格，才能发给合格证，参加经批准的带电作业项目操作”。在新学员还不具备从事带电作业资格，上杆进行作业前，对在杆塔上怎样才能保证最小安全距离都不清楚，以致挥手系安全带时，造成了带电导线对左手放电，是发生事故的主要原因。

新学员上杆进行带电作业时，工作负责人未能尽职尽责地对杆上人员进行认真的监护，严重地违反了《安规》（线路部分）第2.5.1条规定的“工作负责人、专责监护人应始终在工作现场，对工作班成员的安全进行认真监护，及时纠正不安全的行为”，以致乙在杆上怎样触电的，怎样从杆上摔下来的都不清楚，是发生事故的重要原因。

3. 防范措施

工作票签发人必须称职。应根据《安规》（线路部分）第10.1.4条规定：“带电作业工作票签发人和工作负责人、专责监护人应由有带电作业资格、带电作业实践经验的人员担任”，以及《安规》（线路部分）第2.3.7.4条规定：“工作票由工作负责人填写，也可由工作票签发人填写”的规定，在签发工作票时，必须亲自填写，决不允许由他人来代笔。签发完的工作票，应由工作票签发人审核无误，手工或电子签名后方可执行。

工作负责人（监护人）必须称职，且不失职。应根据《安规》（线路部分）第10.1.4条规定：“带电作业专责监护人应由有带电作业资格、带电作业实践经验的人员担任 ”。监护人是带电作业现场操作的组织者和安全措施的实施者，责任重大。在带电作业的全过程中必须尽职尽责，认真地对作业人员的一举一动进行监护，并正确地指导作业人员下一步该做什么，并能分析作业人员每个动作的意图，及时发现不安全动作的苗头，及时纠正和制止，防患于未然。所以，不是什么人都可以随便地来担任监护人。

加强对带电作业新人员的培训。根据《带电作业技术管理制度》第18条规定，对新参加带电作业人员，要指派带电作业经验丰富的技术人员和技工向他们逐条讲解《安规》（线路部分）“带电作业部分”以及《带电作业现场操作规程》，并组织他们学习电工基础知识和带电作业基本知识，绝缘材料性能，常用工具的构造、规格、性能、使用范围和操作方法。上述基本知识考试合格后，还需经过模拟实际操作训练和运行设备上操作考核。只有经过中国带电作业技术培训中心全部考核合格，才能发给合格证，参加经批准的带电作业项目操作。

案例4：监护人失职，非工作班成员擅自登塔，发生引流线对人体放电，造成高处坠落死亡

1. 事故简况

某供电公司为降低线路雷击跳闸率，采取在输电线路上安装防绕击避雷针的措施，制定了《66～220kV线路带电安装防绕击避雷针安全技术组织措施》，送电工区于××进行

该项作业。

当日8时00分，王×（死者）签发了带电作业票，工作内容为在66kV线路#53～#59、#72～#77塔及架空地线上安装防绕击避雷针。当日工作地点为66kV线路#56塔，计划工作时间为8时30分～18时00分，实际开工时间为11时10分。

工作负责人：杨××（带电班班长）。

工作班成员：郑××、陈××等8人。

10时30分，班组人员到达作业现场。工作负责人杨××宣读工作票、布置工作任务及本项目安全措施后，11时10分工作班成员开始作业。

工作分工：工作负责人杨××负责监护，郑××、陈××负责塔上安装防绕击避雷针，其他6名工作班成员负责地面配合工作，王×（死者）受工区领导指派检查指导现场作业。

11时15分，郑××、陈××两人在安装防绕击避雷针过程中，由于安装机出现异常，安装工作不能正常进行，工作负责人杨××在指定工作票签发人王×作临时监护人后，登塔查看安装机异常原因，在对安装机调试时，突然听见放电声（根据SOE记录为12时12分），看见工作票签发人王×由#56塔高处坠落地面，经抢救无效死亡。

2. 事故原因及暴露问题

（1）王×（死者）作为非工作班成员擅自登塔且没有与带电部位保持足够的安全距离，属严重违章，是造成本次事故的直接原因。

（2）工作负责人杨××（监护人）脱离监护岗位，擅自登塔作业，没有履行监护责任，使作业失去监护，是造成本次事故的主要原因。

（3）工作班成员安全意识、责任心不强，没有制止现场违章行为（非工作班成员登塔作业），是造成本次事故的另一原因。

3. 防范措施

（1）迅速开展安全专项活动，认真吸取事故教训，全面排查安全隐患，评估安全生产状况，及时解决问题，降低安全风险，防止安全事故的再次发生。

（2）各级领导干部要认真履行岗位职责，严格落实、执行安全工作规程的有关要求，亲自部署、检查指导，减少不必要的会议，集中精力做好安全生产工作。

（3）各级管理人员要重心下沉，深入基层，掌握生产现场第一手信息，带头遵守各项规章制度，严禁非工作班成员的管理人员参加现场作业。

（4）提高培训的针对性和实效性，不断强化各级人员特别是现场作业人员的安全意识和业务素质。特别是新设备的安装及新技术的使用，应组织厂家或技术人员对作业人员进行严格、细致地培训，使作业人员熟练掌握操作和使用技能。

（5）提高工作班成员的安全意识，在作业中相互关心工作安全并监督《安规》的执行和现场安全措施的落实，做到“三不伤害”。

（6）在较为复杂、危险的施工作业环境中，如出现短时间无法解决的施工作业问题应暂时停止工作，脱离危险施工作业环境，待制定出具体解决方案后方可继续施工作业。

（7）对攀爬中易发生人身触电的杆塔施工作业前应加装临时阻挡装置及警示标志。

第二章　输电线路工作中设备事故案例

一、倒杆塔事故

案例 1：扶正电杆措施不当，发生倒杆事故

1. 事故简况

某局送电工区保线站工人，在扶正 35kV 线路#69 水泥单杆时，由于防止倒杆措施不当，在扶正过程中发生倒杆事故。

2. 事故原因及暴露问题

35kV 线路#50～#110 杆通过沼泽地带，局和工区安排把这段线路电杆的基础挖开，添加毛石加固，在加固过程中还要对个别歪杆进行扶正。工作负责人王××带领民工在扶正#69 水泥单杆时，违反施工安全措施“先打好临时拉线，而后再打开水泥杆正式拉线”的规定，未打临时拉线，只用两根拉绳在杆的两侧牵拉，当打开水泥杆正式拉线后，进行正杆时，因杆根部泥浆未冻实，水泥杆向歪的方向倒落，牵拉绳拉不住而发生倒杆，是发生事故的直接原因。

事故暴露出单独外出工作的工作人员没有自觉地遵守规程制度差，自己随心所欲。

3. 防范措施

（1）单独外出工作或带领临时工去工作的工作负责人，必须头脑清醒，一举一动都要想到安全，要自觉地遵章守纪，要为自己生命安全、设备安全、临时工的生命安全负责。

（2）在处理扶正歪杆时，必须首先想到不能发生倒杆，为此，必须事先对歪杆打好临时拉线后，再进行处理或扶正。

（3）对于要挖开电杆基础，要事先打好临时拉线确认可靠后，方可挖开基础，而且在挖的过程中，要密切观察水泥杆有无变化。若水泥杆有倾斜现象发生，必须立即停止挖掘，采取必要措施，以防倒杆。

二、断线事故

案例 1：钳压接管压偏，运行时导线从管中抽出的断线事故

1. 事故简况

某局 220kV 线路#140～#141 杆间中线压接管处断线。

2. 事故原因及暴露问题

这起事故主要原因是施工人员过失，施工压接时，钢管压偏 9cm，压接深度不够，前

半管铝导线与铝压接管长度只有 2cm，应该是 11cm，压深不够，运行中，当气温降低时，铝线从压接管中抽出，钢芯烧断。施工质检和验收时，对此重大缺陷也没有发现和纠正，是发生事故的重要原因。

事故暴露出施工人员技术素质低，未能正确地掌握施工工艺。

3. 防范措施

(1) 施工时，必须按照《架空送电线路检修工艺规程》（以下简称《送电检修规程》）关于导地线压接的有关规定执行。钢芯要在钢管中心对准，铝线在铝管中进入长度要合乎《送电检修规程》规定，检查无误后才能进行压接。

(2) 压接管的压口数和压接深度，必须合乎《送电检修规程》规定的尺寸，工作负责人要亲自检查和指导压接。

(3) 质检人员必须在压接现场，亲自查看压接过程与压接的情况，质检人员在进行此项工作前要认真学习《送电检修规程》，掌握《送电检修规程》有关压接质量要求的具体尺寸。

案例 2：爆压管压偏的断线事故

1. 事故简况

某局 220kV 线路#162～#163 塔间 C 相 LGJQ－400 导线，爆压管处烧断线，21 时 07 分保护动作跳闸，经抢修后于次日 20 时 02 分送电，共停电 22 小时 55 分钟。

2. 事故原因及暴露问题

(1) 220kV 线路导线为 LGJQ－400，其导线连接配用 JYD－400 压接管，压接管内钢管长为 130mm，用来压接交叉后的钢芯；铝管长为 500mm，按照《送电检修规程》规定，铝压接管与铝绞线（表面）接触长度各为 180mm。但实际上，发生故障断线的压接管偏向一端，与一侧铝绞线压接长度为 330mm，与另一侧铝绞线压接长度为 30mm，且因截面变化压接管内壁呈圆锥状，铝绞线承受向外的推力呈灯笼骨架状，铝压接管与铝绞线的接触面积最小端还不足额定接触面积的 16%。事故前，该线路负荷电流为 250A，是额定电流的 30.3%，故该铝质压接管实际过载系数为 1.9 倍，接触电阻大加上接头过热必然造成接触点过热，铝绞线端部受热熔化变形，脱离铝质压接管，然后又在离接头外 70mm 处钢芯烧断，造成导线断线事故，是发生事故的直接原因。

(2) 通过调查：原这段爆压管操作人回忆，当时天色已晚，先爆压钢管后，铝线有些松动，六个人拧铝管，但铝线拧不进去就爆压了，留下了一个十分严重的隐患，是发生事故的主要原因。

(3) 甲方验收时，没有认真、仔细观察，如用望远镜还是可以发现压接管一头粗一头细的现象，验收流于形式是发生事故的重要原因。

事故暴露出施工时质检人员不在场，对于隐蔽工程缺少监督，验收时走马观花。

3. 防范措施

(1) 必须加强对承包工程的管理，严格审查承包资格，严防质量事故发生。

（2）严格执行国家电网公司发布的《防止电力生产重大事故的二十五项重点要求》的第十九项，防止倒杆、断线事故再次发生，必须做到：一是严格施工质量管理，做到百年大计、质量第一，建设单位要严格质量验收，执行好隐蔽工程的跟踪验收和自检、互检和总体验收都要一丝不苟；二是生产单位必须加强运行维护，做好正常和特殊巡视，发现问题要及时处理。

（3）导线的连接不论是爆压还是钳压必须严格按照《送电线路现场检修规程》有关导、地线连接的规定去执行。

案例 3：事故抢修中采用错误的编接法，运行中发生断线事故

1. 事故简况

某局 110kV Ⅰ号线路#57～#58 杆间 C 相 LGJ－185 导线，运行中从编接处断线，于 6 时 25 分保护动作跳闸停电。

2. 事故原因及暴露问题

（1）该地区于 4 月份发生了罕见的大风雪覆冰灾害，造成管辖的送、变、配电设备严重损坏，110kV Ⅰ号线路尤为严重，仅#50～#73 一个紧线档内就发生 37 处断线，当时为紧急抢修恢复送电，全市总动员，Ⅰ号线路由局电力安装公司负责抢修，由于任务紧急，再加上公司线路队全是集体青年，没有连接大规格导线的经验，采取了错误的编接法来连接导线，他们把导线散开后把钢芯剪去一段，剪过的钢芯对接上再编接铝线部分，编接后的导线实际上无钢芯，所以导线强度大为降低。运行后，至 12 月份由于气温下降，导线应力增加，故从编接处将铝线拉断，导线落地，是发生事故的直接原因，也是主要原因。

（2）该局运行单位人员全部忙于抢修，没有多余人员去质检，特别是对施工力量弱、技术水平低的公司安装队过于相信，以及情况特殊，漏掉质检是发生事故的重要原因。

事故暴露出运行单位未执行工程验收制度，给线路留下了隐患。

3. 防范措施

（1）事故抢修工作必须严格执行《架空送电线路检修工艺规程》的有关规定，对于大规格导线应采用压接管来压接，压接过程中必须严格按照压接工艺要求去执行。

（2）对于施工中的隐蔽工程要采取跟踪式质检法，不漏掉任何一处隐蔽工程，质检人员必须做到全部隐蔽工程都亲自看到，达到心中有数。

（3）青年工人要努力学习业务，提高处理各种突如其来的特殊情况的应变能力。要真正掌握运行、检修和安全等三大规程。

案例 4：过引线线夹不匹配，运行中烧断线事故

1. 事故简况

某局 66kV 线路#1 塔中线过引铝线全部烧断，只剩钢芯连接。9 时 15 分工区领导来到现场，同时要求调度准予临检，调度因线路有重要负荷未同意。10 时 17 分钢芯烧断，

构成断线事故。

2. 事故原因及暴露问题

（1）检修人员在施工中违反《架空送电线路检修工艺规程》第6.2.2条“导线或避雷线必须使用现行电力金具标准规定的配套连接管进行连接”的规定。他们在#1塔中线过引线连接时，采用的并沟线夹与导线不匹配，线夹大于导线，由于线夹沟槽过大，压接不紧引起导线在线夹中发热，最后导致断线，是发生事故的主要原因。

（2）虽然事故前已发现#1塔中线过引线夹处导线存在断线危险程度，但因线路停不下来电，未能进行及时抢修，是发生事故的重要原因。

事故暴露出运行人员正常巡视时未能认真负责，春检工作中，也未能发现线夹过热，更没有打开线夹进行检查；调度未能按规定把该线路负荷紧急转移，延误了停电抢修。

3. 防范措施

（1）导、地线连接必须按《架空送电线路检修工艺规程》的规定进行，绝对不能迁就，连接管大或小都不行，必须匹配，才能使导线在管内压紧。

（2）要定期对运行中的线路接点，用远红外测温装置进行检查、测试。发现问题及时处理。

（3）运行人员巡线必须到位，认真、仔细地察看杆塔上各部件的运行情况。

（4）调度人员必须熟悉线路负荷大小、重要程度，以及遇有特殊情况，如何加快转移负荷。

三、混线事故

案例1：伐树措施不当树倒砸混线事故

1. 事故简况

某局送电工区带电班，在110kV线路#70～#71杆间，带电砍伐线路附近超高的树木时，由于安全措施不当，树倒砸到带电线路上混线，9时59分线路跳闸停电。

2. 事故原因及暴露问题

工作人员认为伐树是简单的工作，而且又是轻车熟路，在思想上没有重视，现场安全措施也未能认真执行。同时，违反《安规》（线路部分）第4.4.3条“为防止树木倒落在导线上，应设法用绳索将其拉向与导线相反的方向，绳索应有足够的长度和强度，以免拉绳的人员被倒落的树木砸伤”的规定。对15m高的大树，绑绳只绑在树身距地面4m，由于绑系的位置较低，无法保证树倒时稳定性，再加上树倒时碰上其他树枝改变了倒落方向，是发生事故的直接原因，也是主要原因。

事故暴露出工作人员麻痹大意，“年年都干，没啥危险”的思想。

3. 防范措施

（1）在带电线路附近伐树，必须严格执行《安规》（线路部分）第4.4条的各项安全规定，工作负责人应在工作开始前，向全体人员说明：电力线路有电，不得攀登杆塔；树木、绳索不得接触导线。布置安全措施时，应考虑树倒砸线，必须在大树上绑拉绳，树上端的拉绳应系在树高的一半以上，绳的下端应绕过固定的物体，由专人负责牵引拉绳。万一树倒在带电线路上，人员不准碰树枝以防触电。

(2) 工作人员必须端正思想认识，越是简单的工作越容易出事。万一不注意树倒将砸坏设备，砸伤人员，这绝不是简单工作，也不是一件小事。

案例 2：作业时未按技术要求执行，线路运行后发生混线事故

1. 事故简况

某局 35kV 线路#1～#2 杆间右中线距离小，运行中发生混线事故，线路跳闸停电。

2. 事故原因及暴露问题

(1) 这条 35kV 线路在大修时，按照设计要求，#2 杆（上字形）上横担应装在杆的背风侧，以加大#1 杆（Π 型）右中线的线间距离，但是检修人员并没有按技术要求去装，造成大修后右中线线间距离过小，只有 90cm，运行时风摆导线混线，是发生事故的直接原因。

(2) 大修后，局技术部门和运行单位的验收人员也没能认真按设计要求验收，验收工作只是走走过场，是发生事故的重要原因。

事故暴露出在生产管理工作中，有布置无检查，你说你的、我干我的现象比较严重。

3. 防范措施

(1) 必须不折不扣地按规程和技术要求等去施工，上述设计图纸上要求是为加大#1～#2 杆间导线的线间距离的一种补救措施，是必须执行的。在布置工作时，对此类特殊要求的做法、意义应当重点交待，让作业人员明白非这样做不可。

(2) 作业人员在现场，不准无故改变图纸要求或某些技术措施，确有问题时，也要汇报给上级领导，征得有关部门或领导同意后才能变动，这是各负其责所要求的。

(3) 工程验收时，凡参加验收的人员应事先对工程图纸和技术要求进行熟悉，这样进行验收时心中才能有数。

(4) 运行人员对大修、改造后的线路投入运行时，必须认真、仔细地察看，发现缺陷要及早报告和处理，绝不能给安全运行遗留隐患。

四、相位接错事故

案例 1：移线时没有可靠的措施，发生相位接错的事故

1. 事故简况

某局送电工区施工人员在 35kV 线路（变电所出口处）移设导线工作中，移线前没有防止导线接错相位的措施，工作中把相位接错，送电后被迫停电处理。

2. 事故原因及暴露问题

(1) 在这次移设导线前，没有进行现场摸底，也没有画移线前、后的相位图，完工时

也没有进行全面检查，所以，施工中错将垂直排列的B、C、A（即上、中、下线）改为水平排列的C、B、A（即左、中、右线），致使B、C两相接反，是发生事故的主要原因。

（2）通过事故我们得到的教训是：在变电所出口移设导线事前没有进行现场摸底，没有绘制出前、后对应的相位图，极容易发生接错相位的事故。

3. 防范措施

（1）工作负责人作业前必须进行现场勘察摸底，画好导线移设前和移设后的相位图，使作业人员在工作中有可靠的依据。

（2）作业中，拆下的导线要做好相位记号，可用铝线扎记道数，按照相位图的要求将导线移到新杆上。

（3）作业完工后，要进行认真的相位核对，确认无误后，方可报竣工。

（4）万一报竣工后发现相位接错时，要立即报告上级，取得批准后，重新办理工作许可手续，做好验电、挂地线等保证安全的技术措施后，方可登杆作业。

案例2：更换导线时在换位杆上将导线挂错发生相位接错事故

1. 事故简况

某局35kV线路换线，检修人员在挂新线时，将#424换位杆的导线穿错位置，发生相位接错的事故。

2. 事故原因及暴露问题

（1）更换导线一般，都是利用旧线带新线，按原来挂线位置即可，但由于检修人员一时马虎，换位杆按正常杆把导线挂上，结果造成相位接错，是发生事故的主要原因。

（2）作业前，工作负责人没能强调换线时要注意相位，而且在换线过程中和工作完成后也没有认真检查，没能及时发现和纠正，是发生事故的重要原因。

事故暴露出工作负责人作业前交待不清，作业中工作人员工作不专心。

3. 防范措施

（1）作业前，要认真讲解工作任务、内容及注意事项，做到工作人员心中有数。

（2）对导线换位以及一些主要作业，要安排专人负责，让这些人员明确自己的责任。

（3）在紧线之前，工作负责人必须认真检查、核对，确认无误后，方可进行紧线。

（4）如万一挂错线，工作负责人此时头脑要清醒，在停电时间范围之内，可以进行改线工作，如不能在计划的停电时间内完成，则必须按《安规》（线路部分）有关规定，迅速向调度汇报，申请延长停电时间，批准后方可作业。

五、接地短路事故

案例1：二连板装反导线从悬垂线夹中脱落接地短路事故

1. 事故简况

某局220kV线路#15塔中相下导线因二连板装反，运行中导线从绝缘子线夹中脱落，碰塔身接地短路。

2. 事故原因及暴露问题

(1) 发生事故的主要原因是施工人员在施工中，把二连板装反，是一起人为的质量事故。

(2) 工程质检和验收时没有仔细检查而未能发现，运行后巡线人员也没有发现，是发生事故的重要原因。

事故暴露出施工单位的施工人员技术素质差，工程验收流于形式。

3. 防范措施

(1) 施工单位的施工人员，必须努力钻研业务，对于大型工程或未干过的工程要事先熟悉有关工艺规程和技术知识。

(2) 质检人员工作中必须尽职尽责，并且自己要熟悉工程中的各项技术要求，随时和图纸对照。

(3) 验收人员验收前要很好地熟悉工程内容及有关技术标准和验收规范，绝不可心中无数、走马观花。

六、带地线合闸事故

案例1：地线未拆除便送电，发生带地线合闸事故

1. 事故简况

某局35kV线路停电“春检”，在线路上挂了四组地线，作业约1个小时后下雨，工作负责人胡××命令停止工作，并将线路恢复到工作前状态，返回工区向工作票签发人衣××汇报，衣××向地调汇报后，地调要求“春检”工作要全部完成不同意停止工作；衣××又向工区主任白××汇报，白××见天转晴，找胡××，胡××因家中有事不在。白主任告诉衣××，工作负责人更换为赵××，赵××带领人员挂上四组地线重新工作，15时完成作业任务，逐个拆地线，准备去拆第4组地线时，道口有火车挡住。15时55分左右地调询问该线检修情况并要求快些，准备送电，此时，衣××看胡××到（胡家事处理完返回工区）时问：线路作业完否？地线拆否？胡××答：工作完、地线已拆完。衣××便告诉地调可以送电。16时02分送电，速断保护动作跳闸。当赵××等到达第四组地线悬挂点，看到地线已烧断。巡线员到后，才知道发生了带地线合开关的事故。

2. 事故原因及暴露问题

(1) 工作票签发人衣××违反《安规》（线路部分）第2.3.11条“工作票所列人员的安全责任”的规定，身为工作票签发人应负票面上“工作必要性和安全性，所填的安全措施是否正确完备，所派工作负责人和工作人员是否适当和充足”的责任。而工作许可人应负“审查工作的必要性，线路停、送电许可工作的命令是否正确、许可的接地等安全措施是否正确完备”的责任。按照《安规》（线路部分）安全责任划分，两者是安全制约关系，所以工作票签发人不能担任工作许可人。相互联系失误，是发生事故的主要原因。

（2）原工作负责人胡××既然已被替换，而且又不知道下午工作情况，就不能乱说，违反《安规》（线路部分）第2.3.11条“工作票所列人员的安全责任”中的规定，是发生事故的直接原因。

（3）工作许可人地调值班员违反《安规》（线路部分）第2.7.2条“工作终结后，工作负责人应及时报告工作许可人”的规定，听信工作票签发人的工作终结报告，是发生事故的重要原因。

事故暴露出该单位各有关人员安全责任不明确，职责范围不清，安全管理混乱。

3. 防范措施

（1）工作票上所列人员的安全责任必须明确，每个人都应按要求尽职尽责。

（2）按照《安规》（线路部分）中关于工作票所列人员的安全责任划分规定，工作票签发人除规定的不可担任工作负责人外，也不能担任工作许可人。

（3）调度值班人员（工作许可人）必须按照《安规》（线路部分）规定，许可开始工作命令下达给工作负责人，工作终结也必须直接听工作负责人的汇报，绝对不可道听途说。

案例2：因线路竣工汇报错误，发生带接地线合刀闸送电恶性误操作事故

1. 事故简况

根据某电力实业公司对220kV线路施工需跨越110kV Ⅰ号线路#7～#8塔书面停电申请。在已停电的Ⅰ号线路#5塔上进行接搭头工作。#5塔接头后，停电联系人陈××误汇报为110kVⅠ号线路与Ⅱ号线路的联络线已接头，要求110kVⅡ号线路送电。9时49分，调度按此操作，造成变电站带接地刀闸合断路器送电。

2. 事故原因及暴露问题

工作人员不熟悉现场设备，错误汇报。

（1）开工前未进行现场勘察，违反《安规》（线路部分）第2.2条规定。

（2）申请的停、送电区域图，批复、汇报错误。

3. 防止对策

（1）线路停电作业必须要有经过现场查勘的停电区域图。

（2）向调度提出的停电区域图应与工作票上的停电区域图完全一致。

（3）加强内部管理，建立健全内部审核把关制度。

案例3：施工地线未拆送电，造成线路短路跳闸

1. 事故简况

某日22时46分，220kVⅠ号线路送电，当220kV变电站合Ⅰ号线路断路器时，断路器纵联差动、纵联距离保护动作跳闸，A、B、C三相故障，测距显示5.18km。经事故巡线于次日7时发现220kVⅠ号线路#1塔三相导线引流线均有放电痕迹，一线大号侧玻璃绝缘子与二线大号侧绝缘子有烧黑痕迹，塔上及塔下残留有烧断的携带型短路接

地线，确认此处为220kVⅠ号线路事故点，立即上报并向市调申请220kVⅠ号线路停电。经事故抢修，更换220kV Ⅰ号线路#1塔B、C相两串耐张玻璃绝缘子，11时13分处理完毕，线路恢复正常运行。现场调查：220kVⅠ号线路前几日进行消隐改造，更换耐热导线工程，于事发当日改造完毕。由于现场工作组织管理存在漏洞、组织措施落实不到位，在一组地线未拆除的情况下，即向调度交令送电，造成带地线送电线路短路跳闸事故。

2. 事故原因及暴露问题

(1) 建设单位“安全第一，预防为主，综合治理”的安全意识淡薄，对施工单位管理不到位，使得施工单位的安全措施未能有效得到落实，为事故的发生埋下隐患。

(2) 施工单位内部管理不善，现场施工管理存在漏洞，工作界面、责任界面不清晰，在同一现场有多单位工作时，组织和协调不利，缺乏有针对性的措施。

(3) 工程现场配合人在工作终结时，违反规定，没有认真地确认工作班组装设的地线是否已全部拆除。

(4) 施工单位在工作终结时，超出工作票的工作范围，误将验收工作人员使用的接地线拆除。反映出现场习惯性违章没有得到有效控制，工作负责人和现场配合人员未认真履行安全规程中的规定，未在线路第一种工作票中填写拆除接地线的记录。

(5) 现场施工人员安全意识淡薄、随意性大，在没有履行任何手续的情况下，违章在线路#1塔为验收工作人员补装了一组接地线。

3. 防范措施

(1) 规范和加强对施工单位的管理，严格实施日汇报制度，控制危险点、关键点，确保各项措施落实到位。

(2) 加强线路送电管理，严格执行安全规程，线路投运前严格履行拆装地线的有关规定，对每一组地线监督检查到位，认真执行工作终结制度。

(3) 要求各生产和工程管理单位，当两个以上单位在同一作业区域内进行检修维护及施工时，应进行安全交底，使各单位明确双方的工作内容及工作范围，明确各自的安全生产管理职责，并指定专人进行安全检查与协调。

(4) 加强现场安全监督检查力度，监督各项安全措施落实到位。

七、延误送电事故

案例1：人员安排不当，关键部位出差错，延误送电事故

1. 事故简况

某局220kV线路水泥杆更换为铁塔的作业中，对关键岗位安排新工人负责，地锚拉线绑的不紧，拉线吃劲时地锚松动跑线，小横担弯曲裂纹，工程延误送电18小时。

2. 事故原因及暴露问题

(1) 工作负责人在进行此项工作前，安排了新工人去完成绑拉线地锚任务，因新工人

对此项工作不熟悉，绑后发生事故，属工作负责人安排不当所致，是发生事故的主要原因。

(2) 新工人不熟悉此项工作业务，拉线地锚未绑扎牢固，地锚吃劲时松动跑线，是发生事故的直接原因。

事故暴露出关键部位的工作不应该派新工人去独立完成，工作负责人又缺乏检查。

3. 防范措施

(1) 新工人自身必须尽快地熟悉业务，提高技术水平。在完成每项工作时，都要请老同志帮助检查一下，共同把好安全关。

(2) 凡属作业中关键部位，工作负责人应慎重考虑，派有实践经验的人来担任此项工作，把住安全关。

(3) 工作负责人作业中，必须对关键部位的作业情况随时进行检查，发现问题要及时纠正。

八、带电更换、检测零值绝缘子事故

案例1：检测110kV绝缘子串引起的闪络爆炸线路跳闸

1. 事故简况

某供电局在某110kV线路上用检测杆检测不良绝缘子。当测出同一串上已经有4片零值绝缘子之后，还继续测量第5片，致使绝缘子串闪络爆炸线路跳闸。

2. 事故原因及暴露问题

在不良绝缘子检测中，零值绝缘子片数已经超过《安规》(线路部分) 规定的"检测35kV及以上电压等级的绝缘子串时，当发现同一串中的零值绝缘子片数达到表10-10的规定，应立即停止检测。"表10-10中规定："110kV电压等级，零值片数为3片"。可是该项测量已测出同串绝缘子中有4片零值绝缘子，还继续测量第5片，这就又短接了1片绝缘子，在该串绝缘子中仅剩下两片绝缘子。在额定电压作用下，发生了击穿闪络爆炸，是发生事故的主要原因。

3. 防范措施

在送电线路中，导体是通过绝缘子对地进行绝缘的，电压越高，所用的绝缘子片数越多。当绝缘子因老化变成低值或零值后，则失去了绝缘性能，便再不能作为绝缘体来对待。

110kV的直线绝缘子串按《架空送电线路设计技术规程》规定，应为7片绝缘子。当发现4片零值，又短接一片以后，仅剩下2片完好的绝缘子。如果长期运行老化，再加上一些自然因素影响，其干闪电压有可能降低很多。因此，在额定运行电压下发生了击穿闪络爆炸，所以在检测绝缘子时，必须准确的判断绝缘子的好坏。

目前，我们在检测绝缘子零值时，都使用火花间隙来进行判断。作业人员在使用这种火花间隙时，必须思想集中，全神贯注，认真辨听火花间隙检测绝缘子时的放电声响。与此同时，火花间隙的间隙距离必须调整准确，以便能准确地被绝缘子两端分布电压差所击穿。只有这样，才能准确的检测出绝缘子串中的零值。

被检测串的完好绝缘子的放电电压必须大于系统的操作过电压。

我们在进行绝缘子零值检测工作时，一般都在雷雨季节之前进行，因此，检测过程中一般不考虑雨天潮湿和大气过电压对绝缘子的影响，因为运行电压比较低，只要考虑内过电压影响就行了。根据过电压保护要求，推荐出的内过电压幅值一般为如下数值：35kV为131kV；110kV为309kV（中性点直接接地系统），220kV为619kV。

《架空送电线路设计技术规程》中规定：绝缘子串的绝缘子数量是以X-4.5型号为依据的，按其工频干闪有效值换算为幅值后，上述内过电压幅值所需的绝缘子片数为：35kV需2片，其放电电压为217kV；110kV需3片，其放电电压为316kV；220kV需7片，其放电电压为637kV。从上述计算中可以看出当发现同串中完好绝缘子少于下表所列数值时，不得再进行测量。

电压等级（kV）	35	110	220
绝缘子串总片数（片）	4	7	13
完好绝缘子片数（片）	2	3	7
零值绝缘子片数（片）	2	4	6

绝缘子串总片数超过上述数值时，其零值片数按超过数增加。

案例2：作业中突然下雨造成线路跳闸

1. 事故简况

某供电局所辖供电所，在某220kV线路#252耐张杆塔上，更换双串绝缘子中一串内的零值绝缘子。操作过程中突然下雨，使连接前后卡具用的环氧酚醛玻璃板制作的绝缘拉板淋湿，电弧沿拉板对铁横担放电。造成线路跳闸，使系统发生解列的重大事故。

2. 事故原因及暴露问题

（1）工作负责人没有遵照《带电作业技术导则》第6.1.2中规定的“带电作业班组去现场前，应注意当地气象部门的当天气象预报。到达现场后，应对作业污及范围内的气象情况（主要指风速、气温、雷雨、霜雾等）做出能否进行作业的判断。”对作业现场的天气趋势没有进行充分分析，作业中突然下雨，是发生事故的主要原因。

（2）在作业中如发现天气突然变化，工作负责人应遵守“作业中如发生天气变化或其他异常情况，威胁人身或设备安全时，工作负责人应立即采取紧急措施恢复设备原有状态或临时停止工作，以确保安全。不能恢复或撤离的设备及工具应固定牢靠，并有人在现场看守”的有关规定。未采取紧急正确措施，是发生事故的重要原因。

3. 防范措施

这起带电作业中发生的设备事故，发生在天空突然下雨造成带电作业中使用的绝缘工具被雨淋湿后泄漏电流增大，将绝缘用具烧断放电乃至接地短路，为避免类似事故的重演，应认真做到以下几点：

（1）做好带电作业现场气象观测。出发作业前，应向有关气象部门查询好作业现场周围的天气预报和变化趋势。如天气预报有雷雨天气，除非遇有特殊紧急情况，需在雷雨、雾等恶劣天气情况下进行带电抢修外（恶劣天气情况下带电抢修，必须对作业方法进行充分讨论，采取相应的安全措施，并经局总工程师批准后方可作业），均不应进行带电作业。

（2）带电作业能否安全进行与很多因素有关，稍不注意就可能发生事故。湿度大、浓雾等天气都不允许进行带电作业，下雨就更不应该进行带电作业。雷雨季节气候多变，时雨时晴就更应该注意。要时刻掌握和观察气候情况，不能马虎从事，坚决克服图省事、怕麻烦，下点小雨不在乎，快点干不会出事的侥幸心理。

（3）工作负责人是带电作业能否安全完成任务的组织者和领导者。当遇有天气突变或其他异常情况时，必须认真执行规程制度的有关规定，态度要坚决，采取措施要正确、果断。决不能随意听信工作人员的错误意见，因为身为工作负责人担负着重要的安全责任，如能正确的发布命令，复杂的异常情况也能处理得当安全无恙。否则即使是简单的作业，由于指挥错误也会造成事故。

案例3：作业中下雨，处理不当引起线路跳闸

1. 事故简况

某电业局220kV线路进行综合检修，由于工作负责人甲原来未搞过带电作业，仅学习十多天基础知识，在模拟杆上练了几次“实际操作”，便带领工作班9人（带电作业技工4人、民工5人）前往#92直线铁塔更换双串绝缘子中的一串。其更换方法是：用绝缘滑车承受导线荷重，用绝缘操作杆拔出弹簧销子，杆上、杆下电工相互配合将绝缘子换下。当杆上人员挂好绝缘滑车组，拔出弹簧销子，拟将绝缘子串脱离球头准备更换时，天突然下小雨（注：当他们出工时，天气就不好。），工作负责人说“还是恢复，我们不要干了！”作业班成员说：“没有下大雨，这点小雨不要紧！”（注：作业点离公路较远，徒步走需45分钟，他们不愿再往返一次。），工作负责人便附和说：“好，免得明天再来。”就这样，他们把需要更换的绝缘子串脱离了导线，并将新绝缘子串吊到杆上。准备组装时，天下大雨，杆上人员说：“有麻电感觉”。工作负责人说“你们马上下杆”。他们下杆不久，由于泄漏电流引起弧光接地，“砰”的一声，全线跳闸。事故后检查，绝缘保险绳烧断，绝缘滑车组的绝缘绳烧断一部分。

2. 事故原因及暴露问题

作业开始前天气就不好，有下雨的预兆，在这种情况下，根据《安规》（线路部分）第10.1.2条“带电作业应在良好天气下进行”的规定，不应进行带电作业，但由于路途远，怕麻烦到现场后还是开始了带电作业。之后开始下小雨，本应马上停止作业，作业人员又坚持，今天停下来，明天还得再来，下点小雨不要紧，直至下大雨，泄漏电流增大、烧断绝缘绳，是发生事故的主要原因。

工作负责人从事带电作业时间短，没有实践经验，遇有天气突然变化，不能采取果断、正确措施，虽然在天下小雨时，要停止作业，当作业人员还要坚持继续作业时，他对

“怕麻烦，省得明天再来”有同感，这就严重违反了“作业中如发生天气变化或其他异常情况，威胁人身或设备安全时，工作负责人应立即采取紧急措施恢复设备原有状态或临时停止工作，以确保安全”的有关规定。反而继续作业，是发生事故的重要原因。

在下大雨时，作业人员提出：“有麻电感觉”后，工作负责人由于缺乏带电作业经验，没有做到既要考虑作业人员的人身安全，又要考虑设备安全，单纯的下令让作业人员下杆停止作业，如果能在作业人员下杆的同时，迅速地将绝缘滑车组和保险绳脱离导体，就可以既保证作业人员的人身安全，又可以保证设备安全。这是因为：就本次作业而言，在拆除绝缘滑车组和保险绳后，尽管剩下只有一串绝缘子，它还是能承受导线的垂直荷重，且有较大的安全裕度。该 220kV 输电线路的导线虽为垂直排列的分裂导线，但线径较小（LGJ－185），按垂直挡距 500m 计算，加上金具也不到 1000kg，而该线路的绝缘子的机械荷重却有 4500kg，为导线荷重的 4.5 倍。由于工作负责人没有采取这一正确措施进行处理，对发生这次事故应负有主要责任。

3. 防范措施

这起带电作业中发生的设备事故，发生在天空突然下雨造成带电作业中使用的绝缘工具被雨淋湿后泄漏电流增大，将绝缘用具烧断放电乃至接地短路，为避免类似事故的重演，应认真做到以下几点：

(1) 做好带电作业现场气象观测。出发作业前，应向有关气象部门查询好作业现场周围的天气预报和变化趋势。如天气预报有雷雨天气，除非遇有特殊紧急情况，须在雷雨、雾等恶劣天气情况下进行带电抢修外（恶劣天气情况下带电抢修，必须对作业方法进行充分讨论，采取相应的安全措施，并经局总工程师批准后方可作业），均不应进行带电作业。

(2) 带电作业能否安全进行与很多因素有关，稍不注意就可能发生事故。湿度大、浓雾等天气都不允许进行带电作业，下雨就更不应该进行带电作业。雷雨季节气候多变，时雨时晴就更应该注意。要时刻掌握和观察气候情况，不能马虎从事，坚决克服图省事、怕麻烦，下点小雨不在乎，快点干不会出事的侥幸心理。

(3) 工作负责人是带电作业能否安全完成任务的组织者和领导者。当遇有天气突变或其他异常情况时，必须认真执行规程制度的有关规定，态度要坚决，采取措施要正确、果断。决不能随意听信工作人员的错误意见，因为身为工作负责人担负着重要的安全责任，如能正确的发布命令，复杂的异常情况也能处理得当安全无恙。否则即使是简单的作业，由于指挥错误也会造成事故。

案例 4：夜间处理故障，无可靠措施造成相间短路

1. 事故简况

某供电所发现某 110kV（系由 35kV 线路升压运行，导线上字形排列，线间距离较小）线路#21 杆上相（B 相）瓷横担因制造质量不良，从法兰盘连接处折断，上相导线掉落在下相（A 相）瓷横担中部而继续运行，但两相之间仅相距 380mm。20 时 36 分带电抢修人员到达现场，在没有足够照明和周密安全措施的情况下进行带电作业，在操作过程中

造成相间短路，导线被电弧烧伤断股，少送电量17000kW·h。

2. 事故原因及暴露问题

这次紧急抢修任务危险性很大，B相导线落到A相瓷横担中部，两相之间仅相距380mm。在进行带电紧急抢修之前并没有根据《安规》第10.1.2条规定“在特殊情况下，必须进行带电抢修时，应组织有关人员充分讨论并编制必要的安全措施，经本单位总工程师批准后方可作业。”对这次带电紧急抢修作业，没有采取可靠和有效的安全措施，就贸然赶到现场进行带电紧急抢修作业，是发生事故的主要原因。

进行带电紧急抢修作业的出发时间为18时左右，工作负责人在出发前没有根据《安规》第13.3.4条“夜间作业应有充足的照明”的规定，携带足够的照明用具。到现场时已经是20时36分，因为没有足够的照明，就在夜间摸黑进行带电紧急抢修作业，作业中发生了相间短路，是发生事故的重要原因。

3. 防范措施

夜间进行带电紧急抢修作业前，必须严格遵守《安规》第10.1.2条规定的各项内容，应认真的制定出紧急抢修方案，方案中应突出采取哪些可靠和有效的措施，备足照明灯具。方案经参加作业人员充分讨论后，经总工程师批准方可进行紧急带电抢修。到达抢修现场后，各作业点均应有足够的照明后方可开始作业，而且每一个作业点均应有专人监护。否则，夜间不允许进行紧急带电抢修作业。

案例5：登软梯导线悬重后，对低压线路交叉跨越距离不够，引起放电

1. 事故简况

某供电局输电管理所检修队一班，在某110kV线路#231～#232挡距之间处理导线断股。但在该档内有交叉跨越农用380V配电线，交叉跨越距离2.6m，作业组在距跨越处15m的地方挂软梯作业。攀登前，地面人员配合将软梯拉紧，当作业人员登梯两步时，110kV导线悬重后缩短了交叉跨越距离，导致110kV导线对380V配电线放电，110kV线路瞬间故障，导线轻微烧伤、380V配电线路烧断，毁坏部分农用电动机。

2. 事故原因及暴露问题

带电挂软梯的110kV线路与下面交叉跨越的380V农用配电线路间的距离仅为2.6m、满足不了《安规》（线路部分）第5.2.1条表5-2“安全距离110kV电压等级应为3m”的要求，再加上软梯悬重后更缩短了距离，所以发生了110kV带电线路与380V农用配电线路瞬间放电故障，是发生事故的主要原因。

工作负责人违反《安规》（线路部分）第10.1.6条“工作负责人应组织有经验的人到现场勘察，根据勘察结果作出能否进行带电作业的判断，并确定作业方法和所需工具以及应采取的措施”的规定。对交叉跨越的距离不能满足要求不清楚，所以才导致110kV线路对380V农用配电线路瞬间放电，是发生事故的重要原因。

3. 防范措施

遇有交叉跨越时，作业前应测量好交叉跨越距离，并应考虑导线悬挂软梯以及上人时

增加的荷重所缩小的距离。

严格遵守《安规》(线路部分)第 10.1.6 条的规定，做好现场勘察工作。

案例 6：绝缘滑车组绳头结脱落，引起线路跳闸

1. 事故简况

某供电局送电处带电二班在某 110kV 线路上，以间接作业方式更换#172 上字形杆中相绝缘子时，用绝缘滑车组代替绝缘子串吊起导线，当导线脱离绝缘子后，由于绝缘滑车组中绝缘绳头与下滑车连接的绳结不牢，以致受力后脱开，使导线掉落在下横担上，造成单相接地短路。

2. 事故原因及暴露问题

未严格遵守《安规》(线路部分)第 8.1.9 条规定的“更换绝缘子串的作业，当采用单吊线装置时，应采取防止导线脱落时的后备保护措施。”作业中下滑车连接的绳结受力后脱开，使导线脱落掉在下横担上，是发生事故的主要原因。

没有根据“承力工具使用前应详细检查有无损坏、裂纹、变形等异常现象，确认灵活可靠后才能使用的规定”进行作业。作业前对绝缘滑车组各部位的连接情况未能认真的进行检查，所以才发生受力后绳结脱开，是发生事故的重要原因。

3. 防范措施

绝缘滑车组组装后，应进行整体机械试验，并按规定的安全系数要求，挂牌标明使用荷重。

每次作业前，工作负责人应对工具所承受的荷重有所估计，以便选用合适的工具。

对所携带的带电作业用工器具，到现场后，工作负责人还应进行一次详细的检查，特别要注意关键的受力部位。

《带电作业技术导则》第 7.3.1 条规定、第 7.3.3 条规定对更换直线绝缘子工具的机械强度，应根据导线垂直荷载附加风力荷载选择。当工作荷载在 3900N 及以下者，可采用绝缘滑车组，当采用单滑车组或单吊杆更换直线绝缘子，应加保护绳索，保护绳略长于绝缘子串，保护绳的钩子应具备防止自动脱钩的措施。保护绳的作用是防止导线脱落的重要保护措施。

案例 7：缺弹簧销子使绝缘子串连同导线一起脱落，线路跳闸

1. 事故简况

某供电局运行处带电班在某 220kV 线路上用前后卡具收紧整串绝缘子的方法更换#129杆边相绝缘子。由于第二片绝缘子在基建时漏装了弹簧销子，收紧绝缘子串时，第二片绝缘子与第一片绝缘子的连接球头便因绝缘子串松弛，而又仅挂住一小部分，当更换好绝缘子，取下卡具后，绝缘子串连同导线一起落在被跨越的某 35kV 线路的#65～#66杆的导线上。除该 35kV 线路跳闸外，还使某 35kV 变电所的避雷器爆炸，停电约 6 小时，少送电量 60kW·h。

2. 事故原因及暴露问题

这次事故暴露出线路维护与缺陷管理都存在着严重问题。基建时漏装的弹簧销子，竣工验收时没有发现，投入运行后，长时间的巡视与维护也未能及时发现。到现场进行带电作业前也没有对需要更换的绝缘子串每个绝缘子是否缺少弹簧销子进行逐个检查，是发生事故的主要原因。

没有按《安规》（线路部分）第 8.1.9 条规定的“更换绝缘子串的作业，当采用单吊线装置时，应采取防止导线脱落时的后备保护措施”，是发生事故的重要原因。

3. 防范措施

（1）对新建线路一定要把好质量验收这一关，在线路投入运行前不放过影响线路安全运行的每一个缺陷。

（2）认真加强对线路的运行维护与缺陷管理，提高线路运行人员的技术素质和巡线水平，不应忽视缺一个弹簧销子的“小缺陷”。大事故往往都是由于被忽视的“小缺陷”引起的。

（3）加强带电作业工作负责人和工作班成员的安全责任感。要求他们对要进行带电作业的现场环境、设备状况一定要勘查清楚。像缺弹簧销子这样的缺陷，如能在进行作业之前，对绝缘子进行逐个的检查，就能发现并及时补上，这类事故是完全可以避免的。

案例 8：起立水泥杆碰带电导线造成线路跳闸

1. 事故简况

某供电局所辖某 110kV 线路，某处对地距离不够，决定在挡距中加立一基水泥杆以解决这一问题。被起立的杆塔上系了三根绝缘尼龙绳作拦风绳，在起立过程中，杆梢向中相导线倾斜，由于拦风绳受力不均匀，加上受力后伸长，正在起立的水泥杆倒向中相导线，造成线路跳闸，导线烧伤。

2. 事故原因及暴露问题

在起立带电线路挡距中增设的水泥杆，相当于在带电的电力线路邻近进行工作。应严格遵守《安规》（线路部分）第 5.2.2 条，规定的“在邻近带电的电力线路进行工作时，有可能接近带电导线到危险距离以内时，必须采取有效措施，预防与带电导线接触或接近危险距离以内。牵引绳索和拉绳等至带电导线的最小安全距离应符合表 11－4 规定（110kV 电压等级为 5m）。”由于作业中使用的工具、材料选用不当，采用的拦风绳索所系的位置不对，以及技术措施不完善，所以起立过程中，水泥杆倒向带电的中相导线，是发生事故的主要原因。

3. 防范措施

在带电线路的挡距中间加立水泥杆，必须严格控制杆塔不得向两侧倾斜，其方法如下。

（1）杆塔的拦风绳应该采用 4 根（按 90°均分）。杆塔较高时，应用两层计 8 根。

（2）拦风绳均用绝缘绳，可按下述方法处理：①用熟蚕丝，不得使用尼龙绳，因尼龙绳伸长率太大，在受力后无法控制；②为解决绝缘绳伸长问题，也可以用钢丝绳串以多块环氧玻璃板。

（3）拦风绳与接地端用走三滑车连接，以便能较均匀的控制。

（4）在起吊杆塔前方一定距离的适当位置，用经纬仪观测杆塔起吊过程中的偏移情况，当发现偏移时，应及时指挥由两侧拦风绳纠正。与此同时，三相带电导线还应用绝缘走三滑车尽可能将其向外侧拉开一定距离，以增大立杆的空间位置，更有利于立杆的安全。

第三章　配电线路工作中人身伤亡事故案例

一、违反工作票制度

案例 1：停运八年的线路串电，造成作业人员触电身亡

1. 事故简况

某供电局供电站站长等 3 人，去处理 10kV 某支线#1 杆的缺陷，没有办理工作票又未验电、挂地线，工作人员王×登杆过程中，碰上已经停运 8 年的线路中相导线，线路两端虽早已拆开但与Ⅱ线路交叉处串电，造成作业人员触电，经抢救无效死亡。

2. 事故原因及暴露问题

（1）作业人员进行这项工作时，违反《安规》（线路部分）第 2.3.2 条“在停电线路上工作，应填写第一种工作票”的规定。到达现场后，又违反《安规》（线路部分）第 3.3.1 条、第 3.4.1 条“在停电线路工作地段装接地线前，应先验电，验明线路确无电压”；“线路经验明确无电压后，应立即装设接地线并三相短路”等规定。作业人员没办理工作票，不验电、不挂接地线是发生事故的主要原因。

（2）运行单位对所管辖范围内系统中停运线路有电不清楚、不掌握。事后查明该停运线路中相导线与 10kVⅡ线路交叉处串电，是发生事故的直接原因。这起死亡事故中暴露出运行工作管理混乱，停运线路与带电线路交叉处垂直距离过小，多年来一直没有发现，是运行管理工作中的严重漏洞。

3. 防范措施

（1）电力部门的任何作业，都必须严格执行《安规》（线路部分）的规定，办理工作票，进行停电、验电、挂地线，只有完全彻底地做好保证工作安全的各项组织措施和技术措施后，才能保证作业人员的人身安全。

（2）要加强设备的运行管理工作，彻底消除线路管理工作中的混乱现象。

（3）运行人员必须加强线路的巡视工作，尽职尽责，对交叉跨越离过小的要查明，上报改进，消除危害人身安全的隐患。

案例 2：登上没停电的变压器台，作业人员触电身亡

1. 事故简况

某电业局安装公司线路工区工人李×等人为用户接 380V 引线工作，当天变压器台全天停电。工作组上午已将加横担和拉线工作完成，本应将接头接好再撤点报竣工，但由于某种原因火线头未接即撤点离去。拖了 27 天后，原工作组负责人李×让殷××（工作负

责人)、魏××及一徒工，去原工作点进行接头工作，临行前明确他们到现场后要停电接线。殷××、魏××考虑是已报竣工项目，怕影响不好，因而未停电。魏××登变压器台准备作业，他爬到高压母线侧电柱上，在小于安全距离的情况下工作，而此时，工作负责人在地面上做其他工作，未进行监护，魏××小腿触到10kV避雷器引线上感电，衣服着火，因现场无停电工具，不能及时停电解救，魏××感电和烧伤严重，经抢救无效死亡。

2. 事故原因及暴露问题

(1) 作业人员违反《安规》(线路部分) 第2.3.2条“在停电线路上工作，应填用第一种工作票”的规定，作业前又违反《安规》(线路部分) 第3.2.1条“进行线路停电作业前，应断开线路上需要操作的各端断路器、隔离开关和熔断器”的规定，作业中违反《安规》(线路部分) 第2.5.1条“工作负责人、专责监护人应始终在工作现场，对工作班人员的安全进行认真监护，及时纠正不安全的行为”等规定。殷××、魏××怕影响不好，在没办理工作票的情况下，既不停电，也不认真进行监护，是发生事故的直接原因。

(2) 工作人员魏××自身安全思想不牢，对违反《安规》(线路部分) 的现象毫无抵制能力，缺少自我保护能力是发生事故的重要原因。

事故暴露出人员工作拖拉、散漫、不负责任。

3. 防范措施

(1) 当日工作必须当日完成，如遇特殊情况完不成时，应认真执行工作票制度和重新履行开工手续，做好停电、验电、挂地线等技术措施后，方可继续作业。

(2) 作业过程中，监护人必须对工作人员进行不间断地监护，必须深知作为监护人的责任重大。

(3) 配电变压器台上作业，应该停电的必须停电，绝不能冒险作业、蛮干，置工人生命当儿戏。绝不允许各种因素干扰“安全第一、预防为主、综合治理”方针及“保人身、保电网、保设备”原则的贯彻落实。

案例3：工作票签错，作业人员登杆触电摔下身亡

1. 事故简况

某电业局某供电局维护班，进行10kV线路春检，因下雨，工作负责人（维护班副班长）郝××在室内宣读工作票，并补充说：“今天下雨杆滑，工作慢一点，别出事；某分支线#5杆带电，别登过了头”。之后，作业人员乘车到现场，孟××等三人来到某分支线#4杆下，小组负责人高×分配孟登#4杆，孟××在登杆穿越低压线时，触到了裸铝的接户线感电，身体失去平衡，从7.5m高处摔下，经抢救无效死亡。

2. 事故原因及暴露问题

(1) 工作票签发人违反《安规》(线路部分) 第2.3.11.1条“工作票上所填安全措施是否正确完备”的规定。工作票上标明“某分支线#4杆上高低压均没有电”，而实际上某分支线#4杆是一基除高压外，还是低压双电源的终端杆，停电只停一侧，而另一侧低压线还有电，是发生事故的直接原因。

(2) 工作人员到现场后，没有认真、仔细地检查现场的实际情况，没有弄清各线走向

及断引情况，登杆作业前违反《安规》（线路部分）第 3.3.1 条"停电线路工作地段装接地线前，要先验电，验明线路确无电压"的规定，违反《安规》（线路部分）第 3.3.4 条"对同杆塔架设的多层电力线路进行验电时，先验低压，后验高压……禁止工作人员穿越未经验电、接地的 10kV 及以下线路……"的规定，没有验电，是发生事故的主要原因。

事故暴露出：该单位对双电源电杆管理不当，从上到下都不知道这基杆是低压双电源。前不久，该单位曾对某分支线#4 杆的高低压都是双电源进行过改造，但是只改了高压部分，低压部分未动。

3. 防范措施

（1）作业人员必须坚决执行《安规》（线路部分）关于停电、验电、挂地线等项保证人员安全的技术措施规定，作业人员无论是穿越高压导线还是低压导线，都必须做到确保自身安全，才能穿越。

（2）要彻底消除一基杆上两侧电源的重大隐患，对于一些暂时撤除尚有困难的双侧电源电杆一定要加强管理，有关运行部门的系统图板上要有明确醒目的标志，工作票签发人、调度值班员、线路运行人员等都必须确切掌握。

（3）工作票的宣读必须在工作现场进行，宣读时，应讲明工作范围、工作任务、带电部位及安全注意事项等。工作人员必须认真听讲。

案例 4：架新线与交叉跨越线路放电造成群伤事故

1. 事故简况

某供电局检修班长，到某处进行 10kV 线路摸底，漏查了该线路与电厂线交叉处。在班内两次布置任务，都是到#10～#11 杆间上跨电厂线路，因为图纸错误实际上是#11～#12杆间，所以工作票上标明也是错误的。要求大家紧新线时，要用小绳拉住新线，但又说这是以后的工作，当日只在#11 杆及以下杆内工作。所以，工人们都认为当日的工作没有带电的交叉跨越。当天，工人王×在#12 杆上工作时发现上方有 10kV 线路，其交叉跨越距离小，就将中相瓷瓶下落了 10cm，当王×将新线放到绝缘子上时，新架的导线与带电线路放电，当即将正在杆上工作的王×等 6 人电伤，其中两人经抢救无效死亡。

2. 事故原因及暴露问题

（1）由于图纸错误及工作负责人现场摸底漏查交叉跨越处，工作票签发人签发的工作票，违反《安规》（线路部分）第 2.3.11.1 条"工作票上所填安全措施是否正确完备"的规定，是发生事故的直接原因。

（2）图纸标错交叉跨越处，没有交叉跨越距离实际数字，是发生事故的主要原因。

（3）工作人员施工发现作业地段上方有带电线路的重大隐患，没有立即停止工作向工作负责人报告，而自作主张，采取了极不可靠的措施后继续工作，导致发生重大伤亡事故，是发生事故的重要原因。

事故暴露出安全生产管理与设备技术管理混乱，图纸与现场实际不符，运行资料不健全、不完善。

3. 防范措施

（1）运行单位必须尽快地完善运行管理技术资料，做到图纸、图板等与线路设备的实际情况相符和准确无误。

（2）遇有较复杂或大型作业，工作负责人必须遵守《安规》（线路部分）第2.2条规定进行现场勘察，进行摸底，并要摸清、摸准。而后，对工作票签发人签发的工作票的正确与否进行把关。

（3）作业中，作业人员发现有重大的安全隐患或疑问时，应立即停止工作，向工作负责人汇报，只有确认重大的安全隐患已被排除，采取了可靠的安全措施后，方可恢复工作。认真做到"我不伤害自己、我不伤害他人、我不被他人伤害。"

案例5：误登带电变压器台，作业人员触电身亡

1. 事故简况

某电业局某供电局进行6kV线路升压工程，配电班长张××分配工作班成员李××和另一名工人拆除前两天遗漏的6kV变台避雷器（该处在当天停电范围之内，但不在工作票内）。两人在完成拆除任务后，李××认为某副业队和某五队也未拆（不在当天停电范围内），李××等两人来到某副业队，在既不验电、又不挂地线，还失去监护的情况下，李××登上运行中的某干线#54变压器台，徒手掰避雷器引线时触电，经抢救无效死亡。

2. 事故原因及暴露问题

（1）工作负责人违反《安规》（线路部分）第2.3.11.2条工作负责人的安全责任"正确安全地组织工作"的规定。让工作人员到工作票停电作业范围外去工作，是发生事故的主要原因。

（2）工作人员违反《安规》（线路部分）第2.3.11.5条工作班成员的安全责任"熟悉工作内容、工作流程，掌握安全措施及监督本规程的执行和现场安全措施的实施。"私自到既不是工作票所列，也不是工作负责人指派的工作地点去作业，到现场后不停电、不验电、不挂地线，违反了《安规》（线路部分）关于保证安全的技术措施的验电装设接地线的有关规定，而且上台后又违反《安规》（线路部分）第2.5.1条"工作负责人、专责监护人应始终在工作现场，对工作班人员的安全进行认真监护，及时纠正不安全的行为"的规定，无人监护，是发生事故的直接原因。

事故暴露出工作人员不熟悉设备运行状况。工作负责人没能让工作人员都清楚当天的工作任务、工作地段、停电范围等，工作负责人没能在宣读工作票时讲明上述情况，而工作人员也未能认真听、仔细记，不清楚的地方也不询问。

3. 防范措施

作业时，必须严格执行《安规》（线路部分）有关的工作票制度，做好停电、验电、挂接地线等技术措施。

临时想起的工作，必须履行工作票、工作许可制度，同时向有关部门提出检修申请，在得到批准并做好可靠的安全措施，方准许作业，绝对不允许像本事故案例中那样想干什么，就干什么，想到哪干，就到哪干。这是一次血的教训。

案例6：超越工作票规定的工作范围，误登运行中农电线路电杆触电死亡

1. 事故简况

某供电局配电检修班按计划进行10kV线路停电作业，工作任务是#17杆移位。工作负责人分配金××（监护人）、李××（操作人）做现场安全措施，在工作地段线路两侧#16、#23各挂地线一组，金××、李××在完成#16杆验电挂地线后，准备挂#23杆地线时，由于#23杆无拉线（#23杆为供电局线路与农电线路共用分界杆），发现下基杆有拉线，下基杆已是农电线路，操作人李××登杆，监护人金××低头在拉线上绑地线时，李××已登到7m处，准备系安全带的发生感电，金××用李××随身携带的工具传递绳将李××拉下摔到地上，经抢救无效死亡。

2. 事故原因及暴露问题

（1）监护人金××和操作人李××违反《安规》（线路部分）保证安全组织措施中关于"工作票制度"的规定，只想找拉线地锚好绑地线，没有认真核对线路名称和杆号，以致超越工作票上规定的工作范围，误登运行中农电线路，是发生事故的主要原因。

（2）操作人李××登杆后，未进行验电，违反《安规》（线路部分）表5-1"在带电线路杆塔上工作与带电导线最小安全距离10kV为0.7m"，违反第3.3.1条"在停电线路工作地段装接地线前，要先验电，验明线路确无电压"等规定。不进行验电，是发生事故的直接原因。

（3）工作监护人违反《安规》（线路部分）第2.5.1条"工作负责人、专责监护人应始终在工作现场，对工作班人员的安全进行认真监护，及时纠正不安全的行为"的规定，没有认真对工作班成员进行监护，是发生事故的重要原因。

事故暴露出：

（1）工作负责人、工作票签发人不熟悉设备运行状况，工作票中没有填写带电的农电线路名称、杆号；工作票中没有必要的安全措施；工作负责人到现场也未根据现场实际情况核对工作票，没有把住审核工作票关。

（2）双电源杆无明显标志。

（3）填写工作票前没有到现场摸底。

3. 防范措施

（1）坚决落实各级人员安全生产岗位责任制，明确各级人员的安全责任，各级人员必须各负其责。

（2）工作票签发人、工作负责人、工作许可人都要熟悉和掌握设备运行状况，要按《安规》（线路部分）规定达到"三熟悉"的水平，经考试合格，并经主管领导批准方能担任。

（3）加大《安规》（线路部分）考核力度，提高作业人员执行《安规》（线路部分）的自觉性和严肃性，坚决杜绝习惯性违章现象。作业时，必须严格执行停电、验电、挂地线和各项保证安全的技术措施。

（4）加强设备管理，模拟图板与设备实际状况必须相符。

案例7:《安规》(线路部分)考试不合格的临时工，登杆作业触电身亡

1. 事故简况

某电力局供电所为用户架设一条10kV配电线路，供电所将任务交给《安规》(线路部分)考试不合格的临时工蒙××。这个由临时工组成的安装队人员变动频繁，只有蒙××一人未变动。这条新设线路电源从Ⅰ号10kV线路终端#42杆接引，#42杆是15m高圆形水泥杆，杆上有8层横担，最上层为6kV南北走向线路，第2层为10kV终端，第3～7层为低压线路和用户线，第8层为路灯线的。31日接火前，蒙××考虑任务量大，要求Ⅰ号供电站派人支援，Ⅰ号站当即派收费人肖××(不会登杆)、张××(线路维护工)，未交待具体任务、内容。蒙××要肖××、张××把公用配电变压器停下，在低压侧挂地线，准备先干与低压有关的工作，肖××按要求完成。同时，张××考虑到#42杆上还有从食品厂变压器引来的低压线，便主动去把食品厂的变压器停下。下午，蒙××派肖××去变电站办停电手续，肖××不会填停电申请书，便仿照旧停电申请书填了一张，变电站值班人员便按照肖××的申请书去操作，停了10kVⅠ号线。蒙××在得到肖××电话："Ⅰ号线已停电、接地线已挂上"后，即在无人监护，未验电、未挂地线未戴安全帽的情况下，爬上#42杆，触及6kV线路导线上感电身亡。

2. 事故原因及暴露问题

(1) 供电所负责人违反《安规》(线路部分)第1.3条"电气工作人员必须具备必要的电气知识和业务技能，且按工作性质，熟悉本规程的相关部分，并经考试合格"的规定，把一项较复杂的作业交给安规考试不合格的临时工去做，是发生事故的主要原因。

(2) 作业中，违反《安规》(线路部分)第3.3.1条"在停电线路工作地段装接地线前，要先验电，验明线路确无电压"，以及第3.4.1条"线路经验明确无电压后，应立即装设接地线并三相短路"等规定。不验电、不挂地线是发生事故的直接原因。

(3) 供电站派收费人员来支援，不懂业务，不熟悉设备状况，不会填停电申请书等，以致6kV电源漏申请，是发生事故的重要原因。

事故暴露该单位忽视安全生产，安全管理工作混乱。

3. 防范措施

(1) 安排生产工作时，必须慎重考虑，要指派熟悉设备状况、懂业务，并能胜任保证安全的人员担任工作负责人，切忌像本案例中那样，随随便便的安排一名临时工和两名不熟悉设备情况、不懂业务知识的人员去承担此项工作和停电申请联系人的重要工作。

(2) 工作负责人必须亲自办理工作许可手续，认真核实和检查保证作业安全的各项技术措施是否正确完备。

(3) 电气作业必须严格执行停电、验电、挂地线等一系列保证作业安全的规定，绝不能违章蛮干。

案例8：检修人员在线路清扫工作中，误登带电杆，造成触电重伤

1. 事故简况

某供电公司送电工区在35kV Ⅰ号线路#1～#31杆进行停电清扫、消缺工作。11时35分左右，王×（男，31岁）在失去监护的情况下，误登上与Ⅰ号线路平行架设的Ⅱ号线路#6（色标黄色）杆，上杆后系好安全带，清扫B相绝缘子时触电坠落，被安全带挂在横担处。11时40分变电站断开Ⅱ号线路开关，现场组织人员将王×从杆上放下，并紧急送往医院救治。经诊断，王×双手、左腿被电弧灼伤，右腿膝关节处骨折。事故造成王×双前臂截除、右小腿截除。

2. 事故原因及暴露问题

（1）工作人员（伤者）为三个月前转岗人员，原为驾驶员，经短期培训后上岗工作，其工作技能水平低，安全意识淡薄，自我保护意识不强，致使在作业现场严重违章、盲目蛮干。

（2）工作监护人对要工作的停电线路和邻近平行的带电线路位置，未向小组工作人员作特别交代（Ⅱ号线路#1～#10与Ⅰ号线路#22～#31平行架设，两线路之间的间距约55m）。责任心不强，安全意识淡薄，对现场所存在的危险性认识不足，使工作人员的安全失去控制。

（3）工作负责人责任心不强，工作票执行极不严肃，票面内容与实际存在出入，实际工作人员与票面不相符，对工作票所列的安全措施没有逐条落实到位。

3. 防范措施

（1）加大现场反违章力度，规范执行线路工作监护、核对"三号"、验电、使用个人短路接地线等基本的工作要求，以"三铁"反"三违"，切实做到"三不伤害"。

（2）加强安全培训，特别是对转岗、新上岗人员的安全培训以及上岗把关考核，确保现场工作人员安全生产技能水平满足要求。

案例9：工作人员擅自扩大工作任务，登上10kV带电变台触电坠落，导致人身重伤

1. 事故简况

某供电公司配电修理值班室接到用户的报修请求后，配电修理班工作负责人郑×带领当班修理人员王×（伤者，男，51岁）和申×（兼驾驶员）于当日13时55分，持修理票到达故障现场。经检查发现，10kV某线路#49变压器台南100m处#46杆低压零线断线。14时，开始修理工作，14时32分修理结束，14时35分，送电良好，修理工作结束。工作结束后，王×看见#49变压器台北侧紧挨着一个已经拆除的闲置变压器台上有低压横担和3只低压开关（3只低压开关距离#49变压器台带电处1.7m左右），就想上去拆掉3只低压开关，说以后修理时能用上。郑×说："别拆了，没有用"。王×没有听，从北侧闲置变压器台南柱爬了上去，拆下3只闲置低压可摘挂式熔断器后，又拆低压开关底

座。由于底座固定螺丝锈蚀，王×便跨到运行变压器台要拆固定底座的低压横担，郑×说："小心，上面带电！"，郑×说完就去收拾工器具。约3分钟左右，王×从#49变台北侧杆高低压间下杆时发现钳子丢落在变压器大盖上面，又急忙从#49变台北侧的高压侧登上去取钳子，刚上变台，因雨后脚滑，没有站稳，于是本能地用右手抓住配电变台10kV母线横担支撑拉板（事故后检查有放电痕迹），左手碰到了10kV母线C相引下线上（有放电痕迹），造成触电坠落。郑×和申×立即进行抢救，同时拨打了120急救电话，送医院治疗。经诊断，伤者左腿及双手电击伤，左侧第5、6、8根肋骨骨折，造成人身重伤事故。

2. 事故原因及暴露问题

事故原因：违章违纪造成人身重伤事故。

暴露问题：

（1）严重违反劳动纪律。

（2）落实责任不到位。

（3）无票作业、严重违章。

（4）擅自扩大工作任务。

3. 防范措施

（1）加强作业人员的安全思想教育。开展对照事故挖根源、找危害、查违章的大讨论，在提高认识的基础上，认真查排"三违"现象。

（2）杜绝人身事故的发生。要进一步贯彻国网公司《关于加强安全生产工作的决定》（以下简称《决定》），对照《决定》分阶段、分层次地逐条学习、逐条贯彻，制定措施，认真执行。

（3）严格按工作计划执行。强调执行工作计划的刚性原则，不准随意扩大工作内容，一经发现从严处理。

（4）加强工作中危险点控制。工作负责人、专职监护人要按照安规要求严格执行，对违章人员坚决制止，真正起到监护作用，保证监护完全有效。

（5）切实加强安全管理。认真落实各级人员安全生产职责，严格考核，强化现场监督，用"三铁"反"三违"。严肃劳动纪律考核，从严治企，对"危险人"加强培训和管理，跟踪监督。规范安全生产管理，做到精确复制。对照《决定》条款分阶段、分层次地逐条学习、逐条贯彻，制定措施，认真执行。

二、违反工作监护制度

案例1：在带电的变压器台上查看铭牌，作业人员头部触电身亡

1. 事故简况

某供电局线路班作业人员陈××，在6kV运行的变压器台上查看变压器铭牌，无人监护，头部碰上C相跌落式开关熔断器触电，从3.5m高的变压器台上摔下，经抢救无效死亡。

2. 事故原因及暴露问题

(1) 陈××在作业前违反《安规》(线路部分) 第2.3.3条“在运行的配电设备上的工作应填用第二种工作票”的规定。无票工作是事故发生的主要原因。

(2) 作业时，违反《安规》(线路部分) 第2.5.1条“工作负责人、专责监护人应始终在工作现场，对工作班人员的安全进行认真监护，及时纠正不安全的行为”的规定。陈××登台后无人监护是发生事故的直接原因。

(3) 陈××登台后精神不集中，思想麻痹大意是发生事故的重要原因。

事故暴露出：个别作业人员安全思想不牢，多年来很少见的一人登上运行中的变压器台的严重违反《安规》(线路部分) 现象仍然存在，应引起广大职工的高度重视。

3. 防范措施

(1) 电力线路生产工作，除线路巡视工作之外，都必须至少两人一起工作，其中一人监护，监护人应对直接操作人的生命安全负责。

(2) 单人进行线路巡视时，严禁攀登电杆和铁塔，当然这也包括运行中的配电变压器台。

(3) 单人外出工作时，应自觉地遵守规程，头脑中随时随地都应想到自己要保证自己生命的安全。

案例2：登杆作业无人监护，换位时失去安全带保护触电摔下死亡

1. 事故简况

某电业局供电局配电运行班班长龙×，带领工作人员三人，在市内专线#13杆为市电话局新设公用电话亭接220V临时电源，新设电话亭距#13杆中间还有5基路灯杆（借用这5基路灯杆架设一条6mm^{2}的护套线），当其他工作人员将这5基路灯杆挂好线后，龙×自己登上#13杆（高低压同杆架设15m高，有铁爬梯），登杆到位后，系好安全带，脚踩爬梯最上端，紧完线，并将线头剥好，准备接电，由于此时站的角度不妥，龙×就解开安全带准备换位，但龙×左手腕内侧碰上220V电源线接头（未用绝缘布包扎）触电后，落地距地面高2.1m的砖墙上，后又翻落到地面上，经抢救无效死亡。

2. 事故原因及暴露问题

(1) 工作负责人（班长）龙×带领工作人员在进行该项临时性低压照明回路接线工作时，违反《安规》(线路部分) 第2.3.2条、第2.3.3条规定，既没办理工作票，又不做任何安全措施，就登杆作业，是发生事故的主要原因。

(2) 龙×既是班长，又是该项工作的负责人，在不停电的条件下，本应担负起工作监护人的职责对班组工作人员进行认真监护，反而在未确定其他人担任监护人的情况下，自己就登杆作业，违反《安规》(线路部分) 第2.5.1条“工作负责人、专责监护人应始终在工作现场，对工作班人员的安全进行认真监护，及时纠正不安全的行为”的规定，同时，龙×还违反《安规》(线路部分) 第6.2.3条、第7.10条“在杆塔上作业时，不准失去安全保护”、“高处作业人员在转移作业位置时不准失去安全保护”的规定，导致触及

220V电源线接头时，从高处摔下，是发生事故的直接原因。

事故暴露出：

（1）工作人员自我防护能力差，除龙×头戴安全帽外，其他人员都未戴安全帽，而龙×的安全帽也未系牢，摔下时，安全帽脱落，没有起到保护作用。

（2）该供电局所管辖的线路私拉乱接现象严重，而且大多数接头都是裸露在外。

3. 防范措施

（1）必须杜绝无票作业的错误行为，要做到有作业必须有措施完善的工作票。

（2）要加强班组安全管理工作的力度，从严处理各类习惯性违章，使安全思想安全工作在每个作业人员头脑里、工作中扎根和落到实处，从而达到人人管安全，人人要安全。

（3）各级领导和广大作业人员，既要重视大型作业的安全，同时也不可忽视小型作业的安全，历史的经验教训告诫我们，事故往往发生在不被人们重视的小型作业过程中。

（4）每位作业人员必须真正掌握自我保护的能力，在作业中必须做到“我不伤害自己，我不伤害别人、我不被别人伤害”。同时，更要关心班组其他作业人员的人身安全，发现危及安全的动作和现象时，要敢于并及时予以制止。

案例3：登杆误摸路灯电源，作业人员触电摔下身亡

1. 事故简况

某电业局供电所检修班工人王××和田××到10kV线路#34杆检查，并处理水泥杆拉线有电的缺陷。当王××登杆距地面5m处时，因杆的路灯保安器、镇流器挂在脚下仅3cm处，王××在抓脚钉时不慎用手抓到保安器上触电，从杆上摔下，因没戴安全帽，头部严重摔伤，经抢救无效死亡。

2. 事故原因及暴露问题

（1）王××在登杆前未能仔细察看杆上情况，致使登杆过程中，用手抓脚钉时误摸带电的路灯保安器触电，同时，违反《安规》（线路部分）第13.1.1条“任何人进入生产现场应正确佩戴安全帽”以及第6.2.3条“在杆塔上作业时，不准失去安全保护”的规定。这一系列违反《安规》的行为是发生事故的直接原因。

（2）作业中违反《安规》（线路部分）第2.5.1条“工作负责人、专责监护人应始终在工作现场，对工作班人员的安全进行认真监护，及时纠正不安全的行为”的规定，监护人未能认真监护是发生事故的重要原因。

事故暴露出杆上路灯电源是危及工作人员生命安全的重大隐患，应尽快采取可靠措施予以消除，以确保登杆作业人员的生命安全。

3. 防范措施

（1）尽快消除杆上路灯电源的裸、漏电现象以及其他电源的存在。

（2）登杆作业必须严格执行离开地面超过2m就应系安全带、戴安全帽的规定，这是保障作业人员生命安全的一项可靠的安全措施，那些犯有登杆不戴安全帽习惯性违章的作业人员应该引以为戒。

（3）当操作人登杆作业时，包括登杆过程，监护人应认真地加以监护，随时提醒杆上人员注意什么，监护人要为杆上人员的生命安全负责。

案例4：越过停电范围误登带电电杆，作业人员触电身亡

1. 事故简况

某电业局供电局配电运行检修两个班共25人，负责10kV线路#1～#45及左右分支的“秋检”任务。工作负责人杨××在得到调度许可工作命令后，在供电局院内宣读了工作票，随后带领全体工作人员去现场布置安全措施、验电并在两端挂了接地线。随后领车从#45杆开始沿途送人到各自工作地段。最后将小组负责人袁××、成员王××、范××等三人，送到#1杆处，工作负责人杨××交待：“#1杆挂地线两组，你们从#1杆向大号侧干，其他部位有电”。随后，袁××登上#1、王××上#2、范××上#3，当登#3杆的范××完成任务走向#4杆时，工作负责人才离开，而当#2杆上王××完成任务下杆后，走向距#1杆11.2m的用户自维带电线路登杆（此时袁××正在#1杆上作业）触电，摔下后经抢救无效死亡。

2. 事故原因及暴露问题

（1）杨××违反《安规》（线路部分）第2.5.1条“工作负责人、专责监护人应始终在工作现场，对工作班人员的安全进行认真监护，及时纠正不安全的行为”。王××在无人监护的情况下，越过停电范围，误登带电的临近线路触电，是发生事故的直接原因。

（2）工作票签发人违反《安规》（线路部分）第2.3.11.1条“工作票上所填安全措施是否正确完备”的规定。工作票签发人急于赶通勤车，忙乱中填写，出现多处错误，工作票上没有注明带电线路名称、部位，挂地线位置也与现场不符加之安全措施不准确、不完备，是发生事故的主要原因。

事故暴露出这个单位安全管理不严，安全教育不深入，前不久曾发生过误登带电杆塔，险些造成感电的未遂事故，未能认真吸取教训、举一反三的对广大职工进行安全教育。

3. 防范措施

（1）工作票签发人必须熟悉设备，掌握设备运行状况，签发每一张工作票都要确保工人的生命安全，绝不可疏忽大意，要认真仔细核对。

（2）作业中，特别是临近带电线路的作业必须设专人监护，监护人不能做与监护无关的工作。监护人要深知责任的重大。

（3）大型的停电作业，必须事前做好充分准备，所有参加工作的人员应认真讨论安全措施，人人明确任务、停电范围，临近带电线路以及其他安全注意事项等，工作负责人应对参加作业的人员进行提问，看每个人对上述内容是否都能真正明确。

案例5：脚扣未卡牢，杆上人员摔下身亡

1. 事故简况

某电业局供电局检修人员，上午完成拆除低压线及拔两基低压杆的任务后，下午架

设#22～#24 两空低压线。当一切工作准备就绪后，#24 杆工作组成员张××、关××开始作业，张××令关××登杆，因高、低压全停电，张××在地面上分线未去监护，关××戴安全帽、系安全带登杆，在登杆过程中，跨越路灯时，脚扣未卡牢，当移动左脚时，右脚脚扣脱落，关右手未抓住摔下，经抢救无效死亡。

2. 事故原因及暴露问题

(1) 监护人违反《安规》(线路部分) 第 2.5.1 条“工作负责人、专责监护人应始终在工作现场，对工作班人员的安全进行认真监护，及时纠正不安全的行为”的规定。监护人监护责任不清，认为高低压全停电，没有触电危险，就没去对作业人员上下杆过程进行监护，是发生事故的主要原因。

(2) 关××在跨越路灯时，没能正确地将脚扣登在牢固安全的地方，自我保护能力差是发生事故的直接原因。

事故暴露出部分监护人员对监护责任不明确，应该清楚工作人员从登杆开始，就应该不间断地监护，直到完成任务下杆为止。

3. 防范措施

(1) 上杆操作人员在登杆遇到障碍时，应仔细观察，如何正确安全地通过障碍，特别要注意脚扣卡在铁管上是绝对不安全的，应该尽力避免，同时在登杆离开地面超过 2m 时，必须扎好安全带。

(2) 监护人应该明确所监护的范围，也就是工作人员上、下杆以及在杆上作业的全过程都应进行不间断的监护，特别要监护防止触电、防止高空摔下，以及上下杆跨越杆上障碍物等，要随时提醒登杆人员注意。

(3) 积极同有关部门协商，尽快消除杆上其他障碍物。

案例 6：用低压钳子剪高压带电导线触电身亡

1. 事故简况

某电业局供电局配电修理班接用户电话，16 道街发生缺相运行，班长聂××派刘××为工作负责人，电工张××和司机于××组成工作组去现场处理。

首先到 19 道街变压器台，随后又到 12 道街#1 变压器台，发现高压 A 相跌落式保险断一相，张××用绝缘杆拉开低压侧刀闸后，试合脱落的保险，在第三次试送时，跌落式保险绝缘子在金具处断裂，造成 10kV 引下线与横担接触而发生接地，致使电杆变台及低压导线多处着火，张××用拉杆挑着导线，让司机去接班长，由于火势越来越大，刘××让张××把线挑好，千万不要动，就去附近借电话向消防队报告火警，同时也用电话向班长做了汇报，请速派人处理，消防队到现场后，一名消防队员让张××断开电源，张××用绝缘杆拉开 B、C 两相跌落式保险后，向围观群众借来一副手套，爬到变压器台上，绕到引线接地点处，左手扶拉带，右手戴两层线手套，用 500V 的低压钳子去剪断 10kV 高压引线触电倒在变压器台上，经抢救无效死亡。

2. 事故原因及暴露问题

(1) 处理缺陷发生火灾，工作负责人违反《安规》(线路部分) 第 2.5.3 条“工作期间，工作负责人若因故暂时离开工作现场时，应指定能胜任的人员临时代替……”的规定。在极度危险的情况下离开工作现场，又不指定工作负责人是发生事故的主要原因。

(2) 工作人员违反《安规》(线路部分) 第2.5.1条“工作负责人、专责监护人应始终在工作现场，对工作班人员的安全进行认真监护，及时纠正不安全的行为”的规定。在无人监护情况下，登带电变压器台，采取了不正确地操作方法，用低压钳子去剪高压导线是发生事故的直接原因。

事故暴露出修理工作也能造成大的恶性伤亡事故，加强修理班组安全管理和安全教育工作是十分重要和不能忽视。

3. 防范措施

(1) 执行修理任务的人员必须熟悉设备运行状况，有处理突然发生意外情况的能力和经验。

(2) 修理班人员必须熟悉《安规》(线路部分) 各项规定，因为他们都是独立地处理发生的一些故障，缺少有关人员的安全监督，完全是靠自觉地遵守规程，而且也不像正常作业那样有票面上文字记载的保证安全的各项技术措施，来保障人员安全。

(3) 班长指派任务时，必须详细交待安全措施及安全注意事项，工作负责人到现场后必须仔细观察冷静地分析，在完成保证人员安全的各项技术措施可靠地完成后，方能作业。

(4) 工作负责人、专责监护人应始终在工作现场，对工作班人员的安全进行认真监护。

(5) 遇有特殊情况，执行修理任务的人员难以完成，不可强行操作、处理，可派人看守现场，立即向班长汇报，等待派人前去处理。

案例7：攀抓枯死、脆弱树枝，剪枝人摔下导致重伤

1. 事故简况

某供电局供电所检修人员，在清除10kV配电线路障碍物时，工人李××等两人，去某中学围墙处低压线路附近剪树枝，李××上树后，没使用安全带，从上往下剪枝，完成任务后下树时，准备踩竹梯子，双手抓住树枝，但脚未踩到梯子上，身体悬空，脚随后踩到一枯枝上，手移到另一脆弱树枝上，由于全身重量全部加在枯枝上，枯枝被踩断，脆弱树枝承受不了全身重量，人从5m高处摔下，脊椎骨3处骨折，抢救无效死亡。

2. 事故原因及暴露问题

(1) 作业人员修剪树木时，违反《安规》(线路部分) 第4.4.2条“上树砍剪树木时，不应攀抓脆弱和枯死的树枝，并使用安全带”的规定。李××在下树时手抓脆弱树枝，脚踩断枯死树枝，摔下造成死亡，是发生事故的直接原因。

(2) 作业中违反《安规》(线路部分) 第2.5.1条“工作负责人、专责监护人应始终在工作现场，对工作班人员的安全进行认真监护，及时纠正不安全的行为”的规定。树下无人监护，以致李××下树时，脚踩不到梯子，踩到枯枝上身体悬空摔下，是发生事故的主要原因。

从此事故中，我们看到部分人员对砍剪树木这项工作危险性认识不清，认为上树砍剪树枝的工作简单，不会出事。

3. 防范措施

(1) 砍剪树枝的工作必须两人进行，一人操作，一人监护，使用梯子上树，监护人除监护外还要在下边把持梯子，下树时，指点下树人脚怎样踩到梯子上。

(2) 上树砍剪树枝，必须使用安全带，头戴安全帽。

(3) 在树上作业时，要看清落脚处树枝是否可靠，绝对不准许踩枯死树枝和抓脆弱树枝，以避免摔下。

(4) 砍剪下来的树枝，必须防止砸伤监护人和下边行人。

(5) 违反《架空配电线路安装检修规程》。

案例 8：登上无工作任务的带电变压器台，触电身亡

1. 事故简况

某供电局值班室接用户电话，反映某小区 5 号楼低压总刀闸烧坏，要求停电换刀闸，值班人员褚××和张××请示班长后，乘车到达某线路#1 变压器台，褚用绝缘杆把变压器低压刀闸拉开，令用户电工去换刀闸，张××掉转车头之时，听到一声喊叫，回头看，褚××站在变压器台上，手触及变压器一次 A 相套管上，放电着火，张××立即拉开变压器一次开关，褚××从变压器台上摔下，经抢救无效死亡。

2. 事故原因及暴露问题

(1) 褚××违反《安规》(线路线路) 第 2.5.1 条“工作负责人、专责监护人应始终在工作现场，对工作班人员的安全进行认真监护，及时纠正不安全的行为”的规定。褚××作为工作负责人不能很好的负责任，自己去操作，在无人监护的情况下，私自登上运行中而且无工作任务的变压器台时触电，是发生事故的直接原因。

(2) 工作人员张××到现场不积极参与作业，反而急忙去掉转车头，准备往回返，所以，对褚××登变压器台没有发现和制止，是发生事故的主要原因。

这起事故暴露出：褚××、张××两人工作中违章现象严重，并且习以为常，事后查知两人上午还在变压器台上工作过，没有工作票、没挂地线，只用低压验电器在低压侧验电。

3. 防范措施

(1) 值班修理工作大多数情况下，是两个独立完成任务，很少有人进行安全监督和检查，因此，要求这些同志认真学习《安规》(线路部分)，自觉地去执行，两人要相互关心，相互提醒。

(2) 作为值班修理的工作负责人，应真正明确自己的安全责任重大，遇事要冷静分析，妥善处理，不能像本案例那样，自己干自己的，这样既害了自己，又害了别人。

(3) 值班修理工作必须严格执行《安规》(线路部分) 规定的停电、验电、挂地线等技术措施，只有这些保证安全的措施做好之后，方能作业。

(4) 要加强对值班修理工作安全方面的检查，督促他们认真遵章守纪。

三、违反工作许可制度

案例1：连续作业未履行工作许可手续，作业人员登杆触电身亡

1. 事故简况

某供电局进行10kV配电线路更换导线工作，工作日期从8月19日至8月23日，由劳动服务公司负责施工，工作票上标明的安全措施是："每天开工前到地调办理工作许可手续，验电挂地线，每天工作结束时，拆除地线"。8月22日，工作人员没按工作票上要求去办理工作许可手续，到现场没验电，也没挂地线，就开始工作，一工人登杆后感电，经抢救无效死亡。

2. 事故原因及暴露问题

(1) 作业人员违反《安规》(线路部分) 第2.4.1条"填用第一种工作票进行工作，工作负责人应在得到全部工作许可人的许可后，方可开始工作"的规定。没有办理工作许可手续，私自开工作业是发生事故的直接原因。

(2) 在工作现场违反《安规》(线路部分) 第3.3.1条、第3.4.1条"在停电线路工作地段装接地线前，要先验电，验明线路确无电压"、"线路经验明确无电压后，应立即装设接地线并三相短路"的规定。没有进行验电和挂地线就开始作业，是发生事故的主要原因。

事故暴露出安全生产管理混乱，作业人员执行《安规》(线路部分) 不严肃，不认真。

3. 防范措施

(1) 数日的连续作业，必须严格执行每天作业前办理工作许可手续，因为数日连续作业的夜间都要送电，即线路夜间带电运行，所以，次日开工前，工作负责人必须得到调度值班人员关于该线路可能受电的各方面电源都已断开，并挂好地线，可以开始工作的命令后，才能到现场。

(2) 到现场后，要严格按照《安规》(线路部分) 规定验电、挂地线，这些保证安全的技术措施完成之后，方可开始作业。

(3) 办理工作许可手续，必须由工作负责人亲自去办，不得委托他人办理。工作负责人应对全体工作人员的生命安全负责。

案例2：班长默许干私活，没办许可手续登杆作业，工作人员触电身亡

1. 事故简况

某供电局电缆管理所三班，在按计划完成35kV临时变压器10kV电缆户内搭头工作后，并向调度报了工作竣工的情况下，班长默许以副班长王×为首的三人，进行事先约定的（有报酬）杆上电缆搭头作业，下午干私活的三人在处理电缆三相分叉距离不足的缺陷时，余××未办任何手续就上杆，登到12m处触电（线路已送电）坠地经抢救无效死亡。

2. 事故原因及暴露问题

(1) 班长默许干有报酬的私活，是发生事故的主要原因。

（2）工作人员违反《安规》（线路部分）第2.4.1条“填用第一种工作票进行工作，工作负责人应在得到全部工作许可人的许可后，方可开始工作”的规定。他们没办理工作票，没办工作许可手续，登上已运行的电杆触电，是发生事故的直接原因。

事故暴露出当前存在着多种经营影响主业的负面效应，按照上级要求，做好职工的思想工作，正确引导生产岗位上的职工抓安全才是本岗位的首要任务。

3. 防范措施

（1）全体职工应明确眼前利益与长远利益、主业和多种经营的关系，保证不发生因“短期行为”而损害企业的安全基础问题，保证生产一线职工思想稳定。

（2）作业时，必须严格执行“工作许可制度”，只有得到许可工作的命令后，方能到现场开始验电、挂地线，这些安全技术措施完全可靠地完成后，才可以登杆作业。

（3）作业人员人人都要时时刻刻关心自己安全，关心他人安全，对违反规程的现象都应抵制。

四、违反“保证安全的技术措施”

案例1：用户自备发电机返电到低压线路上，作业人员触电身亡

1. 事故简况

某供电所外线工周××与肖××，在10kV线路#45杆工作，低压线已停电，当肖××穿越低压线准备处理缺陷时，用户的15kW发电机发电，送到低压线路上，肖××接触有电低压线3～5分钟，脱离电源后经多方抢救无效死亡。

2. 事故原因及暴露问题

（1）班长安排工作时，违反《安规》（线路部分）第2.3.1条“在停电线路上工作，应填用第一种工作票”的规定。没开工作票，没制定相应的安全措施，糊涂派工，没能把住安全第一道关口，是发生事故的重要原因。

（2）工作人员到现场后，违反《安规》（线路部分）第3.3.1条、第3.4.1条“在停电线路工作地段装接地线前，要先验电，验明线路确无电压”、“线路经验明确无电压后，应立即装设接地线并三相短路”等规定。不验电、不挂接地线就盲目进行作业是发生事故的主要原因。

（3）对用户自备发电机电源，没有保证工作人员作业安全的协议和防止自备发电机返电到线路上的技术措施是发生事故的直接原因。

事故暴露出安全生产管理混乱，违反《安规》（线路部分）现象习以为常，特别是对用户自备发电机缺乏可靠的管理措施与制度。

3. 防范措施

（1）停电作业必须办理工作票，制定相应的安全措施，为作业人员的人身安全把好第一关，作为班长应时刻关心工作班人员的生命安全，绝对不许糊涂派工。

（2）作业人员必须严格执行验电、挂地线的规定，只有当这些保证自己安全的技术措

施可靠地完成后，才能进行作业，对于低压线路也绝不可轻视。

(3) 尽快完善用户自备发电机管理，签订保证用户自备发电机不返电到系统中的协议，逐户检查自备发电机不能返电的技术措施的可靠性，必要时为用户出主意、想办法来实现。同时，在系统图上，在签发工作票时，要标明或注明用户自备电源的位置、杆号等。

案例 2：胡干、蛮干，徒工登杆触电身亡

1. 事故简况

某供电局配电班长李×临时决定为煤炭技校用电接线，没有请示工区、没办工作票自作主张，带领徒工芦××乘车到现场。到城南变电站供电的 6kV 606 出线#43 杆，该杆是 15m 耐张水泥杆，上面架有 605、606 两条相互交叉的 10kV 线路，606 在上面一、二层，是双回线，一回运行，一回未运行，第三层为 605 线，第四层为运行的低压线，运行的 605 线南北走向，道南直线杆上有 605 线开关（专供#43 杆检修时停电用的开关)。

工作前，李×只停了 606 线的开关，没有停 605 电源开关，没有验电，没挂地线，也没交待注意事项，即令徒工芦××登杆，当芦××往杆上爬时，李×即和煤校电工、司机等闲谈，没有进行监护，当芦××背部触及 605 中相导线时，通过手掌对水泥杆放电，约 1 分钟左右，芦××从直立位置摔下，脱离了电源，因脚扣卡在杆上，芦××头朝下悬挂在 10m 高处，全身着火，因只有一付脚扣无法上杆抢救，芦××被烧焦死亡。

2. 事故原因及暴露问题

(1) 这起恶性事故纯属胡干、蛮干，严重违反安规一系列规定。

(2) 工作前，违反《安规》(线路部分) 第 2.3.1 条“在停电线路上工作，应填用第一种工作票”的规定。没办理工作票，也没请示上级是发生事故主要原因。

(3) 作业前，违反《安规》(线路部分) 第 3.2.1 条、第 3.3.1 条、第 3.4.1 条“进行线路停电作业前，应断开线路上需要操作的各端断路器，隔离开关和熔断器”、“在停电线路工作地段装接地线前，要先验电，验明线路确无电压”、“线路经验明确无电压后，应立即装设接地线并三相短路”等规定。没有停 605 线的开关，故#43 杆第三层 605 线带电，同时，不进行验电、不挂地线，也没交待注意事项，即令徒工登杆作业，是发生事故的直接原因。

(4) 作业中，违反《安规》(线路部分) 第 2.5.1 条“工作负责人、专责监护人应始终在工作现场，对工作班人员的安全进行认真监护，及时纠正不安全的行为”的规定。工作负责人在徒工登杆后，和他人闲谈，不去认真监护，是发生事故的重要原因。

事故暴露出安全生产管理混乱，一些必要的安全管理制度、规程，执行得不严、不实，流于形式。

3. 防范措施

(1) 不论高压、还是低压作业，都必须严格执行工作票制度，办理工作票，把住安全生产第一道关。

(2) 线路作业必须严格执行安规中有关停电、验电、挂地线等规定，只有做好保证安

全的各项技术措施后，才能确保作业人员的生命安全，作为工作负责人，是掌握工作人员生命安全与否的关键人，对这一点更应清醒，细小的疏忽，将会酿成重大事故。

案例3：用户自备发电机返电到高压线路上，作业人员触电身亡

1. 事故简况

某省药所，向某供电所借工具并要求派人支援帮助移线，所主任同意派副班长张××和7名工人前去支援。到现场后，工作负责人张××进行了人员分工。首先拉开施工地点的电源开关，验电后，在开关负荷侧挂地线一组，而后开始作业。

与此同时，省药疗所又邀请供电所派人帮助查找配电盘上电能表冒火原因，供电所派牛××、徐××两人来，药疗所电工讲明盘上有两个电源开关，漏讲水文的电源开关，他们三人在盘上多次拉合开关，使外来的电源开关全部在合的位置上，下午14时多水文向上级报告，启动了自备发电机，电经过配电盘、变压器返到#179杆的高压线路上，正在杆上作业的张××、王××、韩××等三人感电，一人死亡，两人受伤。

2. 事故原因及暴露问题

（1）这起事故发生是由于违反《安规》（线路部分）第3.2.1条、第3.4.1条“线路停电作业前，应断开有可能返回低压电源的断路器、隔离开关和熔断器”、“凡有可能送电到停电线路工作地段的分支线都要验电、装设工作接地线”等规定。工作班虽然作业前停了电，但只停了高压，而没有断开低压或摘下低压保险，地线也是挂在高压侧，在低压侧没有挂，措施不完善，给用户自备发电机返电到线路上创造了条件，是发生事故的主要原因。

（2）省药疗所配电盘上有相互联系的三个电源开关，并且没有防止返电到外部线路的可靠技术措施，是发生事故的直接原因。

事故暴露出运行单位对用户自备电源管理不善，药疗所配电盘上有三个电源都不清楚，更没有可靠的防止返电措施。

3. 防范措施

（1）不论是局内作业，还是支援外单位作业，都要严格按照《安规》（线路部分）要求，停电停的彻底，地线保护要保护完善，无漏洞，只有把这些保证安全的技术措施可靠地做好，作业人员生命安全才能得到保障。

（2）对用户自备发电机必须确切掌握，除签订防止返送电安全协议和装设防止返送电到线路上来的可靠措施外，运行部门必须在系统图上、图纸上有醒目的标志，工作票签发人、调度值班人员心中都要切记，每次签票都要核对，调度会签票时也要把关。

（3）对有自备发电机的用户，运行部门要责成专人定期登记、检查、管理，线路的运行人员也要对所管辖线路上自备发电机的用户，做到心中有数。

五、安全措施不完善

案例1：撤杆没有防倒措施，杆倒作业人员身亡

1. 事故简况

某供电局10kV线路#5杆进行移位。因水泥杆靠近河边，被民工挖去杆根部周围的

泥土，水泥杆实际埋深只有60cm，其中一侧仅有30cm，由于登杆前未检查杆根，施工时又未打临时拉线，当代培工人任××等两人上杆拆除最后一根导线后，发生倒杆，两人随杆倒下，任××被水泥杆砸中头部死亡，另一人受伤。

2. 事故原因及暴露问题

（1）登杆前违反《安规》（线路部分）第6.2.1条、第6.4.5条“遇有冲刷、起土、上拔……的杆塔，应先培土加固，打好临时拉线或支好架杆后，再行登杆”、“紧线、撤线前，应先检查拉线、桩锚及杆塔。必要时，应加固桩锚或加设临时拉绳。拆除杆上导线前，应先检查杆根，做好防止倒杆措施”等规定。作业人员明知该杆取土严重，杆根埋深不够，还继续进行撤线，在不打临时拉线或临时拉绳来加固的情况下，而强行上杆作业，拆除导线前，又没有检查杆根和做好防止倒杆的措施，是发生事故的主要原因。

（2）安排此项工作时，工作负责人没能明确交待此杆因处于河边，杆根周围泥土流失严重，埋深不够必须移位的重要性，更没强调登杆作业前应对该杆做好防倒的可靠措施再进行作业的要求，是发生事故的重要原因。

（3）从这起事故我们看到：登杆前必须做到认真检查杆根，对木杆要检查，对水泥杆也不能忽略。

3. 防范措施

（1）向工作人员布置工作任务时，应该交待工作内容、性质，以及安全注意事项，特别是领导要掌握工作危险程度，要详细、认真讲明、并提醒作业人员应侧重注意什么。

（2）工作负责人既要想到怎样去带领大家很好地完成任务，又不能忘记完成任务前、完成任务过程中以及完成任务后，都必须认真执行《安规》（线路部分）的有关条款，特别是带领临时工、代培人员和徒工，更要做到这一点。

（3）作业前，凡属涉及撤杆、撤线等工作，都必须按规程要求，做好电杆的防倒措施，确保作业人员的生命安全。

案例2：事故抢修过程中没有安全措施倒杆，作业人被砸伤身亡

1. 事故简况

某供电局检修人员，在抢修一条10kV配电线路（因大风把树刮倒砸断水泥杆）事故时，大树压在没断的导线上，移动大树有困难，决定采取登终端杆松动导线的方法，将导线从树底下抽出来，再移到上面重新挂线，工作人员崔××、孟××两人去登终端杆松线，由于两人工作进度快慢不同，一人已将导线松开，另一人正在解开绑线，水泥杆此时受扭力作用，在2.2m处折断，崔××、孟××两人随杆倒下砸伤，崔××经抢救无效死亡。

2. 事故原因及暴露问题

（1）崔××、孟××两人登终端杆前违反《安规》（线路部分）第6.4.5条“紧线、撤线前，应先检查拉线、桩锚及杆塔，必要时，应加固桩锚或加设临时拉绳。拆除杆上导线前，应先检查杆根，做好防止倒杆措施”的规定。没有进行检查，也没打临时拉线或拉绳对水泥杆进行加固，就登杆放线，造成倒杆，是发生事故的直接原因。

（2）工作负责人在现场安排此项任务时，没有交待安全措施，特别是终端杆松线的安全措施，是发生事故的主要原因。

（3）从这起事故抢修过程中发生的事故，我们看到作业人员忙于抢修，忽视了安全工作；而工作负责人头脑也不清醒，不能及时提醒作业人员怎样注意安全。

3. 防范措施

（1）事故抢修中，既要尽快地完成抢修任务，又必须注重安全工作，特别是事故抢修的工作负责人头脑必须清醒，严格按照《安规》（线路部分）各项规定，必须履行工作许可手续，现场作业前，必须可靠地做好验电、挂地线的各项技术措施，这一切正确无误之后，方能安排人员作业。

（2）抢修过程中，遇有特殊情况，也必须根据《安规》（线路部分）规定，提出解决措施和方法，不可盲目决定。

（3）对于终端杆上松动导线，因不设临时拉线或拉绳加固杆塔而发生倒杆塔事故较多，这一点所有作业人员都必须清楚，凡遇到这类作业之前必须想到要严格执行《安规》（线路部分）的规定，否则将会伤害自己或他人。

案例3：对外承包工程中无安全措施倒杆，作业人员被砸伤身亡

1. 事故简况

某供电所外线班在对一条10kV支线改道工作（对外包工）的施工中，由外线班长（当天工作负责人）袁××带领一个小组，去拔原支线的一基15m电杆，袁××考虑到扒杆只有7m长，拔15m电杆有困难，便不顾施工安全，叫两个民工在15m电杆的杆基处开马槽。在杆本身无拉线，也没有临时拉绳，扒杆也没有安放好的情况下，袁××叫龚××登上15m杆去解导线的绑扎线，当马槽已挖1m多深，挖槽民工问袁××："是否还要挖？"袁××看了一下说："再挖一点，把几块石头撬掉"。于是民工继续挖……，当龚××解完边线导线的绑扎线后，杆子倒了，龚××随杆倒下，伤情严重，当即死亡。

2. 事故原因及暴露问题

（1）违反《安规》（线路部分）第6.4.5条"在拆除杆上导线前，应先检查杆根，做好防止倒杆措施，在挖坑前要先绑好拉绳"及第6.2.1条"遇有冲刷、起土、上拔或导地线、拉线松动的杆塔，应先培土加固，打好临时拉线或支好架杆后再行登杆"等规定。袁××不但不检查杆基，还先派人去挖杆基，又不打临时拉线，便命龚××上杆去解导线的绑扎线，更为严重的是在已派人上杆解导线的同时，还继续命民工在杆下开马槽，是发生事故的直接原因。

（2）工作人员违反《安规》（线路部分）第1.5条"任何人发现有违反本规程的情况，应立即制止，经纠正后才能恢复作业"，对于袁××严重违反安规的行为，在场的其他几名外线工和龚××本人均未提出异议和加以抵制，盲目服从，是发生事故的重要原因。

（3）通过这起倒杆死亡事故，可以看到不少职工对安规学是学了，实际运用中对不上号，学、用不能很好结合；同时，也看到这个单位领导对重要岗位工作用人不当。

3. 防范措施

(1) 全体职工必须加强安全学习，参加安全培训以及对《安规》(线路部分) 的学习、考核时，真正做到认真学习真正理解，作业时会运用。最起码应知道在作业中自己怎样保护自己和保护他人。

(2) 对工作负责人要加强责任心的教育，班内若干名工作人员的生命在工作负责人手中掌握，作为工作负责人自己也应明确自己肩上担子的分量。

(3) 撤杆工作中发生突然倒杆案例很多，所以，不论是工作负责人还是工作班成员，都应严格按《安规》(线路部分) 中为防止突然倒杆，必须事前做好临时拉绳、支杆等防倒杆的必要措施，对杆进行加固后，才能登杆作业。

案例 4：在带电线路附近伐树没有安全措施，树倒落导线上，一工人感电身亡

1. 事故简况

某供电站检修班，在 10kV 线路带电线路附近伐树，因没有采取任何防止树倒落在导线上的安全措施，树倒落到 10kV 高压线路上，工人何××碰树枝感电身亡。

2. 事故原因及暴露问题

作业前，违反《安规》(线路部分) 第 4.4.3 条"为防止树木（树枝）倒落在导线上，应设法用绳索将其拉向与导线相反的方向。绳索必须有足够的长度和强度"和第 4.4.4 条"树枝接触或接近高压带电导线时，应将高压线路停电或用绝缘工具使树枝远离带电导线至安全距离。此前禁止人体接触树木"的规定，作业人员什么防倒措施也没做，就直接伐树，造成树倒落到高压导线上一工人感电死亡，是发生事故的主要原因。

事故暴露出伐树工作一般都不太重视，可以看出越是被人不重视的工作，越易出事。

3. 防范措施

(1) 在带电线路附近伐树工作开始前，工作负责人必须认真交待工作任务，人员分工，以及告诫大家线路是带电的，不得去攀登树木、杆塔，绳子也不得接触导线，如树倒在导线上，任何人不准用手或身体去碰树枝，防止感电伤亡。

(2) 为防止树倒落导线上，必须用足够长度和强度的绝缘绳将其拉向与导线相反的方向，这项工作要指定专人负责。绳索下端要绕过牢固的固定物以加强拉力。

(3) 在带电线路附近伐树，更要注意行人及车辆，在树倒落范围内不准许有人逗留、观望，并必须设专人监护。

案例 5：穿越带电低压裸接户线，作业人员感电身亡

1. 事故简况

某供电所低压修理班工人关××、蔡××在 10kV 线路#68 杆修理低压接户线断线，在梯子侧杆上有路灯线和已脱皮裸露的接户线，距梯子只有 17cm，当蔡××接好断线的接户线下杆时，腿部碰到已脱皮裸露带电的接户线上，因衣服潮湿而感电，蔡××从 7m

高处摔下，经抢救无效死亡。

2. 事故原因及暴露问题

（1）蔡××登杆穿越仅有17cm的低压带电间隙时，违反《安规》（线路部分）第9.2.3条“禁止工作人员穿越未停电接地或未采取隔离措施的绝缘导线进行工作”的规定。而且接户线还是裸线，衣服还潮湿，是发生事故的直接原因。

（2）地面上负责监护的郑××违反《安规》（线路部分）第2.5.1条“工作负责人、专责监护人应始终在工作现场，对工作班人员的安全进行认真监护，及时纠正不安全的行为”的规定。未能认真监护和及时提醒蔡××不得穿越低压带电接户线，是发生事故的主要原因。

事故暴露出作业人员对低压带电作业危害程度认识不清，马虎大意，重视不够。

3. 防范措施

（1）对于低压杆上修理工作，应严格按照《安规》（线路部分）规定执行。上杆前必须选好登杆位置，衣服要干燥，穿长袖，穿越低压带电导线要先看清楚是否绝缘完整，不许触碰。

（2）对于现场作业条件差、穿越有困难的工作应改为停电作业，不能强行穿越裸低压线，防止感电事故发生。

（3）低压带电作业的监护人，必须对操作者认真监护，对于登杆、下杆也要认真监护，特别是登杆人员登杆位置、穿越低压线的部位都应正确指导。

案例6：柱上油开关不加锁，两青年误合，作业人员感电身亡

1. 事故简况

某供电局10kV某线路#74号杆，被大风刮倒的大树砸断导线，三相导线落地，成为永久性故障。

16日按原订计划进行10kV春检停电作业，工作临近结束时，抽调部分工人由供电局局长带领，到某线路#74杆处理事故。由于头天晚上已将某线路#49柱上油开关拉开但未加锁、未挂牌，电只送到某线路#49杆。抢修人员锯断大树，拔掉旧杆，立好新杆，挂好线准备紧线时，突然电源侧来电、造成杆上作业三人感电，徐×感电着火，当即死亡，另有两人轻伤。

2. 事故原因及暴露问题

（1）事故巡线人员违反《安规》（线路部分）第3.2.3条“可直接在地面操作的断路器、隔离开关的操作机构应加锁，不能直接在地面操作的断路器、隔离开关应悬挂标示牌”的规定。油开关操作绳没加锁，也没挂标示牌。事故抢修前也没派人去看守油开关，致使过路的两青年误拉操作绳，油开关合上，线路送电，是发生事故的直接原因。

（2）现场事故抢修作业前，违反《安规》（线路部分）第3.3.1条“在停电线路工作地段装接地线前，应先验电，验明线路确无电压”和第3.4.1条“线路经验明确无电压后，应立即装设接地线并三相短路”规定。不验电，不挂地线，使作业人员失去安全保护

是发生事故的主要原因。

(3) 现场事故抢修作业前，供电局局长违章指挥，临时增加工作任务，在春检停电作业还没有完工，就组织人员进行事故抢修。在事故抢修现场，各级人员都未能发现和制止上述违反《安规》(线路部分) 的行为，是发生事故的重要原因。

事故暴露出用柱上油开关作为断开电源的措施时，油开关必须加锁或派专人看守。否则，极易发生事故。

3. 防范措施

(1) 事故抢修工作，必须严格按《安规》(线路部分) 规定：履行工作许可手续，在现场要停电、验电、挂接地线，不能因为是事故抢修，而简单行事。

(2) 作业人员不论是正常作业，还是事故抢修，必须确认自己和作业人员是处在可靠的安全技术措施保护范围内，才可以放心大胆地工作，有一点不完善的地方也要弄清，并确认业已完善后方能工作。

(3) 越是事故处理、抢修，越是必须事前做好可靠的安全措施，工作负责人和工作人员头脑都应清醒，应慎重、沉着和正确无误地执行各项规程和制度，绝不应在抢修事故中再发生事故。

案例7：在进行低压线路改造时，因措施不到位等原因，造成5人死亡

1. 事故简况

某供电局某分局装表计量班、线路检修班按照计划进行10kV线路低压4号杆“T”接一组支线#1～#9杆、四组分支线#5－1～#5－4杆低压线路改造工作。6时10分～20分左右，在工作负责人李×的监护下，分局装表计量班工作班成员汪×带电断开了支线#1杆处临时连接的A相和零线，并用黑色绝缘胶布将线头包好圈固在支线#1杆上。

6时30分左右，线路检修班人员到达现场后，装表计量班工作负责人李×与线路检修班工作负责人黄×作了工作交接，随后由线路检修班负责一组支线#1～#9杆旧导线的拆除和新导线的架设工作。线路检修班人员分成三组：第一组负责#1杆处做挂线端、放线等工作，小组负责人徐×(线路检修班班长)，另有钟××和4个民工；第二组负责#2～#8杆渡线、扎线等工作，小组负责人熊××(兼安全员)；第三组负责#9杆收线、做紧线端等工作，小组负责人张××。

工作开始后，钟××上支线#1杆，再次将在低压#4杆“T”接过来的4根铜芯绝缘导线端头用白色的绝缘胶带进行了包扎，随后开始了换线的相关工作。首先用原单相旧导线中的一根导线来牵渡新导线的A、C两相(两根边线)。9时40分，刚好将A、C两相新导线拉紧时下起了雷阵雨，工作负责人黄×通知全体工作人员避雨，全体施工人员躲雨休息。雷阵雨持续至10时30分左右，雨停后工作负责人通知全线复工。线路检修班接着继续施工，将A、C相安装好。10时50分，线路检修班再次用另一根旧导线牵渡B相和零线新导线(中间两根)。在牵渡过程中又下起了大雨，但这次施工没有因雨间断。11时40分，当B相和零线两根导线拖放至支线#7～#8杆时，由于在恢复施工后不久，钟××擅自下了支线#1杆，加上该组小组负责人徐×擅自离开其负责的岗位，以致未能发现钟

××擅自离杆的行为，致使支线#1杆处正在施放的B相新导线与支线#1杆上开断并包扎好的A相带电绝缘铜芯线发生摩擦，使A相带电绝缘导线绝缘层被磨破，与正在施放的B相导线线芯接触使之带电，另一根新施放的零线又通过横担等导体与B相导通，故而同时带电，导致正在支线#7～#8杆之间拉线的施工人员和支线#1杆附近线盘处送线的施工人员触电，造成5人死亡，10人受轻伤。

2. 事故原因及暴露问题

（1）直接原因：

1）在新线施放过程中，B相钢芯铝绞线与支线#1杆上A相带电绝缘铜芯线发生摩擦，致使A相带电绝缘线的绝缘层被磨破，绝缘铜芯导线带电线芯与正在施放的B相钢芯铝绞线接触，导致B相钢芯铝绞线带电，进而通过横担等导体使同时施放的零线也带电。

2）支线#1杆上作业人员钟××、监护人员（小组负责人）徐×擅自离开工作岗位，当施放的B相新导线与带电铜芯绝缘导线发生直接接触和摩擦时，没有被及时发现和妥善处置。

3）在线路施放过程中新施放导线与带电架空绝缘线不满足安全距离（不小于1.0m）的情况下，未按照《安规》（线路部分）中第5.2.2条“作业的导、地线还应在工作地点接地”的规定落实安全措施，致使当施放中间的B相和零线带电时没有安全保护，直接伤害到作业人员。

（2）间接原因。

1）某分局安全生产管理混乱、安全措施落实不到位。

a. 未严格执行工作票制度、工作许可制度、工作监护制度和工作间断转移制度，现场安全措施未得到落实，未根据现场实际情况落实有效的停电措施。在此次事故中，《带电作业工作票》的工作地点、范围以及工作内容与监护地点及具体工作内容矛盾，致使在《带电作业工作票》中关于在支线#1杆处断电的地点、方法、安全措施都不明确，导致该带电导线与后来新导线的施放路径距离明显达不到安全要求。线路改造工作未使用工作票，未认真组织危险点分析，派发工单上安全措施未充分考虑实际情况，线路施放负责人对支线#1杆带电绝缘线与新施放导线无法保持安全距离，未及时汇报，未采取可靠安全措施，新施放导线未接地，未在分支线、下户线处验电、装设接地线，造成施放新导线的不安全工作环境。

b. 安全生产技术管理制度落实不到位，施工计划、措施存在严重缺陷。项目管理部门未认真组织施工班组进行现场查勘，未组织编制标准化作业卡，未根据现场实际情况编制有针对性的、切实可行的施工方案措施，施工计划、措施审核、批准等各项环节流于形式，审核人、批准人没有进行认真审核，未提出有效的改进意见，制定的安全措施与现场实际严重脱节。施工计划措施未对支线#1杆开断后带电绝缘线采取可靠保护措施或隔离措施。

c. 施工准备不充分，施工现场管理混乱。未编制切实可行的施工工期计划和材料计划，施工前未对全体施工人员进行全面安全技术交底，布置施工任务后，未对项目实施进行全过程监管。施工人员对现场不完善的安全措施视而不见，未发现并指出施工中存在的潜在危险。现场组织指挥者违章指挥，施工人员违章作业，两个施工班组之间安全职责不清，施工人员混用，施工过程中盲目抢工期，冒雨作业，未执行间断制度中关于恢复工作前应重新检查各项安全措施的完整性。

d. 职工安全教育不到位。职工培训针对性和实效性不强，职工安全素质及专业技能难以满足工作要求，没有真正使安全制度、要求和措施深入职工日常工作，习惯性违章严重，“三不伤害”意识不强。对参与作业的临时工未进行安全培训，未按规定履行用工合同等手续。

e. 安全监管力量不足，监管不到位。某分局有职工400余人，仅有一名专职安全人员，安全监管不能发挥作用。施工班组不按规定上报施工计划，监督管理部门不跟踪施工项目，施工项目信息管理失控，安全检查时不能有效对重点施工项目进行监督检查。

2）某供电局履行安全生产工作监管职责不到位。

a. 某供电局对某分局的安全生产技术管理制度落实情况检查督促不力，导致某分局在施工计划、审核、批准《低压线路电压过低改造工程施工计划、措施》等各项环节流于形式，缺乏针对性、可行性，安全措施与现场实际严重脱节。

b. 某供电局对某分局的工作票制度、工作许可制度、工作监护制度和工作间断制度等日常工作制度落实情况监管不力；对施工工作方案、安全措施不到位情况失察，对施工过程的检查监督不力。

c. 某供电局对某分局的安全生产监管力量不足的情况失察，没有督促某分局建立和完善安全生产机构，使各项安全生产工作制度、措施不能得到有效落实，日常安全生产监管工作不到位。

d. 某供电局对某分局职工的培训教育流于形式，没有针对性和实效性，检查监督不力，职工安全素质及专业技能难以满足工作要求，习惯性违章严重。尤其对临时用工没有进行专业和安全知识培训。

e. 某供电局对本单位相关部门及分管领导履行职责的情况督促检查不力，安全生产责任制和措施不落实，对某分局在安全生产工作中存在的问题失察。

3）公司安全生产措施落实不到位。公司高度重视安全生产工作，并为确保安全生产稳定局面做了大量工作，但对下属单位具体落实安全生产措施监督检查不力，公司各项安全生产规章制度层层衰减、节流，基层单位违章指挥、违章作业、违反劳动纪律的“三违”现象十分突出，关爱生命高度重视安全生产的文化理念尚未深入人心，对下属单位安全机构不健全，安全生产责任制和措施不落实失察。

3. 防范措施

（1）高度重视农电安全，认真研究农电生产安全存在的问题。要进一步深刻剖析事故原因，举一反三，彻底解决领导层对安全生产的认识问题，特别是在推进社会主义新农村建设，加快实施农村“户户通电”工程时，农电生产过程中的安全问题尤为突出，必须结合当前安全生产工作实际，研究制定相应的应对措施，加强农电生产安全工作。

（2）深入开展安全生产检查，做好隐患排查、整治工作。要在开展专项检查整顿的基础上，继续以防止人身触电事故为重点，按照“五查一落实”的要求，加强农电安全检查、整改工作。要有针对性地排查各种安全隐患，对本次事故暴露出的不严格执行工作票制度、工作监护制度、安全措施不完善、监管不到位等问题，要举一反三，采取严格措施，强化各项制度执行。要继续深入开展“反六不”（不办工作票、作业前不交底、现场不监护、作业不停电、不验电、不装设接地线）斗争，落实农电检修、施工现场“三防十要”反事故措施，加强现场安全风险控制。限期整治各种安全隐患，从严处罚现场各种违章行为。

（3）落实职责，规范管理。加强农电安全生产保证体系和监督体系建设。结合农电安全管理现状，理顺农电安全管理体系，分解落实各级职能管理部门的农电安全管理责任，做到管理界面清晰，管理责任落实到位。健全安全监督管理机构，加强各级安全监督队伍建设，配备相应的专职安全监督管理人员，加强安监人员培训，加强农电生产现场安全监督。

（4）全面推行农电现场标准化作业。将农村中低压配网工作纳入标准化作业管理，规范工作流程和工作标准，以农村供电所开展现场标准化作业为重点，坚持“安全可靠、简便易行、实用有效”的原则，突出现场安全管理流程的控制，突出作业中危险点分析与控制。认真执行作业现场勘查制度、安全施工措施编审制度，严格履行审批或会审手续，落实审批责任，加强执行过程中的监管，确保农电安全管理规章制度、标准、措施和要求落实到位，尤其要加强“户户通电”工程施工现场的监督检查，确保现场危险作业可控、能控、在控。

（5）提高农电员工队伍安全素质。认真组织开展班前班后会、安全活动等日常安全生产工作，结合典型事故案例教育，吸取事故教训，提高职工安全意识。加强规程、规范学习，规范农村供电所正确使用工作票，提高农电从业人员自觉遵章守纪的自觉性。采用脱产培训与岗位练兵相结合的方式，加强农电从业人员的技能培训，尤其要注重通过作业指导书和安全措施交底等例行工作，加强对农电从业人员的培训，提高农电从业人员的专业技能和安全素质。坚持定期对农电系统“三种人”（工作票签发人、工作负责人、工作许可人）进行考试，不合格者取消聘用资格。

（6）加强工程承包队伍及临时用工安全管理。按照有关管理规定的要求，严格按程序引进工程承包队伍，严格审查承包队伍资质和承包队伍的业绩，签订发承包合同及安全协议，明确安全责任和义务，加强作业过程监督检查，严防“以包代管”、“以罚代管”。加强临时工安全管理，生产、施工需要使用临时工，必须履行相应批准程序，签订正式用工合同。

（7）深入开展“爱心活动”、实施“平安工程”，促进安全文化建设。立足安全生产和各方面工作的实际，突出“保护人的生命、杜绝责任事故”主题，突出活动的针对性、有效性，把工作的重心放到基层、车间、班组和现场，开展“争做无违章个人、创建无违章供电所（班组）”活动，发挥示范、引领作用，营造和谐安全氛围，促进安全生产，培育“平安文化”。

案例8：杆上进行电缆工作中，换位时失去保护，从6m高处坠落造成人身重伤

1. 事故简况

某市道路迁建，将10kV一线#24～#43、八线#18～#36（同杆共架）架空线路落地

改电缆，新投运开关站1台，电缆分支箱3台。该项工作电缆公司的负责人是主任工程师景××。电缆公司安排电缆运行七班梁××担任第一小组负责人，小组成员分别是白××、刘××（男，35岁，复员军人）、该项工作负责人常×现场又临时指定寇××作为#18杆塔作业的专责监护人。该小组当天工作任务为：10kV一线#24杆和八线#18杆（同杆共架）两根电缆终端杆户外头吊装、搭接引线。当时杆上作业人员为刘××、梁××，现场监护人寇××。11时25分，当杆上东侧10kV一线电缆吊装工作结束后，刘××下至电杆东侧第二层爬梯解开腰绳，在转向西侧八线准备固定10kV八线上层第一级电缆抱箍时，由于换位转移过程中，脚未踩稳、手未抓牢，从距地面约6m高处坠落，造成人身重伤事故。

2. 事故原因及暴露问题

（1）工程管理的主管单位未审批施工单位的安全措施和施工方案，重视程度不够，组织协调不力，对现场作业的复杂性和危险性认识不足；对特殊杆塔高空作业的危险性没有提出有针对性的防范措施。

（2）安全管理部门仅对主网作业明确了必须使用双保险安全带的要求，没有对配网高空作业必须使用双保险安全带提出明确的要求；虽在计划中列入购买双保险安全带的费用，但没有督促相关部门尽快购置，安全监督不到位。

（3）电缆公司在内部管理上存在的问题：电缆公司在安排当天有5个电缆班参加当天的工作，而指派该公司七班的一名工作负责人作为当天工作的总负责人，安排工作考虑不周到，工作安排不细，对现场到位管理人员分工不明确，整个现场工作点很多，没有落实到位人员的安全责任，对特殊杆塔高空作业未采取有效的安全措施，安全责任不落实，导致作业人员在杆塔上违章作业；现场的安全纠察员没有尽到纠察队员的职责。

3. 防范措施

（1）立即召开事故现场会分析事故原因，吸取事故教训。

（2）进行全面开展整顿干部作风的活动。

（3）安监处负责制定高空作业的安全规定，明确35kV及以上杆塔登高作业、10kV及以下特殊杆塔有人员转位可能失去保护的情况下，必须使用带双保险的安全带。双保险安全带已配置到位，并明确在未验电和装设好接地线前，禁止在接近导线的地方悬挂后备绳和带电作业。

（4）加强培训工作，尤其是对电缆专业人员开展有针对性的高空作业技能培训。

（5）根据工作的复杂程度安排专责监护人，专责监护人不得从事其他工作（工作负责人，根据工作复杂程度随时安排）。

（6）多班组复杂的工作根据现场情况对每个小组都应该制定有针对性的危险点分析（如环境复杂，工作特殊等），以及相应的防范措施（工作负责人，根据工作复杂程度随时安排）。

（7）现场安全员要提高业务素质，能够及时发现和制止现场违章行为和工作过程中的不安全行为。

案例9：未采取保证安全的组织措施和技术措施，在安装高压计量箱工作中误触带电设备死亡

1. 事故简况

某供电公司市区分公司计量班副班长吴×根据客户计量设备装接单以及某房地产开发有限公司业务员吴××要求，安排李××（死者，工作负责人）、工作班成员彭×、司机熊××，驾驶车辆前往配电房安装计量表计及终端控制器。

8时40分左右，李××、彭×、熊××到达配电房，由于当时门已上锁，李××通过吴××告知的电话找到某房地产开发有限公司相关负责人邓××，邓××随即指派工作人员黄××（非电工）到达配电房为工作人员开门。开门后，李××等进入高压配电室来到计量柜前，并询问黄××设备有没有电时，黄××答："表都没装，怎么会有电!"，然后李××吩咐工作班成员熊××从车上将工器具及表计以及终端控制器等搬下车，工作班成员彭×蹲在旁边开始松表接线端子螺丝，李××本人则通过电话询问副班长吴×高压计量箱变比情况（因该计量箱有两挡变比，且已安装就位），吴×电话告知其该高压计量箱变比数据，然后李××一人走到高压计量柜前，打开计量柜门（门上无闭锁装置），蹲下将头伸进柜内（估计是查看柜内设备安装情况或互感器铭牌），高压计量箱带电部位当即对李××放电，李××触电后倒在地上。此时，正在背对着李××做相关准备工作的彭×以及正从车上向配电房搬东西的熊××见到李××触电倒地，立即拨打120急救中心电话（查询通话时间为9时15分）并向领导汇报，同时对李××实施人工呼吸。9时30分，120急救车到达现场，将李××送往医院抢救。经院抢救无效，于当日10时55分死亡。

2. 事故原因

（1）用户无视安全生产法律法规，擅自安装计量箱，是造成本次事故的主要原因。某房地产开发有限公司借供电公司度夏工程停Ⅱ线之机，违反《电力供应使用条例》，在不经供电部门同意的情况下，擅自将配电房内的进线转接柜更换为高压计量柜，并将高压计量箱安装接入计量柜中，且完成相应的电气连接，致使Ⅱ线工作完毕送电的同时高压计量柜、计量箱带电，并且未及时将已带电的高压配电装置安装强制性闭锁锁具，又无任何带电标示，留下事故重大隐患。

（2）工作负责人李××违章作业是造成本次事故的直接原因。工作中严重违反国家电网安监［2009］664号《国家电网公司电力安全工作规程》（变电部分）［以下简称为《安规》（变电部分）］第1.8条、第2.1.3条、第2.4.2条和第3.2.10.2条、第13.1条，作业前未结合具体工作进行危险点分析，未核对现场电气设备接线，未采取任何保证安全的组织措施和技术措施；在打开计量柜门时，能直接看到高压计量箱进出桩头已连接高压电缆（其中进线桩头并联两根电缆），在不验电、不戴安全帽的情况下，靠近计量箱进行工作，缺乏基本的自我保护意识。

（3）工作班成员安全意识淡薄是造成本次事故的重要原因。现场作业人员彭×（兼职安全员），违反《安规》（变电部分）第2.1.3条、第2.4.2条和第3.2.10.5条，没有了解工作中的危险点和安全措施，不关心工作安全，不监督《安规》（变电部分）的执行，未做到"三不伤害"（不伤害自已、不伤害他人、不被他人伤害）。

(4) 计量班班组管理不善是造成本次事故的次要原因之一。副班长吴×违反《安规》(线路部分)第 1.8 条、《安规》(变电部分)第 1.2.4 条，在下达工作任务时，对注意事项、安全措施和技术交底交代不清，仅发给工作负责人《客户计量设备装接单》即派出工作。校验好的高压计量箱送达客户现场（配电房）后，在无计量柜不能安装的情况下，没有及时运回，而是丢置在用户配电房，长达两个月无人问津。

(5) 配电房管理存在问题是造成本次事故的次要原因之一。某房地产开发有限公司对配电房管理不善。一是配电房管理人员不具备必要的电气知识，不了解现场电气设备接线，在工作人员询问配电装置是否带电时，却回答“表都没装，怎么会有电!”，是误导死者李××直接进入实际上已带电的高压计量柜的重要因素；二是未及时将已带电的高压配电装置安装强制性闭锁锁具，以防止进入该配电房的人员误入带电间隔，违反了 GB 50060—1992《3～110kV 高压配电装置设计规范》第 2.0.4 条；三是违反《中华人民共和国安全生产法》第八十三条第四款的要求，在有较大危险因素的生产经营场所和有关设施、设备上未设置明显警告标志。

(6) 业扩验收管理不到位给事故的发生留下了较大隐患。市区分公司项目承办人在业扩流程中未履行相应的职责，整个工程过程未到现场进行过中间验收，在无竣工报告、施工单位资质等任何施工资料的情况下，借组织其他工程验收的机会对该工程验收，组织验收工作时验收范围不全、把关不严、走过场。

(7) 业扩报装、设计审查、施工、验收、送电等各环节相互脱节，流程紊乱，随意性大，给事故的发生留下了诸多隐患。

3. 暴露问题

(1) 作业人员习惯性违章。作业前，不勘察作业现场，不了解现场设备接线，不进行危险点分析，作业前不进行现场安全交底；在用户新建电气设备上工作凭经验进行，不采取保证安全的技术措施，作业现场不正确佩戴安全帽。

(2) 业扩工作流程管理混乱，存在主多混岗作业。

1) 配电工程公司在设计图未经审查的情况下进行了电缆敷设（未签订协议、合同，仅为口头委托），敷设过程中变更了设计方案，并结合度夏工程施工线路停电的机会将该用户工程接入系统，在未验收、无送电通知单的情况下，得到生产技术部等相关人员口头认可将该工程送电。

2) 市区分公司计量班班组管理混乱。计量班接到安装计量箱的工作任务后，未跟踪服务，将计量箱安装工作完成，而将计量箱安装就位连接，这样的本职工作简化为仅仅挂一块电能表。同时，计量班没有遵守计量技术监督的相关要求，将计量箱送交计量检测中心检验，仅仅自行对计量箱进行了耐压试验。将试验后的高压计量箱送到客户现场（配电房）后，在无计量柜不能安装的情况下，高压计量箱处于长达两个月无人管理的状态。事后由计量检测中心现场检验的计量箱与台账显示配给该用户的计量箱不符，经查为送错了计量箱。说明班组管理混乱，工作人员缺乏起码的工作责任心。

3) 市区分公司项目承办人工作职责不到位，参与验收的人员职责不到位。项目承办人在整个工程过程中未到现场进行过中间验收。送电之后，用户才提交试验报告，项目承办人在无竣工报告、施工单位资质等任何施工资料的情况下，借组织其他用户项目验收的机会，对该工程组织了验收，参与验收的人员未能发现专用变压器配电房现场与设计不符的两个重要环节：一是设计为3台配电变压器分别经3条电缆接入Ⅱ线高压电缆分支箱的方案改为两回接入；二是设计为计量柜的位置放置的是进线转接柜。同时，也未能发现现场不满足安全的一些因素：如缺强制性闭锁、带电显示装置、绝缘垫等。

4）签出验收工作单较随意。参与验收人员在未到现场核实施工整改情况、未审查工程资料的情况下，签出2台800kVA公用变压器的验收单。

5）市区分公司业扩勘察专职在200kVA专用变压器无验收单的情况下，开出计量装置工作单并进行配表作业，未正确履行其职能。

6）电力营销部作为业扩业务的归口管理部门，未履行相应管理职能。

7）生产技术部在接入系统审批流程完毕后，对方案进行了部分变更：将2台800kVA公用变压器配电房改为2台箱式变压器；作为技术与电网设备管理部门，在工程接入系统及送电过程中未正确履行相应的管理职能。

(3) 安全监察部监察不到位。在安全管理上有“重生产、轻营销”的思想，对营销口员工的安全教育培训不够，缺乏对营销单位的安全监察，对业扩过程没有进行安全监管，存在安全管理的死角。

(4) 市区分公司安全管理松懈，长期以来疏于安全管理和安全学习，近两年分别只有一次安全学习记录。相关班组规章制度不健全、不落实，班组没有工作职责或规范，缺乏相关工作规程、制度。缺乏对员工的安全意识培养以及对规程规定的培训学习，员工安全意识淡薄。

六、违反《安规》规定，违章指挥、违章作业

案例1：违章指挥，让作业人员登带电电杆触电身亡

1. 事故简况

某供电局一条10kV配电线路（专用线与××线同杆架设），被社员伐树时树倒落在#30～#31杆间导线上，线路跳闸停电。供电局立即派人抢修，××线抢修后送电，专用线在#12杆柱上油开关断开情况下，仍在进行作业，当抢修工作全部完成后，人员乘车到#12杆，工作负责人和工人齐××下车，齐××合上#12杆油开关，此时，工作负责人又想起油开关端子也应检查一下，随即令齐××登杆，这时，车上人员发现就问工作负责人：“油开关已合上，怎么又上杆呢?”，工作负责人答：“我让他看一下螺丝”。齐××在登杆过程中误触带电的油开关引线感电，从杆上摔下身亡。

2. 事故原因及暴露问题

(1) 工作负责人违反《安规》（线路部分）第2.7.1条“接地线拆除后，应即认为线路带电，不准许任何人再登杆进行工作”的规定。已经令齐合上了#12杆的油开关，线路已带电，又令齐××再次登杆触电，纯属违章指挥是发生事故的直接原因。

(2) 工作人员齐××违反《安规》（线路部分）第2.3.11.5条“严格遵守安全规章制度、技术规程和劳动纪律，对自己在工作中的行为负责，互相关心工作安全，并监督本规

程的执行和现场安全措施的实施”，以及第 1.5 条“各类作业人员有权拒绝违章指挥和强令冒险作业”的规定，对于工作负责人违章指挥盲目服从，不能以安规为依据，抵制错误的命令，自身缺乏自我保护能力，是发生事故的主要原因。

从此事故中，可以看到大多数人能发现违反《安规》（线路部分）现象和行为，并能提出异议，但都不够坚决。

3. 防范措施

（1）在停电作业中，凡是已完成作业任务，地线已拆除，报了竣工的或未报竣工的，特别是作业班自己操作送电的，都必须严格执行《安规》（线路部分）规定，要想再登杆必须重新履行工作许可手续，做好保证工作安全的各项技术措施。否则，绝对不准自作主张或以任何理由再进行登杆作业。

（2）作业中，凡发现（不论任何人）有违反《安规》（线路部分）行为时，任何工作人员都有权进行抵制，特别是危及人身安全的可以拒绝执行，并及时向上级有关领导和部门反映。

（3）工作人员作业中，必须做到相互关心安全，并且随时相互提醒，应该怎样安全工作。

案例 2：违章指挥，明知变压器台上有六人还送电，造成一人误触电身亡

1. 事故简况

某供电局线路班，在 10kV 干线#34 变压器台上工作，更换变压器台大梁，停电挂地线后开始工作，作业过程中发现大梁上少钻一个孔，工作负责人告诉大家：“站远点，我要送电”，送电后工作负责人在汽车上忙于钻孔，此时，变压器台上有六人，有的坐着，有的站着，工人浦××误碰带电的避雷器端子感电，从台上摔下，经抢救无效死亡。

2. 事故原因及暴露问题

（1）工作负责人违反《安规》（线路部分）第 2.7.1 条“接地线拆除后，应即认为线路带电，不准许任何人再登杆进行工作”的规定。明知台面上有六个人还送电，同时，工作负责人违反《安规》（线路部分）第 2.5.1 条“工作负责人、专责监护人应始终在工作现场，对工作班人员的安全进行认真监护，及时纠正不安全的行为”，以及第 2.5.2 条“工作票签发人或工作负责人对有触电危险、施工复杂容易发生事故的工作，应增设专责监护人和确定被监护的人员。专责监护人不准兼做其他工作”等规定。送电后台面上有人，监护人不进行监护，忙于在车上钻孔，是发生事故的直接原因。

（2）工作人员对工作负责人违章送电指令，无一人提出异议，都未能依据《安规》（线路部分）条款来保护自己的生命安全，是发生事故的主要原因。

从这起事故，看到很多作业人员对《安规》（线路部分）学、用不能很好的结合。

3. 防范措施

（1）利用停电后的变压器做工作电源，必须严格执行《安规》（线路部分）停、送电的有关规定，而且送电后的变压器台上不准有人。即送电前人员必须下台。再次停电还必

须履行验电、挂地线的规定。

（2）对有触电危险、工作较复杂的作业，必须设专人监护，监护人不准做其他工作，监护人应明确监护范围、监护对象。

（3）作业中凡发现有作业人员危及人身和设备安全的行为，应立即制止，这是规程赋予的权力，也是保护自己，保护他人的有力武器。

案例3：用汽车当临时拉绳地锚，车动杆倒三人死亡

1. 事故简况

某电气安装公司电气承装队，承建一条10kV线路，队长布置班长常×安装#18杆（等径300mm、15m高）的横担任务。常×安排孟××等四人登杆作业，登杆后孟××喊："杆子晃动厉害，赶快打拉线"，副班长申××问质安员张××怎么打这个拉线，张××说往小树上拴。申××说不行，角度不对。孟××说把汽车调过来往汽车上打。于是，常×、申××把汽车调过来，用一新拉绳，上端由杆上人员绑到杆的头部，下端由常×、申××等人绑到汽车尾部小横梁上。过了1小时左右，常×告诉正在车上卸绝缘子的杨××下车去拉料，杨××、常×先后进入驾驶室，常×告诉司机陈××开车，陈××起车2m左右，由于拉绳未解开，将电杆从地面处拉断倒下，杆上作业孟××、安××、田×等三人摔死，唐××重伤。

2. 事故原因及暴露问题

（1）违反《安规》（线路部分）第6.2.1条"新立杆塔在杆基未完全牢固或做好临时拉线前，禁止攀登"的规定。15m高的等径电杆，作业人员登杆后，晃动厉害，说明杆基不牢固，特别是等径电杆，其危险性就更大了，虽然采取了补救措施，要打临时拉线，又违反《安规》第6.3.10条"临时拉线不准固定在有可能移动或其他不可靠的物体上"的规定。把拉绳绑在汽车上，当汽车启动时，杆被拉倒，是发生事故的直接原因。

（2）工作负责人违章指挥，当把临时拉绳绑在汽车上后，既不派专人看守，又不告诫司机"汽车不准动"。同时，还令汽车去拉料，是发生事故的主要原因。

（3）这样大型作业事前没有制定现场安全措施，布置任务时，也未详细交待安全注意事项，现场安全秩序混乱，是发生事故的重要原因。

事故暴露出大型停电作业事先不能很好安排、准备，没有制定结合实际现场情况的安全措施，是非常容易发生事故的。

3. 防范措施

（1）凡是大型、较复杂的作业，事前要认真进行现场摸底，按照《安规》（线路部分）各项规定，结合现场实际情况，制定出必要的现场安全技术组织措施，交参加人员学习、讨论，人人都能通过学习讨论确切地掌握任务内容、安全措施、工作方法以及人员分工、责任划分等。

（2）新立电杆必须在杆基牢固后，方准登杆作业，特别是等径电杆，其稳定性差，更应注意，在没有确切的把握之前，绝不能登杆。

（3）凡需要打临时拉线或拉绳的，都说明杆塔稳定性不好，为预防发生倒杆塔，必须

采取安全补救措施，所以其临时拉线或拉绳的地锚，必须打在坚固、可靠的物体上，绝对不允许打在汽车上以及可移动的物体上。

案例 4：架线方式不对将杆拉倒，杆上人员摔下构成重伤

1. 事故简况

某供电所线路班，在 10kV 线路更换导线工作（M－35 换为 LJ－185）施工中，工人朱××未按规定方法挂线，将 LJ－185 导线从滑车中拿出放在铁横担上，在拽线过程中，导线严重卡伤，鼓起灯笼卡在横担上，将杆拽倒，杆上工作的朱××等工人随杆倒下砸成重伤。

2. 事故原因及暴露问题

（1）作业人员朱××违反《架空配电线路安装检修规程》（以下简称《配电检修规程》）第 6.14 条“导线截面在 $50mm^2$ 以上、距离在 5 挡以上，进行换线和紧线时，应使用滑车……。不得将导线直接放在绝缘子和横担上拖引”，以及《安规》（线路部分）第 6.4.3 条“放线、紧线前，应检查导线有无障碍物挂住，……放线、紧线时，应检查接线管或接线头以及过滑轮、横担、树枝、房屋等处有无卡住现象”等规定。将大导线从滑车中拿出来，直接放到铁横担上，导致导线卡伤起灯笼卡住，将杆拽倒，是发生事故的直接原因。

（2）工作负责人作业前未认真强调放线、紧线方法，以及有关施工的安全注意事项，拽线前也没认真检查导线放置方法对否就拽线，是发生事故的主要原因。

从这起事故可看到部分青年工人对《配电检修规程》不熟悉、不掌握。

3. 防范措施

（1）参加作业人员要加强技术业务学习，尽快掌握有关规程的规定，提高业务水平、工作能力。

（2）工作负责人在布置任务时，必须详细讲明工作内容，工作方法以及工作中应注意的安全问题和技术问题，让每个作业人员都清楚这项工作怎么干。

（3）工作中，工作负责人必须勤检查，发现问题要及时纠正，避免酿成重大事故。

（4）作业人员要相互提醒有关安全、工作方法等注意事项。

七、带电作业中的人身事故

案例 1：代培人员直接参加带电作业，绝缘三角板晃动，触电致死

1. 事故简况

某供电公司带电班在某 10kV 分岐线上更换耐张绝缘子，用绝缘三角板等电位进行。杆上三人，由尚在代培的人员甲等电位操作（身穿×厂生产的全新屏蔽服），乙担任杆上辅助电工，丙任杆上监护人。在组装好三角板后，甲进入电位，并已组装好收紧导线用的卡具和绝缘滑车组。与此同时，辅助电工乙用绝缘薄膜覆盖了与导线较近的接地部分。当

甲准备取出绝缘子弹簧销子时，由于三角板晃动，致使甲的右手不慎碰到未遮盖的靠横担侧绝缘子铁帽，右胸碰触导线侧绝缘子与耐张线夹连接的螺栓，造成电流经胸部—右手接地，（事后，查阅变电所的接地记录：计接地两次，每一次为 2s；间隔 2s 后，第二次接地为 7s）脱离电源后，掉在三角板上，抢救无效死亡。经检查死亡者所穿屏蔽服的胸口处，由于导线与绝缘子连接螺栓放电烧了几个洞，洞径为 16mm，与螺栓直径完全相符。

2. 事故原因及暴露问题

（1）根据《安规》（线路部分）第 10.1.4 条规定“参加带电作业的人员，应经专门培训，并经考试合格取得资格、单位书面批准后，方能参加相应的作业。”而代培人员正处于培训阶段，缺乏在实际设备上进行带电作业的经验，无权直接参加带电作业，在作业中遇有紧急情况将不知如何处理，因而在绝缘三角板固定不牢发生晃动和应该遮盖的部分遮盖不严时，右手不慎触及未遮盖的绝缘子铁帽，是发生事故的主要原因。

（2）杆上监护人对绝缘三角板固定不牢和应遮盖的部分遮盖不严，没有进行认真检查和及时采取补救措施，是发生事故的直接原因。

3. 防范措施

（1）代培人员，必须在模拟杆塔上经过严格的培训与训练，考试合格后，才能参加带电作业，否则，不应进行等电位作业，特别是在配电线路上进行带电作业，更应引起高度重视。

（2）带电作业时使用的工具必须组装牢固，特别是承力工具和等电位作业工具。因此，组装后，应经监护人严格检查，确认可靠后，方能正式开始工作。

（3）绝缘遮盖要严密，遮盖一部分不遮盖另一部分，仍有可能接地。

案例 2：作业中监护人没有全过程进行监护，作业人员触电致伤

1. 事故简况

某供电局所辖供电所低压班在某 10kV 线路 #9 直线杆（三角布线）更换中相绝缘子。由甲穿全套屏蔽服操作（但未戴屏蔽手套）。

甲在工作完毕后，站在横担上，使用右手拟取下挂在中相导线上的无极绳圈的滑车，由于左手扶水泥杆放电，经右手—屏蔽服—左手接地（事故后测量电容电流为 12A），由于甲的屏蔽服使用较久，铜丝断股较多，以致在接地瞬间，分流的电容电流流经人体。甲当即昏迷，头和手往后仰，两脚朝天倒挂在横担上。工作负责人认为甲的作业已完，只是在撤下作业工具，当他听到接地的放电响声，抬头一看，才知道出了事故，便大声喊甲的名字，在未听到回答之后，立即抓住未拆下的绝缘无极绳，双脚沿杆往上爬，当爬上一段距离后，甲已苏醒，并制止负责人继续攀登，然后站起来。拆除工具下杆。经检查，甲的右手大拇指烧伤了 2mm、1.5mm 深的小洞，四个手指被电弧烧伤。

2. 事故原因及暴露问题

（1）工作负责人没有遵守《安规》（线路部分）第 2.5.1 条“工作负责人、专责监护人应始终在工作现场，对工作班人员的安全进行认真监护，及时纠正不安全的行为”的规

定，对现场作业人员没有进行全过程的监护。当作业人员完成更换中相绝缘子任务后，即认为监护任务已完成。因而作业人员在失去监护的情况下，撤除作业工具时，误触带电部分致伤，是发生事故的主要原因。

（2）作业人员未按《安规》（线路部分）第 10.3.2 条规定的“等电位作业人员应在衣服外面穿合格的全套屏蔽服（包括帽、衣裤、手套、袜和鞋），且各部分应连接良好”去认真执行，虽然穿着屏蔽服，但未戴屏蔽手套，致使电容电流经右手—屏蔽服—左手接地，是发生事故的直接原因。

3. 防范措施

（1）严肃认真的执行工作监护制度。

（2）监护人在带电作业过程中对作业人员的生命安全负有重要责任。监护人对现场作业指挥是否得当，直接关系到作业人员和设备安全，稍有疏漏，一旦对作业人员失去监护就会造成设备事故和人身伤亡。在执行工作监护制度中，应特别强调对作业全过程和全方位的强化监护。全过程监护就是从作业人员登上杆塔的第一步起，到作业完毕下杆到地面为止。全方位监护就是对作业人员在作业过程中的一举一动都不能失去监护。如作业人员的每一项操作是否正确；是否保持足够的安全距离；在复杂或高杆塔作业是否增派了专责监护人；监护人的监护范围是否超过了一个作业点等。监护人对作业人员的每一个细小的违反规程的动作以及每一个习惯性违章行为都要敢管、敢制止，决不能放任自流，否则就是严重失职。监护人在进行监护过程中，还应以身作则，严于律己，决不干与监护工作无关的任何事情，决不擅离职守。

（3）严肃对待等电位作业人员穿着屏蔽服。

（4）等电位作业人员是否穿着全套、合格的屏蔽服，而且连接的是否良好，直接关系到作业人员的生命安全，因此必须严肃对待，认真遵守屏蔽服在使用前进行外观检查，无明显损伤，无严重断丝现象，整套屏蔽服任意两点间的直流电阻不大于 20Ω，对满足不了上述规定的屏蔽服拒绝穿用。在穿着全套合格的屏蔽服时，穿着人员首先应对各部连接情况进行自我检查，之后还应通过工作负责人的认真检查，发现不合格部位马上进行处理，直到满足要求后方能允许作业人员进行带电作业。

案例 3：监护人作业中指挥不当，造成作业人员触电死亡

1. 事故简况

某供电公司带电班在某 10kV 线路#19 杆上更换直线绝缘子（三角布线、水泥杆、铁横担）。其工作方法是：在杆塔上竖立扒杆，扒杆上悬挂绝缘滑车。等电位电工甲解掉导线与绝缘子上的绑线后，用滑车将导线吊起，再更换绝缘子。

当完成右边相绝缘子更换任务后，杆上辅助人员将扒杆转向左边相进行组装。等电位人员甲将绝缘梯转向左边相，在进入电场并解除导线与绝缘子上的绑线后，工作负责人才发现扒杆上滑车吊钩还在横担上而未挂在导线上，便命令等电位电工甲去取。等电位电工甲左手抓导线，右手去取还在横担上的滑车吊钩，以致触电死亡。

2. 事故原因及暴露问题

(1) 当工作负责人在作业中发现扒杆上滑车吊钩还在横担上而未挂在导线上时，未能"正确的发布操作命令"，错误的指挥等电位电工甲去取，严重地违反了"等电位作业人员所需的工具、器材必须使用绝缘工具和绝缘绳索传递"的规定。等电位电工甲在左手抓导线，右手去取还在横担上的滑车吊钩，触电致死，是发生事故的主要原因。

(2) 当等电位作业人员接到工作负责人的错误操作指令后，没有根据"带电作业人员对任何违反本规程的命令不得执行，应向发令人指出错误所在，并向发令人的上级领导人报告"的规定执行。反而照样去执行，这除了说明工作负责人对带电作业中的操作指挥错误外，也说明了作业人员本身技术水平低，素质肤浅，是发生事故的重要原因。

事故后检查死者所穿的屏蔽服铜丝断股严重，电阻为无穷大，也是发生事故的直接原因。如果屏蔽服完好无损，在中性点不接地的10kV系统，其电容电流经屏蔽服分流后，流经人体的电流，可能不致造成作业者死亡。

3. 防范措施

在作业过程中工作负责人指挥错误，等电位作业人员照样去执行，这说明了工作负责人严重失职，作业人员技术水平低、素质肤浅，为防止类似事故的重演，要做到以下几点：

(1) 工作负责人不仅是完成任务的组织者，而且是人身和设备完全的监督者，责任重大。因此，工作负责人必须有较高的理论水平和丰富的带电作业实践经验。每项作业前，应根据《标准化作业指导书》，组织全体参加作业的人员，进行认真的讨论研究，明确严格的操作步骤，并按步就班的一项接着一项进行，不允许跳项或漏项。

(2) 要求作业人员必须具有一定的带电作业基础知识，熟悉带电作业有关规程制度和操作导则，并能对工作负责人所下的操作命令是否正确，进行认真思考和判断，一旦发现指挥错误，应提出异议，并拒绝执行，还要向发令人指出错误所在，并向发令人的上级报告。

(3) 作业人员未按《安规》(线路部分) 第10.3.2条规定的"等电位作业人员应在衣服外面穿合格的全套屏蔽服(包括帽、衣裤、手套、袜和鞋)，且各部分应连接良好"去认真执行。等电位作业人员是否穿着全套、合格的屏蔽服，而且连接的是否良好，直接关系到作业人员的生命安全，因此必须严肃对待。认真遵守屏蔽服在使用前进行外观检查，无明显损伤，无严重断丝现象；整套屏蔽服任意两点间的直流电阻不大于20Ω。对满足不了上述规定的屏蔽服拒绝穿用。作业人员虽然穿着屏蔽服，但所穿的屏蔽服铜丝断股严重，电阻为无穷大，致使电容电流经左手—屏蔽服—右手接地，是发生事故的直接原因。

案例4：监护人下含义不清的指令，作业人员理解错误，触电致残

1. 事故简况

某供电公司带电班在10kV线路直线杆上，使用绝缘操作杆将3只避雷器引流线与高压导线接通，当3只避雷器的引流线接通后，工作负责人见引流线不整齐，便叫杆上人员整理一下(意思用绝缘杆整理)。作业人员误认为叫他用手直接整理，便用手抓住避雷器

引流线，想去整理一下，造成触电后截肢。

2. 事故原因及暴露问题

(1) 避雷器的引流线接通后，工作负责人看到引流线连接得不整齐，没有正确地发布操作令，却下达了一个含糊其辞极易让人理解错误的操作命令：“整理一下”已经连接好的避雷器引流线。作业人员误认为“工作负责人让他用手直接去整理”，是发生事故的主要原因。

(2) 作业人员没有准确理解工作负责人所下的操作指令“整理一下”的含义，也没有当即提出异议，就用手直接去整理已经带电的避雷器引流线，是发生事故的重要原因。

3. 防范措施

(1) 工作负责人应根据“安全责任”除正确安全组织工作，对工作人员进行全过程的监护外，还应正确的发布每一个操作命令，所下达的操作命令应简明扼要、具体明确，决不可含糊其辞，模棱两可。

(2) 作业人员除应掌握一定带电作业基础知识和实际操作经验外，在作业过程中还应保持头脑清醒，能正确理解工作负责人所发出的命令，迅速辩明工作负责人所发出的命令是否正确无误，不得盲从。当有疑问时，应及时提出来，弄清楚后，再去执行，否则，后果不堪设想。

案例5：监护人擅离职守，停止对作业人员的监护去做其他工作，自身触电致残

1. 事故简况

某电业局带电班到10kV线路64号用户自维变压器台，处理T型横担左相针式绝缘子（被雷击碎）。

14时带电班班长刘××（填写了第二种工作票）带领金××、张××两人前往现场进行带电处理。刘在杆下监护，金、张两人上杆后，在杆上断开右边线和左边线绝缘子上的引线、更换左边线绝缘子。16时20分刘脱离了对金××、张××的监护，擅自登上变压器台（忘记B相带电），用右手抓住母线横担斜拉带，右脚踏在变台横梁端部15cm处，左脚悬空，面向变台外侧，左手握住中相跌落式保险管调整试合，发生触电，从3.7m高的变台上跌落地面。因左手严重烧伤，左臂从关节上部截肢致残。

2. 事故原因及暴露问题

工作负责人严重违反《安规》（线路部分）第2.5.1条规定的“工作负责人、专责监护人应始终在工作现场，对工作班人员的安全进行认真监护，及时纠正不安全的行为”，以及《安规》（线路部分）第10.1.5条规定的“带电作业应设专责监护人。监护人不准直接操作”的规定。擅离职守，登上变压器台，对带电的B相跌落式保险管调整试合，发生触电，是发生事故的唯一原因。

3. 防范措施

(1) 不论对谁都应坚持不懈的进行安全思想教育。发生本次事故的直接责任者是从事

带电作业多年的带电作业班班长。由于本人的安全思想不牢固，对这样简单的常规带电作业项目，在思想上没有引起足够的重视，特别是当作业进行到更换绝缘子阶段，从思想上产生了不会有什么异常情况发生，便擅离职守，脱离了对作业人员的监护。并且在骄傲自满情绪的支配下，认为我是班长，干活不会出事，便没有与其他作业人员打招呼，私自登上变压器台，直至发生触电事故。所有这些清楚地表明：不论对有多年实际经验的带电班班长，还是对有丰富带电操作经验的实际操作者，都应进行坚持不懈的安全思想教育，督促他们树立起牢固的“安全第一”的思想，以达到防患于未然。

(2) 工作负责人应严肃认真的带头执行好与带电作业有关的规程制度和导则等，要严于律己，以身作则，决不能口头上一样，而实际行动另一样。

案例6：监护人未干过带电作业，对带电作业中一系列错误操作，无能力制止，作业人员触电死亡

1. 事故简况

某供电局所辖供电所在某10kV线路#9带电更换中相针式绝缘子，该杆系双层布线，双铁横担结构。上层为Ⅰ线下层为Ⅱ线。相间距离500mm。

作业方法是使用液压绝缘斗臂车等电位作业，由未干过带电作业的人员担任工作负责人。用液压绝缘斗臂车将等电位人员从下层II线中相和边相导线间送至上层I线中相和边相两相导线间，等电位人员穿屏蔽服，手戴针织铜丝手套（无连接筋）手套未与屏蔽服连成整体。等电位人员用绝缘扳手松开绝缘子螺帽，解开绑线，双手抬起导线后，用右手伸向绝缘子，准备取下更换，由于绝缘斗摆动，不慎碰及用绝缘垫毡遮盖不好而外露的铁横担，造成接地触电死亡。

2. 事故原因及暴露问题

(1) 作业人员穿着屏蔽服，戴针织铜丝手套并未与屏蔽服连成整体，违反了《安规》(线路部分）第10.3.2条规定的“等电位作业人员应在衣服外面穿合格的全套屏蔽服（包括帽、衣裤、手套、袜和鞋），且各部分应连接良好”；绝缘垫毡遮盖不好，铁横担外露；解开导线后为图省事、方便，用双手抬起导线等一系列错误操作，均是由于监护人未干过带电作业，不符合《安规》(线路部分）第10.1.4条规定“带电作业工作票签发人和工作负责人、专责监护人应由具有带电作业资格、带电作业实践经验的人员担任”的要求，无能力制止，是发生事故的主要原因。

(2) 对液压绝缘斗臂车未按《安规》(线路部分）第10.7.2条规定的“使用前在预定位置空斗试操作一次，确认液压传动、回转、升降、伸缩系统工作正常、操作灵活，制动装置可靠”，进行全面认真的和周密的检查，致使在作业中发生绝缘斗摆动，是发生事故的重要原因。

3. 防范措施

(1) 带电作业决不允许由不具备条件的人员担任工作负责人，他无能力制止作业中的错误操作和及早发现操作中的不安全动作。对工作负责人的选用必须严格遵守《安规》(线路部分）中各项有关规定，选择那些多年从事带电作业工作，有一定理论基础和丰富

实际经验，且有一定的组织能力和对异常情况及事故有处理能力的人员担任。

(2) 在更换绝缘子时，脱离绝缘子的导线必须用绝缘支杆撑或用绝缘滑车吊起后，才能更换绝缘子，绝对禁止用手提起导线来代替绝缘杆或绝缘滑车，并用另一只手去取绝缘子，这种作业方法是十分危险的，应严加禁止。

(3) 等电位作业人员在作业过程中，有可能触及的接地部分或地电位作业中有可能触及的带电部分，都应用绝缘物完全遮盖好，不准许有遮盖不严和局部外露部分，以免触电。

(4) 等电位作业人员，作业中必须严格执行《安规》(线路部分) 第10.3.2条的规定，不允许戴无连接筋的针织铜丝手套，因为这种手套纵向电阻大、是不符合带电作业要求的。

案例7：屏蔽服衣袖与屏蔽手套之间脱开，屏蔽服碰铁横担，人体分流触电

1. 事故简况

某供电局带电班在市区6.6kV线路耐张杆上接空载线路，采用水平硬梯穿屏蔽服等电位进行。在完成中相并将绝缘梯转向边相后，杆上另一名电工接通的中线跳线外形不整齐，要等电位人员整理，等电位人员，从水平硬梯侧身向中相整理跳线时，由于屏蔽服碰触铁横担造成接地，而屏蔽服衣袖与伸向跳线的手上所戴的屏蔽手套之间脱开，使人体分流触电，作业人员从硬梯上摔跌，幸系有安全带，事故未扩大，但手腕部被电弧烧伤。

2. 事故原因及暴露问题

(1) 等电位人员没有严格遵守《安规》(线路部分) 第10.3.2条规定的"等电位作业人员应在衣服外面穿合格全套屏蔽服，且各部分应连接良好"，虽然穿着全套屏蔽服，由于屏蔽服衣袖和手套之间未连接牢固，所以在作业中脱开，屏蔽服碰铁横担后发生人体分流触电，是发生事故的主要原因。

(2) 中相作业完成后，已将梯子转移到边相，这时才发现中相跳线外形不整齐，需要进行整理。此时，作业人员图省事，就方便，从边相绝缘梯上伸手去中相作业，这就无法保证《安规》(线路部分) 带电作业部分表10-1和表10-4"人身与带电体的安全距离10kV以下不小于0.4m"和"等电位作业人员对邻相导线的最小距离，10kV及以下不小于0.6m"的规定，所以发生了屏蔽服触碰横担造成接地，是发生事故的重要原因。

3. 防范措施

(1) 作业人员均未按规程制度要求穿着全套屏蔽服，工作负责人也未对作业人员穿着屏蔽服的情况进行全面认真的检查，为杜绝类似事故的重演，作业人员进行等电位作业前，穿着屏蔽服，必须认真做到以下几点：

1) 进行等电作业人员必须严格遵守《安规》(线路部分) 中规定的"必须穿着全套合格的屏蔽服(包括帽、衣裤、手套、袜和鞋)"，其通流容量要在(布样20mm宽、200mm长，熔断电流大于30A)，防火性能要好，帽、衣裤、手套、袜和鞋连接要可靠。

屏蔽服内还应套阻燃内衣，这样才能较好地保证作业人员的人身安全。

2）工作负责人对进行等电位作业人员穿着的屏蔽服必须按规定进行全面认真的检查，作业人员穿着是否合体，各部连接是否良好、牢固。发现异常情况时，必须及时进行处理，直到满足要求后，方能允许作业人员进行带电作业。

（2）由于配电线路相间距离狭窄，作业中不允许从这一相的绝缘梯子上伸手去另一相上进行作业，这样不仅容易造成接地，还有可能发生相间短路，是非常危险的。如作业中需要对另一相进行作业，必须将绝缘梯转移到另一相，决不允许图方便地在这一相上对另一相进行作业。

案例8：屏蔽服铜丝严重断裂，作业人员背部触碰铁横担上的铝绑线，人体接地触电

1. 事故简况

某电厂供电所在市区某10kV线路上进行分支线接引工作。由甲等电位操作（站在绝缘三角板上作业，穿断裂严重的铜丝屏蔽服），等电位后，背部不慎碰水泥杆铁横担放着的一根临时铝绑线，造成经人体接地。由于屏蔽服铜丝断股较多（事故后用1000V摇表测两衣袖之间电阻达500MΩ以上），接地电流经人体分流，致甲触电昏迷，杆上辅助电工用绝缘杆将铝绑线挑开后，才脱离电源。

2. 事故原因及暴露问题

（1）等电位作业人员未按《安规》（线路部分）第10.3.2条规定“等电位作业人员应在衣服外面穿合格的全套屏蔽服”，反而穿着铜丝断裂严重，衣袖之间的电阻达500MΩ以上的屏蔽服，等电位以后，背部不慎触碰水泥杆铁横担上临时放着的一根铝绑线，接地电流经人体分流，致触电者昏迷，是发生事故的主要原因。

（2）10kV配电线路杆塔上的空气间隙本来就狭窄，作业前等电位人员没有对作业现场进行认真检查，没发现铁横担上还临时放着一根铝绑线，在铝绑线突出横担的情况下，缩短了空气间隙，因而，作业中不慎触及铝绑线，是发生事故的重要原因。

3. 防范措施

（1）作业人员均未按规程制度要求穿着全套屏蔽服，工作负责人也未对作业人员穿着屏蔽服的情况进行全面认真的检查，为杜绝类似事故的重演，作业人员进行等电位作业前，穿着屏蔽服，必须认真做到以下几点：

1）进行等电作业人员必须严格遵守《安规》（线路部分）中规定的“必须穿着全套合格的屏蔽服（包括帽、衣裤、手套、袜和鞋）”，其通流容量要在（布样20mm宽、200mm长，熔断电流大于30A），防火性能要好，帽、衣裤、手套、袜和鞋连接要可靠。屏蔽服内还应套阻燃内衣，这样才能较好地保证作业人员的人身安全。

2）工作负责人对进行等电位作业人员穿着的屏蔽服必须按规定进行全面认真的检查，作业人员穿着是否合体，各部连接是否良好、牢固。发现异常情况时，必须及时进行处理，直到满足要求后，方能允许作业人员进行带电作业。

3）等电位作业人员是否穿着全套、合格的屏蔽服，而且连接的是否良好，直接关系

到作业人员的生命安全，因此必须严肃对待，认真遵守《安规》（线路部分）中规定的“屏蔽服在使用前进行外观检查，无明显损伤，无严重断丝现象；整套屏蔽服任意两点间的直流电阻不大于 20Ω”，对满足不了上述规定的屏蔽服拒绝穿用。

（2）由于配电线路杆塔上空气间隔较小，作业前，作业人员一定要对作业现场进行全面认真的检查和清理，如发现有以前作业中遗留的绑线、螺丝等，一定要在作业前清理或拆除，否则的话，由于铝绑线或螺丝突出横担，缩小了空气间隙，对保证带电作业的安全进行极为不利，应引以为戒。

案例 9：屏蔽服上衣未扣好，前胸裸露，作业中跌落式保险自然脱落，掉在胸部，触电死亡

1. 事故简况

某供电公司带电班采用液压绝缘斗臂车处理 10kV 配电变压器高压侧的跌落保险。等电位电工甲穿全套屏蔽服，由于天气炎热，衣服几颗扣子未扣上，使前胸裸露。站在液压绝缘斗臂车内由液压操作系统将其送至作业位置后，便用短接线短接待更换的跌落保险。其操作程序是：先接上接头再连接下接头。当甲完成短接线上端与高压引流线连接后，正在短接下端时，松弛的跌落保险自然脱落，恰好掉在甲裸露的胸部上，导致高压引流线—握接线的手—甲裸露的前胸—跌落保险形成通路，当即死亡。

2. 事故原因及暴露问题

（1）等电位电工虽然穿着全套屏蔽服，由于天气炎热，便忽略了《安规》（线路部分）第 10.3.2 条规定“等电位作业人员应在衣服外面穿合格的全套屏蔽服”的规定，不系衣服上的几颗扣子，使前胸裸露在外，屏蔽服失去了应有的作用。当松弛的跌落保险自然脱落时，恰好掉在裸露的前胸上，是发生事故的主要原因。

（2）更换跌落保险，没有使用专用工具，而且操作程序错误，才发生了接完上端与高压引线连接后，上端先有电，在接下端时松弛的跌落保险自然脱落，使前胸裸露的作业人员触电，是发生事故的重要原因。

3. 防范措施

（1）从上述这起事故案例中看出：作业人员未按规程制度要求穿着全套屏蔽服，工作负责人也未对作业人员穿着屏蔽服的情况进行全面认真的检查，为杜绝类似事故的重演，作业人员进行等电位作业前，穿着屏蔽服，必须认真做到以下几点：

1）进行等电作业人员必须严格遵守《安规》（线路部分）中规定的“必须穿着全套合格的屏蔽服（包括帽、衣裤、手套、袜和鞋）”，其通流容量要在（布样 20mm 宽、200mm 长，熔断电流大于 30A），防火性能要好，帽、衣裤、手套、袜和鞋连接要可靠。屏蔽服内还应套阻燃内衣，这样才能较好地保证作业人员的人身安全。

2）工作负责人对进行等电位作业人员穿着的屏蔽服必须按规定进行全面认真的检查，作业人员穿着是否合体，各部连接是否良好、牢固。发现异常情况时，必须及时进行处理，直到满足要求后，方能允许作业人员进行带电作业。

（2）短接跌落保险的短接线两端必须是具有绝缘手柄的带电线夹，在短接过程中，只

需持手柄将带电线夹在高压引流线两端拧紧即可。而且短接跌落保险的程序应该是先接下接头，后接上接头。

案例 10：用软梯作业引起相间短路，人员烧伤

1. 事故简况

某供电局带电班在 10kV 农村排灌线路的耐张杆上更换刀闸横担。其操作步骤是：先等电位断开带电引流线，再拆除刀闸，更换横担，最后用等电位法将引流线恢复。断开和搭接引流线均用绝缘软梯等电位进行。

在恢复中相引流线过程中，由于作业人员甲处于三角形布线的中相导线上，加上导线截面较小（LGJ－50），悬重后弧垂增大，且线间距离较小，当甲弯腰绑扎引流线时，造成中相与边相短路，作业人员被烧伤。

2. 事故原因及暴露问题

此次带电作业的绝缘软梯挂在导线截面仅为 $50mm^2$ 的钢芯铝绞线的线路上，严重地违反了《安规》（线路部分）第 10.3.8.1 条规定的“在连接挡距的导线上挂梯，其钢芯铝绞线的导线截面不得小于 $120mm^2$”。由于线间距离较小，当软梯悬重后更缩小了它们之间的距离，再加上弯腰绑扎引流线，造成中相和边相短路，是发生事故的唯一原因。

3. 防范措施

（1）配电线路导线截面较小，线间距离较窄，如采用软梯进行等电位作业，不但容易发生相间短路，还有可能因导线截面小造成断线事故。因此，配电线路一般情况下不宜悬挂软梯进行等电位作业。

（2）如带电作业特别需要，必须在配电线路上悬挂软梯进行等电位作业，应严格遵守《安规》（线路部分）第 10.3.8.1 条中“在连续挡距的导、地线上挂梯（或飞车）时，其导、地线的截面不准小于：钢芯铝绞线和铝合金绞线 $120mm^2$；钢绞线 $50mm^2$（等同 OPGW 光缆和配套的 LGJ－70/40 导线）”的规定。

（3）其实悬挂软梯（即悬重）后，是否能保证安全的进行作业，不但与导线截面有关，还与悬重前导线的应力，耐张段长度、挡数、代表挡距、悬重挡距以及悬重点的位置有关。因此，必须在作业前对有关数据进行验算，从而得出悬重后是否安全的结论。

案例 11：等电位人员站在固定不牢的绝缘三角板上，作业中发生倾斜，触电致死

1. 事故简况

某电业局所辖供电所带电班在 6kV #15 杆配电变压器上，进行搭接高压引流线工作，等电位人员甲左脚登在绝缘三角板上，右脚站在低压横担上，正在做接引的准备工作。此时，绝缘三角板倾斜，甲一惊，脚一滑，手一抬，手里所持引流线的绑线甩向中相导线，引起弧光。甲衣服着火，特别是贴身穿着的尼龙背心着火后，既烫又粘皮肤，使伤者烧伤面积达 40%，抢救无效死亡。

2. 事故原因及暴露问题

（1）作业中使用的绝缘用具—绝缘三角板，未执行“承力工具使用前应详细检查……，确认灵活可靠方能使用”的规定，在作业前未将其固定牢固，因而作业中发生倾斜，是发生事故的主要原因。

（2）作业人员没有严格遵守《安规》（线路部分）第10.3.2条中规定的“屏蔽服内还应穿阻燃内衣”。反而贴身穿着尼龙背心，着火后既烫又粘皮肤，使作业人员的烧伤面积达40%，是发生事故的重要原因。

3. 防范措施

（1）带电作业中所使用的绝缘用具必须组装牢固，特别是承力工具，在组装后应经监护人严格检查，确认牢固、可靠后，方可正式开始作业。

（2）等电位电工所穿的贴身内衣，应该是具有阻燃能力的纺织品，绝不能穿用化纤类和易燃纤维等缝织的内衣。否则，万一着火，很难熄灭，造成不幸。

案例12：接通空载线路未使用专用工具，造成作业人员人体串入电路

1. 事故简况

某电厂带电班在6kV线路上接通350m空载线路（其中架空线路250m，电缆线路100m），由甲用等电位方法进行。其施工方法是：先用单根#12铝线作临时短接，然后用并沟线夹将接通的空载线路与运行的带电线路连接。在接临时短接铝线时，不慎松脱，甲即串入电路。由于甲所穿屏蔽服铜丝断股严重，以致人身分流触电。甲头脑虽清醒，但无法自主脱离电源，在辅助电工协助下脱离电源，身体多处被电烧伤。

2. 事故原因及暴露问题

（1）接通或断开空载线路没有遵守《安规》（线路部分）第10.4.1.2条“带电断、接空载线路时，应采取消弧措施。消弧工具的断流能力应与被断、接的空载线路电压等级及电容电流相适应。”未使用保证接触良好可靠的专用工具，反而使用单根#12铝线作临时短接，在连接中不慎松脱，使作业人员人体串入电路，是发生事故的主要原因。

（2）用等电位方法接通或断开空载线路时，最可怕的是人体串入电路。因为人体一旦串入电路，人体就变成了通流导体。这时尽管作业人员穿合格的屏蔽服也是相当危险的，何况作业人员没遵守《安规》（线路部分）第10.3.2条的规定“等电位作业人员应在衣服外面穿合格的全套屏蔽服”，反而穿着铜丝严重断股的屏蔽服，是发生事故的重要原因。

3. 防范措施

（1）为确保断、接空载线路时的人身安全，接通或断开空载线路时，必须严格遵守安规规定的使用截面符合要求且两端装有带线夹和绝缘手柄的专用短接工具。接通时的操作顺序是：先用专用短接工具将需要接通的空载线路与运行的带电线路连接，再将空载线路与运行线路正式连接，最后拆除短接工具。断开时的操作顺序是：先用短接工具将需要断开的连接处两端接通，拆开连接点之后，再拆除短接工具。

（2）作业人员未按规程要求穿着全套屏蔽服，工作负责人也未对作业人员穿着屏蔽服

的情况进行全面认真的检查，为杜绝类似事故的重演，作业人员进行等电位作业前，穿着屏蔽服，必须认真做到以下几点：

1）进行等电作业人员必须严格遵守《安规》（线路部分）中规定的“必须穿着全套合格的屏蔽服（包括帽、衣裤、手套、袜和鞋）”，其通流容量要在（布样 20mm 宽、200mm 长，熔断电流大于 30A），防火性能要好，帽、衣裤、手套、袜和鞋连接要可靠。屏蔽服内还应穿着阻燃内衣，这样才能较好地保证作业人员的人身安全。

2）工作负责人对进行等电位作业人员穿着的屏蔽服必须按规定进行全面认真的检查，作业人员穿着是否合体，各部连接是否良好、牢固。发现异常情况时，必须及时进行处理，直到满足要求后，方能允许作业人员进行带电作业。

案例 13：作业中传递工具人员站的位置不正确，发生高、低压串电时，触电死亡

1. 事故简况

某电业局配电工区在某 6kV 线路#39 杆上进行分岐线接引工作。#39 杆是高、低压共杆，上层为 6kV 配电线，下层为已停电的 220V 低压线。当时在杆上作业的共 3 人，分工如下：甲蹲在低压横担上，用缠线器在带电的高压线上缠绕分岐线引流与主线的绑线；乙站在低压横担上观看缠绕绑线质量；丙站在较低的杆塔处传递工具，但其胸部夹在已停电的低压线中间。

作业过程中，乙因为没有站稳，身体一晃，使其一只手碰到带电的导线上，一只脚踩在下面的低压线上，导致低压线带电，丙因胸部夹在两根低压线中间，触电死亡。

2. 事故原因及暴露问题

传递工具人员没有严格遵守《带电作业技术导则》（以下简称《带电导则》）第 6.3 条“工（器）具传递”的各项规定，未站在地面上进行工具传递，反而站在杆塔较低处，并将前胸夹在已停电的两相低压线之间，由于乙触碰带电线路，脚踩到低压线，使丙的胸部触电致死，是发生事故的主要原因。

3. 防范措施

带电作业的工具传递必须认真遵守以下几点：

（1）带电作业工具传递一律使用绝缘无头绳。滑车及滑车绳套亦应是绝缘的。

（2）传递绳的安装应满足安全距离的要求，设备间距小、传递通道窄的地方，应采用地面设地锚滑车的无头绳（无极绳）方法传递。

（3）小型工具应装入工具袋内传递，尺寸较长的非绝缘部件，应用绑扎绳在无头绳上捆扎两点，沿无头绳方向传递

（4）较长的金属导线，应尽可能盘成体积较小的线盘或放在工具袋内传递。

（5）穿越多层有电线路传递不能折叠的金属导体，应增设 2－3 条控制其位置的绝缘拉绳，在专人指挥下传递。

（6）工具传递人员应站在地面上，而不允许站在杆塔上，更不允许将身体靠近其他线路上。

案例14：作业处安全距离不够，采取的绝缘隔离措施不可靠，作业中触及横担，接地感电致死

1. 事故简况

某电业局供电所，10kV线路#9杆B相绝缘子损坏，由所专责技术员颜××（男37岁）用液压绝缘斗臂等电位更换。由于绝缘子对地（铁横担）的安全距离不足0.4m，采取的绝缘隔离，遮盖措施不当，在吊斗里等电位的操作方法也不当，双横担两个绝缘子只解开一个绑线，就用左肩扛导线，结果由于用力过猛，吊斗抖动，右手触到铁横担上，造成接地感电，抢救无效死亡。

2. 事故原因及暴露问题

（1）更换绝缘子作业处的安全距离满足不了《安规》（线路部分）第10.2.1条表10-1："10kV时不小于0.4m"的规定，为此必须采取可靠的绝缘隔离措施。可是，作业中没有采取严密的绝缘隔离措施，对铁横担遮盖不严，在吊斗抖动时触及横担，是发生事故的主要原因。

（2）进行带电更换绝缘子的是所专责技术员，不是从事带电作业人员，所以在作业中操作不熟练。双横担两个绝缘子只解开一个绝缘子的绑线之后，就使用错误的作业方法，用左肩去扛导线（必须用绝缘支持杆或绝缘滑车将导线吊起。），由于用力过猛，吊斗抖动，右手触及铁横担，是发生事故的直接原因。

3. 防范措施

（1）在更换绝缘子时，脱离绝缘子的导线必须用绝缘支杆支撑或用绝缘滑车吊起后，才能更换绝缘子，绝对禁止用肩扛导线来代替绝缘支杆或绝缘滑车，这种作业方法是十分危险的，应严加禁止。

（2）等电位作业人员在作业过程中，有可能触及的接地部分或地电位作业中有可能触及的带电部分，都应用绝缘物完全遮盖好，不准许有遮盖不严和局部外露部分，以免触电。

（3）带电作业的实际操作必须由经过带电作业专门培训、经综合鉴定考核合格，局总工程师批准，持有中国带电作业技术中心颁发的带电作业合格证的带电作业人员进行。像车间专责技术员这样人员，不允许直接参加带电作业的实际操作。

案例15：引流线未固定，剪断时与带电导线相碰，作业人员触电致残

1. 事故简况

某市区6kV配电线路，系三角布线。该线#6杆分歧线某公司所属配电变压器的中相跌落保险引流烧坏，由该市供电局配电工区带电班前往处理。处理方法是：作业人员甲站在杆塔上用绝缘手柄的剪刀将引流线上接头剪断。由于引流线是钢芯铝绞线，且较长。作业时，只用绝缘操作杆，将引流线勾住，未采取任何固定措施，以致在剪断中相后，引流线下落与边相相碰，而引流线的另一端碰到作业人员甲的右腿上，甲触电致残。

2. 事故原因及暴露问题

作业人员使用绝缘手柄的剪刀剪断配电变压器的高压引流线时，未按《安规》（线路部分）规定的“应采取防止引流线摆动”的措施，在剪断之前未使用绝缘杆将其支撑牢固或用绝缘绳将其吊住，所以才发生了剪断后与边相相碰，另一端又碰到作业人员甲的右腿上，是发生事故的主要原因。

3. 防范措施

（1）配电线路对地和线间距离均较小，因此在进行配电线路带电作业时，必须慎之又慎，采取安全可靠的措施，严防接地和短路。

（2）在此次剪断配电变压器高压中相跌落保险引流线时，剪断前如能应用绝缘杆将其支撑牢固或用绝缘绳将其吊住，待剪断后，使引流缓慢的落到地面，便可以防止触碰带电的边相导线。

案例16：未使用专用的带电作业工具，感电致伤

1. 事故简况

某电业局10kV线路跳闸，故障点为#53杆油开关避雷器因质量不良，受潮后温度升高，产生气体，导致崩裂，避雷器的引下线脱落，处于悬空状态。供电局决定用带电作业剪断避雷器引线。张××、孙××上杆操作，张××负责用送电专业带电使用的绝缘大剪子去剪避雷器的引线，孙××在杆上配合用绝缘操作杆控制引线，当张××剪断引线时，由于剪刀用力时偏了一下，碰到避雷器的铁抱箍上，造成弧光短路，瞬时整个电杆有电，孙××的腰靠在低压横担上，使孙××感电致伤。

2. 事故原因及暴露问题

在配电线路上进行带电作业，却使用送电带电专业作业使用的大剪子，严重违反了“禁止使用不合格的和非专用的工具进行带电作业”的规定。因送电专业带电作业使用的大剪刀，铁制剪刀部分过长，碰到带电的避雷器的铁抱箍上，是发生事故的主要原因。

3. 防范措施

因配电线路线间距离和对地距离都小，所以在配电线路上进行带电作业，一定要使用专用工具。而且作业人员应熟悉工具的使用方法、使用范围和允许荷重等情况。禁止用不合格的和非专业工具进行带电作业。工具的电气、机械性能必须与所应用的设备相适应，不得以低代高、凑合使用。

案例17：登杆作业人员误碰低压带电线路，摔跌死亡

1. 事故简况

某供电局所辖10kV线路改造工程中，需解开某高、低压共杆线路上的导线与绝缘子绑线。由该局带电班拟用绝缘三角板等电位进行。当穿屏蔽服的电工甲登杆穿越低压带电线路时，不慎造成两相短路。甲被电击后，造成高空摔跌死亡。

2. 事故原因及暴露问题

等电位作业人员严重违反了《安规》（线路部分）第10.11.3条中明确规定的“在低压带电导线未采取绝缘措施时，作业人员不准穿越。”，竟然擅自进行穿越，造成两相短路，是发生事故的唯一原因。

3. 防范措施

（1）对于高、低压共杆线路登杆作业前，应严格遵守《安规》（线路部分）第10.11.3条中各项有关规定，用绝缘物将低压带电线路遮盖，以免穿越时引起低压接地或短路。如果绝缘遮盖有困难，应将低压线路停电。否则，不能登杆进行穿越和作业。

（2）下面，就有人认为只要穿了屏蔽服，在低压带电线路上触电也无关紧要的看法是错误的做如下说明：

a. 屏蔽服根据用途不同分为A、B、C三型。A型屏蔽效率高、通流容量小；B型则相反；C型兼有A、B型优点。因此，A型用于110～500kV；B型用于10～35kV；C型则所有电压等级均可应用。

b. 完好的B型或C型屏蔽服对人身保护作用是对中性点不直接地系统的单相接地时的电容电流而言。因为这个电流不会很大（视系统线路长度而定），经屏蔽服分流后经人体的电流很小，故对人体起了保护作用。对中性点直接地系统而言，单相接地后，接地电流就是短路电流，这个电流很大，为屏蔽服载流容量所不允许。380V低压线路属于中性点直接接地系统，单相接地即为短路电流，屏蔽服虽起了分流作用，但流经人体的电流还是能引起作业人员发生昏迷，所以，存在有穿上屏蔽服在低压线路上触电时，不会有什么危险的看法是错误的。

案例18：登杆作业人员误碰低压带电线路触电，幸未造成伤亡

1. 事故简况

某供电公司带电班在某10kV的线路#10杆更换耐张绝缘子。穿屏蔽服的等电位电工甲，在穿越三相四线制的低压带电线路时，一手抓住拉线，而屏蔽服裤裆不慎误碰一相低压带电线路，造成低压接地。由于穿有全套屏蔽服，人体仅有部分分流。但等电位电工已处于半昏迷状态。直到屏蔽服烧穿一个洞，碰不到低压导线时，才苏醒过来。幸好当事者死死抓住拉线，才未造成高空摔跌。

2. 事故原因及暴露问题

等电位作业人员严重违反了《安规》（线路部分）第10.11.3条中明确规定的“在低压带电导线未采取绝缘措施时，作业人员不准穿越”，竟然擅自穿越，造成低压线接地，是发生事故的唯一原因。

3. 防范措施

（1）对于高、低压共杆线路登杆作业前，应严格遵守《安规》（线路部分）第10.11.3条中各项有关规定，用绝缘物将低压带电线路遮盖，以免穿越时引起低压接地或短路。如果绝缘遮盖有困难，应将低压线路停电。否则，不能登杆进行穿越和作业。

(2) 下面，就有人认为只要穿了屏蔽服，在低压带电线路上触电也无关紧要的看法是错误的做如下说明：

1) 屏蔽服根据用途不同分为A、B、C三型。A型屏蔽效率高、通流容量小；B型则相反；C型兼有A、B型优点。因此，A型用于110～500kV；B型用于10～35kV；C型则所有电压等级均可应用。

2) 完好的B型或C型屏蔽服对人身保护作用是对中性点不直接地系统的单相接地时的电容电流而言。因为这个电流不会很大（视系统线路长度而定）经屏蔽服分流后经人体的电流很小，故对人体起了保护作用。对中性点直接地系统而言，单相接地后，接地电流就是短路电流，这个电流很大，为屏蔽服载流容量所不允许，380V低压线路属于中性点直接接地系统，单相接地即为短路电流，屏蔽服虽起了分流作用，但流经人体的电流还是能引起作业人员发生昏迷，直到屏蔽裤烧穿一个洞，才免不幸，所以，存在有穿上屏蔽服在低压线路上触电时，不会有什么危险的看法是错误的。

案例19：低压线路带电作业，不戴绝缘手套，误碰线路致死

1. 事故简况

某电力局电力公司外线工冯××在做低压线路的带电接头作业时，将工具随手放在杆上横担抱箍螺丝间，当作业人员冯××去拿工具时，不慎左手中关节碰带电导线，触电致死。

2. 事故原因及暴露问题

(1) 从事低压带电作业，未严格遵守《安规》（线路部分）第10.11.1条、第10.11.2条规定的“低压带电作业应设专人监护，使用有绝缘柄的工具。工作时，站在干燥的绝缘物上进行；并戴绝缘手套和安全帽”；作业中还没有设专人监护，是发生事故的主要原因。

(2) 作业人员没有戴绝缘手套，赤手去拿取工具，是事故发生的直接原因。

3. 防范措施

虽然是低压带电作业，如不严格遵守《安规》（线路部分）中“低压带电作业”的各项有关规定，同样也会发生人身伤亡事故。因此，应特别强调，即使是从事低压带电作业，亦应“设专人监护，使用绝缘柄的工具。工作时站在干燥绝缘物上，并戴绝缘手套和安全帽”；“上杆前应分清相、零线，选好工作位置”和“人体不准同时接触两根线头”。

第四章　配电线路工作中设备事故案例

一、配电线路带地线合闸事故

案例1：工作马虎，一组地线未拆除就报竣工，造成带地线合闸事故

1. 事故简况

某局10kV线路“春检”，当两名工作人员到线路36右8左#3杆检查导线接点时，挂了一组临时地线，检查接点任务完成后，二人就转移去其他工作现场，这组临时地线没有拆除，完工后误以为别人能拆除，而工作负责人也没有详细过问、了解，在整个任务完成后，向调度报了竣工手续，当晚17时送电时发生了带地线合闸事故。

2. 事故原因及暴露问题

（1）检修人员违反《安规》（线路部分）中“工作票制度”，工作票中对接地线悬挂地点，共用多组地线都有明确的记载，工作结束时按票面核对地线组数，如发现地线少，就说明线路上还有地线未拆，就能及时防止由于地线未拆，发生带地线合闸事故。由于未做到这一点，发生了带地线合闸事故，是发生事故的主要原因。

（2）两名检修人员没有执行“临时地线工作结束后应立即拆除”的规定，发生带地线合闸事故，是发生事故的直接原因。

（3）工作负责人在工作终结时，报告前没进行详细检查和详细询问，最后一道关没有把住，是发生事故的重要原因。

事故暴露出个别工作人员执行《安规》（线路部分）规定执行得不彻底，部分《安规》（线路部分）规定的条文流于形式。

3. 防范措施

（1）检修人员作业时，必须严格执行工作票上所列的安全技术措施，地线要按票面上规定地点悬挂，分小组工作时，要由小组负责人负责地线的管理，工作全部完成后，要由工作负责人按票面地线的组数进行核对，无误后，方可向调度报竣工。

（2）作业班的地线要有编号，每次作业都要按连续编号数量携带地线，如分小组工作时，工作负责人应记明哪个小组拿了几号地线，便于工作终结时核对。

（3）工作负责人要指定专人负责此次作业所用接地线的携带运输等管理工作，对接地线完好无损负责。

（4）临时地线，必须是谁挂的、谁必须负责在工作结束后立即拆除。

二、配电误操作事故

案例1：变压器二次负荷未减，操作一次开关发生弧光短路

1. 事故简况

某供电局运行人员在10kV线路#12杆，对三相100kVA配电变压器进行清扫、检查，变压器停电时，只拉开一次开关，二次未拉也未减负荷。完成任务恢复送电时，B相跌落式开关未合严，当再拉开时发生弧光短路，保险熔断，跌落式开关上引线烧断线。

2. 事故原因及暴露问题

运行人员违反《安规》（线路部分）第9.1.2条“在配电变压器台架上进行工作，不论线路是否停电，应先拉开低压侧刀闸，后拉开高压侧隔离开关（刀闸）或跌落式熔断器，在停电的高、低压引线上验电、接地”的规定。停电时应先拉开变压器二次刀闸，如无刀闸时，要通知主要用户把负荷减下来，由于运行人员未按规定执行，送电时发生弧光短路，是发生事故的主要原因。

事故暴露出类似现象很多，有的侥幸未构成事故，这都是图省事、怕麻烦的行为。

3. 防范措施

（1）运行人员作业时必须打消图省事、怕麻烦的念头和想法，要脚踏实地地去工作，规程怎么规定就怎么做，百分之百的去执行规程制度中的各项规定。

（2）运行人员在变台作业前，停电必须先拉开变压器二次刀闸，如无刀闸时要通知该变压器的主要用电户停电停机，把负荷减下来后再拉开高压开关。送电时采取相反的步骤。

（3）运行人员应该清楚，如操作时违反规定，错误地进行操作，就会发生本案例所叙述的事故后果，还可能发生人身感电伤亡事故。

案例2：现场情况不明，错误操作一次开关发生弧光短路事故

1. 事故简况

某供电局值班人员持修理小票到6kV线路一变台，做缺相查找和恢复工作，由于对现场故障情况未做任何检查，就操作变压器一次开关，操作过程中发生弧光短路停电事故。

2. 事故原因及暴露问题

值班人员到现场后，未对故障情况进行查找，主观认定是变压器本身缺相，在操作开关时违反《安规》（线路部分）第9.1.2条“在配电变压器台架上进行工作，不论线路是否停电，应先拉开低压侧刀闸，后拉开高压侧隔离开关（刀闸）或跌落式熔断器，在停电的高、低压引线上验电、接地”的规定，先操作变压器一次开关，是发生事故的直接原因，也是主要原因。

事故暴露出此类错误操作均属图省事，怕麻烦的行为。

3. 防范措施

(1) 作业人员必须根除图省事、怕麻烦的错误做法，要脚踏实地按照《安规》(线路部分) 的有关规定执行。

(2) 值班修理工作是独立完成，因此，值班人员必须自觉地执行“规程”的有关规定，值班修理时，工作负责人必须头脑清醒，确保工作人员的生命安全和设备安全。

(3) 操作变压器开关时，一定严格按《安规》(线路部分) 规定停电时先停低压，后停高压，送电时先送高压，后送低压。

第五章　变电运行工作中人身伤亡事故案例

一、无人监护，单独移动遮栏操作

案例1：单人操作攀登构架触电坠落，右胳膊截肢

1. 事故简况

××变电所，运行人员孙××在倒闸操作中，发现从刀闸上掉下来一个金属件后，在地面上弄不清是哪个部件。于是，在没请示报告、无监护、没有安全措施的情况下，擅自攀登构架，想看个明白，结果误触带电的35kV设备，感电坠落，经抢救幸免于难，但右胳膊肩下100mm处截肢。

2. 事故原因及暴露问题

运行人员孙××违反《安规》（变电部分）第2.3.6.4条“操作中发生疑问时，应立即停止操作并向发令人报告。待发令人再行许可后，方可进行操作”的规定。孙××一人操作，当发现从刀闸上掉下来一个金属部件时，本应立即停止操作，向上级有关领导汇报，却自作主张，在无人监护的情况下，也没有保证安全的措施，私自攀登带电设备构架触电，是发生事故的主要原因也是直接原因。

故事暴露出：该单位运行人员的安全素质低，不能严肃认真的执行规程制度。

3. 防范措施

（1）倒闸过程中，不论发生任何疑问，都必须停止操作，对单人值班的变电所应立即向上级有关领导报告，弄清问题，再进行操作。

（2）在《防止人身触电伤亡事故》中明确规定：“严禁攀登设备、构架挂接地线和验电”。就是说不管是攀登上去挂地线，还是验电，或者做其他任何工作，都是坚决不准许攀登设备和构架的，目的就是要防止发生误触、误碰带电设备。

案例2：单人巡视违章打开遮栏门，不核对设备名称、编号，误入带电间隔触电身亡

1. 事故简况

×××变电站站长×××单人巡视设备，检查尚未采取停电工作安全措施的912开关缺陷。他在遮栏门前，未核对设备名称、编号，误把运行中的910开关遮栏门打开，进入带电间隔后触电烧伤，经抢救无效死亡。

2. 事故原因及暴露问题

（1）变电站站长违反了《安规》（变电部分）第2.1.4条“无论高压设备是否带电，

工作人员不得单独移开或越过遮栏进行工作”；第 2.2.1 条“经本单位批准允许单独巡视高压设备的人员巡视高压设备时，不准进行其他工作，不准移开或越过遮栏”等规定。同时，该站长还不核对设备名称、编号，随手把运行中的遮栏门打开，在无人监护的情况下，误入带电间隔发生触电，被严重烧伤（烧伤面积达 94%）经抢救无效死亡，是发生事故的主要原因，也是直接原因。

（2）高压室的运行设备间隔网门不加锁违反《安规》（变电部分）第 2.1.2 条之“室内高压设备的隔离室设有遮栏，遮栏的高度在 1.7m 以上，安装牢固并加锁”的规定，由于高压间隔都未加锁，谁都可以打开，是发生事故的重要原因。

事故暴露出该单位安全运行管理水平差，应加锁的不加锁，随便打开运行中带电设备间隔的网门已经习以为常。

3. 防范措施

（1）高压室门、室内的高压间隔网门等，必须可靠地加锁，其钥匙按《安规》（变电部分）第 2.2.6 条“高压室的钥匙至少应有 3 把，由运行人员负责保管，按值移交。1 把专供紧急时使用，1 把专供运行人员使用，其他可以借给经批准的巡视高压设备人员和经批准的检修、施工队伍的工作负责人使用，但应登记签名，巡视或当日工作结束后交还”。高压间隔网门的钥匙必须按闭锁装置要求使用。

（2）非单人值班的变电所进行倒闸操作时，必须由两人进行，一人监护，一人操作，操作中要严格执行《两票细则》“操作时严格执行‘四对照’，即对照设备名称、编号、位置和开合方向”。操作中，操作人在前，监护人在后，时刻注意行动路线，双方都有核对所要操作项目的责任。

（3）有权进入高压室单独巡视的人员，必须经企业领导严格审查、考核。对忽视安全、思想麻痹的人员，像本案例中的站长，就不应给单独巡视权。有单独巡视权的人员，必须严格遵守《安规》（变电部分）的规定，不得移开或越过遮栏，不准进行其他工作。

（4）具有单独巡视权的人员，除了值班人员外，就是有关生产领导和专业技术的人员，这些人员单独巡视设备时，必须严格遵守巡视设备的有关规定。

案例 3：运行人员擅自打开未锁网门，违章讲解开关构造触电身亡

1. 事故简况

×××电厂 758 开关事故抢修后，送电时发现 7582 刀闸 C 相绝缘子断，带电更换后，由电气运行班长王××监护副值班员刘××配合检修进行开合闸操作试验，在等待检修合闸过程中，王××将带电间隔门打开，向刘××讲解开关排气孔方向，左手接近带电体放电，王××被电击伤，经抢救无效死亡。

2. 事故原因及暴露问题

（1）该厂违反了《安规》（变电部分）第 2.1.2 条“室内高压设备的隔离室设有遮栏，遮栏的高度在 1.7m 以上，安装牢固并加锁”的规定。遮栏的作用一是区分设备是否带电，二是为保持足够的安全距离；更主要的是防止工作人员误入、误登和误碰带电设备。尽管规程明确规定，本案例中王××无视上述规定，打开带电设备间隔门，为他人讲解开

关结构，结果放电击伤致死，是发生事故的主要原因。

(2) 运行班长王××对于私自打开带电设备间隔的网门，有发生触电的后果，不是不懂，也不是不知道，就是思想麻痹大意，忽视安全，打开带电间隔网门做与操作无关的事，发生感电击伤致死，是发生事故的直接原因。

事故暴露出运行管理部门，对保护工作人员生命安全和防止误操作加装的安全闭锁装置不重视，执行中不认真，带电间隔网门不加锁，运行人员随便打开带电间隔网门已经习以为常，以致造成恶果。

3. 防范措施

(1) 高压室和室内每个间隔的网门必须有完整、好使的锁，任何人都无权独自去开锁。高压室门的钥匙，应按《安规》(变电部分) 第 2.2.6 条“高压室的钥匙至少应有 3 把，由运行人员负责保管，按值移交。1 把专供紧急时使用，1 把专供运行人员使用，其他可以借给经批准的巡视高压设备人员和经批准的检修、施工队伍的工作负责人使用，但应登记签名，巡视或当日工作结束后交还”的规定执行。

(2) 运行操作人员在操作时，必须按《两票细则》“在执行倒闸操作中严禁做与操作无关的事”的规定执行。操作人与监护人虽是指挥与被指挥的关系，但在操作中要相互关心安全，相互提醒操作过程中的安全注意事项。像本案例监护人打开带电间隔网门时，如果操作人制止并提醒“里面带电”，此次事故是可以避免的。

(3) 操作人员虽然处于被指挥地位，但是操作人的头脑也要清醒，往往是操作人听摆布，监护人让怎么干，就怎么干，基本上不动脑筋，这是不对的。操作人要对自己生命安全负责，必须用心分析监护人命令的正确与否，绝不可盲目听之任之。

案例 4：违章核对电流互感器变比，进入开关柜内触电身亡

1. 事故简况

××局变电工区运行专责技术员陶××，到 35kV 变电所落实“红旗变”有关事宜。在检查设备巡视到 6.3kV 化工线处，陶××想起工区主任布置要核对电流互感器变比，就向变电所阐所长提出，经与调度联系同意，又与用户联系无问题后，阐就将化工线开关切开，并到开关场将小车开关拉出，打开开关柜后铁门。此时，陶××、阐××均认为柜内无电，电流互感器就装在电源侧。由于柜内很黑，阐××就让所内一个徒工去取电筒。10 时 55 分左右，陶××在观望取电筒的徒工回来否，阐××已进入柜内触电，经抢救无效死亡。

2. 事故原因及暴露问题

(1) 陶、阐二人违反了《安规》(变电部分) 第 3.2.2 条填用第一种工作票的工作为“高压设备上工作需要全部停电或部分停电者”；第 4.1 条“在电气设备上工作，保证安全的技术措施”为停电、验电、接地，悬挂标示牌和装设遮栏 (围栏)”；第 4.2.1.3 条之三“在 35kV 及以下的设备处工作，安全距离虽大于表 4－1 规定，但小于表 2－1 规定，同时又无绝缘隔板、安全遮栏措施的设备”工作地点必须停电等规定。陶、阐两人均为基层负责人，本应严格带头遵守《安规》(变电部分) 的规定，却不办理工作票，操作设备不填用操作票，

在安全距离不够、又无人监护，进入带电柜内触电，是发生事故的主要原因。

(2) 作为工区运行专责技术员的陶××，本应按照《安规》（变电部分）第 4.1 条"在电气设备上工作，保证安全的技术措施，停电、验电、接地，悬挂标示牌和装设遮栏(围栏)"的规定来执行，陶××既不要求完成停电、验电、接地等安全措施，还误认为小车开关柜已停电，柜内无电，对闸也未能进行监护，是发生事故的重要原因。

事故暴露出：

(1) 连工区专责技术员、变电所长对小车开关结构都不清楚，那么一般运行人员就更不知道了，说明培训工作流行形式。

(2) 变电工区技术员对停、送电联系和操作制度不清楚，随意参与操作，违反值班纪律。

(3) 调度值班人员对停电工作把关不严，不该随意允许停电，擅自口头同意，违反停送电联系制度。

3. 防范措施

(1) 对 GWC—3 型小车开关的构造应向全体变电人员进行认真培训，使大家清楚其结构、特点。今后，凡是在小车开关后门工作时，必须制定安全措施，经车间主任批准后执行，一般的情况下，作业人员不准进入小车开关柜内。

(2) 为防止小车开关柜内电流互感器故障，要将电流互感器从电源侧移到负荷侧。

(3) 无论任何职务的人，都必须严格执行《安规》(变电部分) 的规定，有作业任务，必须停电、验电、装设接地线，悬挂指示牌和装设遮栏，履行工作许可手续，完成任务时要报工作终结。

(4) 基层班（所）长和车间一级的专业人员，都必须以身作则，带头遵守规程，做生产一线工人的表率，不可以领导自居，无视规程甚至造成严重后果。

二、违反"倒闸操作制度"

案例 1：试验需要拆除地线，值班人员无票操作，试验结束后未恢复，引起运行人员误入带电间隔触电身亡

1. 事故简况

×××供电局××变电站，#3 变压器大修三侧开关断开解除备用。12 月 11 日，10kV 东母做检修试验，并办理了工作票，14 时 30 分，试验人员要求拆除#7 地线，合上 103 开关及 103 东、103 甲刀闸。正值班员按要求完成了上述操作，但操作未使用操作票。只在值班记录簿上作了记录，试验结束后，未拉开 103 开关及其前后刀闸。16 时，副站长刘××等接班，交班记录中写明#7 地线在使用中，这与实际情况不符，主控室模拟板上 103 开关那一部分都在开路状态中，也与现场实际不符，交接班时就按记录交接。18 时 02 分，检修试验工作票结束，在备注栏中注明#3 主变压器在检修，母线检修试验结束后，组织了验收。18 时 31 分调度下令，用开关"铁 10"送"东母"（有操作票）完成后"东母"带电。

12 月 12 日，王××、刘××两站长议论 103 开关窥视灯缺灯泡，不知是卡口还是螺丝口，说去看看，此时刘××显然忘记了 103 开关在合闸状态，进入柜内，等王到柜前刘已触电烧伤，经抢救无效死亡。

2. 事故原因及暴露问题

(1) 副站长刘××违反《安规》（变电部分）第 2.1.4 条“不论高压设备是否带电，工作人员不得单独移开或越过遮栏进行工作，若有必要移开遮栏时，应有监护人在场”的规定，单独打开网门进入柜内，属严重违章作业，是发生事故的直接原因。

(2) 无票操作也未校正模拟图板，耐压试验结束后，办理了工作票终结手续，但设备却未恢复原来状态，造成模板图板与实际不符，是发生事故的主要原因。

(3) 工作作风不严肃，操作、检查不认真。调度令用“铁 10”送电，操作票的第一项就是检查设备状态，如按操作票项目认真去检查，就有可能发现问题，所以检查流于形式是发生事故的重要原因。

事故暴露出该所执行规程制度不严肃、不认真，工作有始无终，中间缺少必要的检查。

3. 防范措施

(1) 运行人员必须要随时保持头脑清醒，特别是所长、班长等人，思想上绝不能麻痹大意，因为作为基层领导，言行、举动都直接关系到下边人员的生命安全，也包括自身的安全。

(2) 不论高压设备停电与否，值班人员不得单独移开或越过遮栏进行工作，特别是身为基层领导更要以身作则，带头遵守规程。通过本案例和以往此类事故，运行人员必须牢牢记住这一点，若不认真执行安全规程，人员伤亡事故就不可避免地要发生。

(3) 倒闸操作必须按照值班调度或值班负责人的命令执行，复诵无误后，录好音、做好记录，由操作人填写操作票。对于作业中，因工作需要而必须进行倒闸操作，也必须填票，按票中项目进行操作，工作结束后必须使设备恢复到原来状态。应由值班负责人下达恢复设备原来状态的操作命令，以保证值班调度命令的正确执行。

案例 2：交接班不检查设备运行方式，地线挂到带电设备上，导致两人烧伤致死

1. 事故简况

××供电局×××变电所，由值长张××等 4 人值班，有 2 张工作票，1 是处理# 600 开关油缓冲器；2 是更换 6kV# 614 乙刀闸至乙母线的 A 相套管（6kV 配电是室内装配式间隔）。10 时 30 分，# 600 开关工作结束，10 时 45 分# 600 开关恢复热备用，但在操作时未按规程要求做模拟预演，操作时也未带操作票，班长又让无权操作的学员操作等违章行为。8 时，调度下令倒 6kV 母线，甲母运行，乙母停电，接令后，由值班员李××填操作票，班长复核并担任监护，也未进行模拟预演，就要去 6kV 开关室进行操作，被李××制止，但在模拟预演中也不认真，在模拟图板上未拉开的# 614 甲刀闸下，加上接地线夹的标志，没有发现甲刀闸处于合闸状态，11 时多，班长与李××在 6kV 操作时，一声巨响，李倒

在间隔门口，班长满身着火从窗户跳出，二人均因伤势过重，抢救无效死亡。

2. 事故原因及暴露问题

事后检查，6kV 乙母线上，刀闸全部在断开位置，乙母线装的一组地线已烧断，6kV 甲母线上出线刀闸及开关均在合闸位置，#614 甲刀闸在合闸位置，#614 乙刀闸间隔设备烧损，一组地线已烧断，检查模拟图板，发现#614 甲刀闸在合位置，乙刀闸断开，6kV 乙母线上刀闸全部断开，并装有地线一组，#614 甲、乙刀闸下各有地线一组。

交接班时违反了《变电站管理规范》第 4.2.3.1 条“交接班的主要内容为运行方式及负荷分配情况”；第 4.2.4 条“交班值长按交接班内容向接班人员交代情况，接班人员在交班人员陪同下进行重点检查”等规定，未认真核对现场设备的实际运行状况。当天，6kV#614 甲、乙刀闸，经#4 电抗器带所用变压器，正常运行方式是#4 电抗器用#614 乙刀闸接到乙母线，#614 甲刀闸在断开位置。9 月 8 日，因#614 乙刀闸与乙母线间的穿墙套管放电，已将#4 电抗器通过刀闸倒至甲母线运行，9 月 9 日更换了运行记录。9 月 10 日，交班时，既未查阅前日运行记录，也没认真检查设备的实际运行方式，误认为#614 乙刀闸拉开后，#4 电抗器间隔已全部停电。操作人员违反操作规程，操作中漏项，在#614 甲、乙刀闸下桩头带电情况下，不验电就挂接地线，造成短路起弧人员伤亡，是发生事故的主要原因，也是直接原因。

事故暴露出该所交接班制度流于形式，执行《安规》（变电部分）、《两票细则》都不严肃认真。

3. 防范措施

（1）运行人员必须严格执行交接班制度，接班人员要先查阅运行记录，随后对设备的实际运行情况进行检查，正确了解当时设备的运行方式以及有关停电、检修情况。交接时要做到全面交接，对口检查。

（2）运行人员必须严格执行《安规》（变电部分）和《两票细则》的有关规定进行操作，即操作前应先在模拟图板上预演，无误后方可到现场，每项操作前都要进行“四对照”，即对照设备名称、编号、位置和开合方向，确认无误后方能正式操作。

（3）倒闸操作必须根据值班调度员或值班负责人的命令进行。首先要复诵无误、录好音、做好记录，由操作人逐项填操作票，不准并项、漏项、错项和颠倒顺序，监护人审核无误，方可一人操作一人监护，进行模拟预演和现场实际操作。

案例 3：调度违章颠倒操作顺序，监护人放弃监护独自进入间隔触电身亡

1. 事故简况

××变电工区 110kV 变电站，对 316－2、316－3、345－5 刀闸进行小修，并更换 6kV 母线上的一个支柱绝缘子。4 月 11 日，调度下达三项操作任务：即①316 线由运行转检修；②#2 变压器由运行转检修；③345 开关由备用转检修。12 日，调度下达操作令时，改变了操作顺序，依次为③、①、②，因进行③项操作时，必须首先解除自投，所以将第②项操作票前 3 项，即解除 345 开关自投的操作放在第③项操作任务之前进行。当操作完成③任务后，第①项操作任务进行到第 6 项时，即立好梯子，上梯子验电和挂地线

时，监护人（站长）用钥匙打开316刀闸网门（当时②项操作任务还未进行，316－5刀口带电），站长独自一人进入触电身亡。

2. 事故原因及暴露问题

（1）监护人（站长）违反了《安规》（变电部分）第2.4.2条之二“在高压设备上工作，应至少由两人进行”；违反了《两票细则》“在执行倒闸操作中严禁做与操作无关的事”等规定，监护人在操作中间，放弃监护操作的任务，擅自用钥匙打开带电间隔的网门，并独自一人进去发生触电，是发生事故的主要原因。

（2）调度下达操作任务时，操作顺序为①、②、③，而在下达操作令时，却改变了操作顺序为③、①、②，而在进行③任务时，还必须完成②项任务的前3项，这些都不符合规定，违反《安规》（变电部分）第2.3.1条“操作人员（包括监护人）应了解操作目的和操作顺序”、《安规》（变电部分）第2.3.4.2条“每张操作票只能填写一个操作任务”。调度违章颠倒操作顺序，而操作人还不重新填票，造成操作混乱，要用两张票的操作来完成一项操作任务，是发生事故的重要原因。

事故暴露出该单位不能一丝不苟的执行安规中“倒闸操作”的有关规定。

3. 防范措施

（1）调度下达操作任务时，必须按照操作程序和《安规》（变电部分）中每张操作票只能填写一个操作任务的规定进行，操作人应按受令人（值班负责人）记录，正确填写操作票，不准并项、漏项或颠倒操作顺序。调度下达操作令时，应按操作任务的顺序下达，如调度发现下达的操作任务与现场实际不符时，要重新拟票，不准用两张票操作项目来完成一个操作任务，值班人员对这样的操作和操作票也应进行抵制。

（2）操作过程中，监护人自始至终对操作人认真进行监护，操作中间严禁换人，更不准做与操作无关的事。没有监护人的命令，操作人不准擅自操作。

（3）监护人和操作人是指挥与被指挥的关系，但在操作过程中，要相互关心安全，相互提醒对方要严格遵守规程，对违反规程的现象和行为要坚决制止。

案例4：操作票漏项胡乱操作，导致带地线合闸，监护人被烧

1. 事故简况

××变电所，进行220kV#4、#5母线倒停进行清扫和补油工作，上午#4母线和开关补油工作结束。11时25分调度令“#4母线转为运行，#5母线转为检修”。这项操作由值班长监护，值班员×××进行操作，值班长填票后，未同典型操作票和前一值为这项操作任务的练功记录核对，以致漏项，操作人发现提出应补上，值班长说：“快吃饭了，操作时记着点就行了”，并说“操作票上不要签字了”。企图操作完后，把这张票作废，再开一张合格的操作票补上，所以，操作票上未填开始时间，二人也未签字，操作完的项目也未打“√”，既不明确操作令，也不进行复诵，由两人一起操作，逐渐改为交替操作，各自操作，放弃了监护，倒完了母线，准备合上220kV#5母线的73接地刀闸时，只有值班长一人操作，未核对设备编号，也未验电，误把运行中的220kV#4母线C相的73接地刀闸带电合上，造成母线短路，值班长全身衣服着火。

2. 事故原因及暴露问题

(1) 值班长违反了《两票细则》中“操作令由运行值班人负责人受令，由操作人填写，字迹要整洁，不准并项、漏项、填项和颠倒顺序”的规定，错误地自己填票，当操作人发现漏项时，也不立即重填操作票，是发生事故的主要原因。

(2) 操作过程中，违反《安规》(变电部分) 第2.3.6.2条“操作前应先核对系统方式、设备名称、编号和位置，操作中应认真执行监护复诵制（单人操作时也应高声唱票)，宜全过程录音。操作过程中应按操作票填写的顺序逐项操作。每操作完一步，应检查无误后做一个‘√’记号，全部操作完毕后进行复查”等规定。值班长持错误的操作票进行操作，操作中既不发布操作令，也不复诵操作令，操作本应一人监护，一人操作，而这位值班长竟和值班员交替操作，各自操作，操作人失去了监护，值班长一人去合220kV #5线的73接地刀闸时，无人监护，又不核对设备名称、编号和位置，错把运行中的220kV#4母线C相的73接地刀闸合上，是发生事故的直接原因。

事故虽未造成严重后果，但暴露出这个所值班长带头违反规程，达到如此严重的程度，十分令人担心。

3. 防范措施

(1) 再次重申，倒闸操作必须由值班负责人受令，操作人填写操作票，填票时不准并项、漏项、填项和颠倒顺序。值班负责人受令时，必须录好音，做好记录。

(2) 填好操作票，由监护人审核之后，要先到模拟图板上进行模拟操作，无误后，方可去工作现场进行操作。

(3) 现场操作要严格执行一人监护（在操作者后面），一人操作，严肃认真执行操作令复诵制，每项操作前要认真进行“四对照”，即对照设备名称、编号、位置和开合方向，全部完成操作任务后，要进行复查。

(4) 像本案例中值长（监护人）操作前、操作中多处严重违章现象，操作人应该提醒监护人，不应盲目听从，必要时可予以抵制和停止操作，并立即向上级领导反映。

三、违反“工作许可制度”

案例1：无票作业，一干部误登带电设备触电身亡

1. 事故简况

××变电所#2变压器停电，运行人员借停电机会进行设备清扫，工作人员中除运行人员外，还有一名参加劳动的干部。工作前，未办理工作票，未明确工作负责人、监护人和分工，值长交待了停电范围、临近带电设备之后，工作从110kV设备开始，然后是35kV设备。开始，这名干部在#2变压器的中性点避雷器及电流互感器的构架上清扫，以后离开现场去接电话，回来继续工作时，误登#2变压器中性点的02刀闸构架。02刀闸当时虽然在断开位置，但是因#1、#2变压器共用一个中性点，中性点与02刀闸尾连在一起，当天#1变压器在运行中，所以02刀闸尾是带电的，这名干部双手接触02刀闸尾时放电，从5m高处掉下，摔伤严重，经抢救无效死亡。

2. 事故原因及暴露问题

(1) 该所负责人违反了《安规》(变电部分) 第 3.1 条“在电气设备上工作，保证安全的组织措施为：工作票制度、工作许可制度、工作监护制度、工作间断、转移和终结制度”和第 3.2.1.1 条“全部停电或部分停电的高压设备上工作应填用第一种工作票”的规定。开始工作前没办工作票，没明确监护人和人员分工。没有保证安全技术措施的情况，工作现场混乱，工作任务和责任不明确，是发生事故的主要原因。

(2) 作业中违反了《安规》(变电部分) 第 3.4.1 条“工作负责人、专责监护人应始终在工作现场，对工作班人员的安全认真监护，及时纠正不安全的行为”的规定，这次清扫工作是你干你的，我干我的，谁也不管谁，为作业人员发生误登带电构架触电提供了条件，当这名干部接完电话回来恢复工作时，他误登带电构架时谁也没看见，谁也没管，是发生事故的直接原因。

事故暴露出这个单位安全管理混乱，违反规程现象十分严重。

3. 防范措施

(1) 在电气设备上工作，必须经上级批准，填写和签发工作票，做好现场的各项保证安全的停电、验电、挂地线、挂标示牌和装设遮栏等技术措施，作业中认真执行。

(2) 在电气设备上工作，必须严格执行保证安全的组织措施，要认真严格的执行工作票制度、工作许可制度、工作监护制度、工作间断、转移和终结制度。特别是工作票制度是保证作业人员安全的重要组织措施，是《安规》的核心。是联系其他制度和贯彻执行技术措施的中心环节。

(3) 作业中一定要执行“工作监护制度”，凡是在电气设备上工作，至少由两人进行，其中一人监护，监护人在工作中必须始终在工作现场，对工作人员的安全应认真、不间断地进行监护，所以，监护人的责任是十分重大的。

(4) 干部参加劳动，必须经过安全知识教育，在现场参加指定的工作，不能单独工作，更不能在失去监护的情况下去工作。

案例 2：无票作业，一农民误登带电构架触电重伤

1. 事故简况

××二次变电所停电，主变压器一次开关拉开，未安排作业。

当天变电所杜××所长与运行人员季××值班。他们未请示供电局领导，也不经调度批准，擅自作业，并招来合伙养猪的农民来帮助工作。10 点多，他们清扫了主变压器及电流互感器套管。杜说“不干了，别处都有电。”说完便去供销社买拖布，季××去仓库送抹布，农民潘××在无人监护的情况下，登上主变压器一次刀闸架构上清扫刀闸绝缘子，发生触电，从构架上摔下，右胳膊、左腿和脚部烧伤构成重伤事故。

2. 事故原因及暴露问题

(1) 杜××所长借停电机会进行设备清扫，既未请示领导，也未办停电申请，调度也不知道，属违章作业，特别还招来合伙养猪的农民帮助工作，是发生事故的重要原因。

(2) 杜××所长违反了《安规》(变电部分) 第 3.2.1 条“在电气设备上的工作，应

填用工作票”的规定。既不请示上级批准，又不办理工作票，盲目作业，作业时，没有保证作业人员安全的组织和技术措施，是对作业人员安全极不负责的作法，特别是招来合伙养猪的农民，参加高压设备上工作，更是严重违反规程的作法，是发生事故的主要原因。

（3）喂猪的农民，既不懂电气知识，又未经过安全培训，就参加高压设备上工作，当时全所唯一懂电的两人，一人外出，一人去仓库，只有合伙养猪的农民留在现场，杜××既违反《安规》（变电部分）第3.4.1条“工作负责人、专责监护人应始终在工作现场，对工作班人员的安全认真监护，及时纠正不安全的行为”，还违反第3.4.2条“所有工作人员（包括工作负责人）不得单独进入、滞留在高压室、阀厅内和室外高压设备区内”等规定，把农民一人留在高压设备区内，在无人监护的情况下，擅自登上带电的构架上触电，是发生事故的直接原因。

事故暴露出，这个所运行安全管理混乱，习惯性违章作业现象极其严重。

3. 防范措施

（1）变电所的高压设备上工作，必须有停电申请，经上级批准，办理工作票，做好保证安全的停电、验电、挂地线、悬挂标示牌和装设遮栏等技术措施，不可抱侥幸心理，借用停电机会去干一些违章工作。

（2）运行值班人员必须认真遵守“运行值班纪律”和“所规”，凡不具备进入高压设备区内资格的人员，一律不准进入。具备进入资格的人员要经值班人员同意（有单独巡视权的人除外）由值班人员领进。

（3）要接受血的教训，在变电所附近的农民绝对不许随便进入变电所，更不允许进入高压设备区内，边远郊区的变电所更应该注意。如本案例的触电事故，其后果严重，留下了难以处理的善后工作。

案例3：工作许可人误开带电间隔门，开工前作业人员误入触电身亡

1. 事故简况

××热电厂电气分场配电班，安排贾××等3人次日进行6.3kV施工电源635开关及其北刀闸检修。19日上班后又增派迟××等2人参加贾××工作组。后夜班运行人员已按工作票要求做了开工前的安全措施（挂好地线，在636间隔门挂上“止步，高压危险！”标示牌），但635北刀闸间隔门未开，门前也没放“在此工作！”牌，两侧也未设遮栏和标示牌。

8时，贾××等5人来到主控室联系开工，运行班安排吕××为该项工作许可人，吕××向贾××说：“我是第一次在主控给检修班办工作许可手续，你替我看着点”，贾××说：“行”。接着两人在工作票上签了字，随后共同来到三楼高压室，站到6.3kV热浮乙线636北母刀闸间隔前，贾××把该间隔门上的“止步，高压危险！”牌摘下移到637北刀闸间隔门上，吕××问：“对吗？”贾××答：“对，你开锁吧。”吕××不假思索地用钥匙打开北636北刀闸间隔门，贾××走进间隔从缝隙中查看，但没看清，便来到南母线室，这次看到的是南刀闸确已断开，贾××误认为核对无误，又检查了施工现场认为没啥问题，便分手，吕××回去取“在此工作！”牌，挂到635北刀闸间隔门上，贾××返回

主控办票室安排人员工作，并准备到二楼集合人员后详细交待工作票。

8时37分，6.3kV母线室发生短路，一声巨响，就近的几位同志赶到现场发现636北刀闸间隔起火，迟××倒在地上，烧伤严重，经抢救无效死亡。

2. 事故原因及暴露问题

（1）工作许可人吕××和工作负责人贾××，违反《安规》（变电部分）第3.3.1条“工作许可人在完成施工现场的安全措施后，还应会同工作负责人到现场再次检查所做的安全措施，对具体的设备指明实际的隔离措施，证明检修设备确无电压；对工作负责人指明带电设备的位置和注意事项；和工作负责人在工作票上分别确认、签名”的规定，同时还违反了第3.3.2条“工作负责人、工作许可人任何一方不得擅自变更安全措施”等规定，工作许可人吕××执行规程稀里糊涂、本末倒置，本应会同工作负责人到现场再次检查已做完的安全措施，不准再变动安全措施，上述检查验证无误后，才能在工作票上双方签名，他们在主控室先签了名，这一系列违反规程的行为是发生事故的主要原因。

（2）作业人员违反了《安规》（变电部分）第3.4.1条“工作许可手续完成后，工作负责人、专责监护人应向工作班人员交待工作内容、人员分工、带电部位和现场安全措施，进行危险点告知，并履行确认手续，工作班方可开始工作”的规定，工作负责人还未宣读工作票，上述工作一项未做的情况下，工作人员迟××就一人误入带电间隔触电烧伤致死，是发生事故的主要原因。

（3）运行单位安全管理不严，防误闭锁装置不健全、不完善。现场安全措施布置不完善，缺少遮栏和标示牌，是发生事故的重要原因。

事故暴露出上岗培训漏洞大，吕××以高分进入运行岗，但工作水平低，说明培训考核不严，吕××是不能胜任工作许可人的。

3. 防范措施

（1）重新对工作许可人、工作负责人进行认真考核，对不能胜任的，绝不能将就，坚决予以调换。

（2）到现场办理开工许可工作手续时，任何人不准干预工作许可人的工作，而工作许可人也不准随便听从他人的错误指挥。

（3）高压室、间隔门的防误闭锁要尽快完善，一定要达到齐全好用。

（4）运行值班人员必须严格按工作票要求和《安规》（变电部分）规定，对现场的安全措施一定要做全、做准、做正确。一旦现场安全措施做好后，任何人都不准去移动或变更。

四、运行人员在高压设备上工作违反有关规定

案例1：利用停电机会进行设备检修，直接用手拆地线触电身亡

1. 事故简况

×××变电站借110kV唐寿线、寿双线同时停电机会进行站内工作，工作前，经A市地区调度批准，在寿双线线路侧刀闸上挂一组地线，但未向B市地区调度备案。线路

工作结束，即将送电前，变电站正在拆最后一组地线，由于这组地线卡子坏了，装时是把地线缠绕在导线上，因此不易拆下，当时值班员×××在刀闸构架上，既未使用绝缘棒，也未戴绝缘手套，而是用手直接拆地线，此时线路送电，值班员双手、前胸烧伤严重，经抢救无效死亡。

2. 事故原因及暴露问题

(1) A市地区调度批准变电站在110kV寿双线线路刀闸处装一组地线时，没有考虑到唐寿线和寿双线的停、送电命令是B市地区调度下达的，A市地区调度违反了《调度联系制度》，没有向B市地调把这组地线备案，是发生事故的主要原因。

(2) 变电站这组地线夹子坏了，来不及修理，也不另换一组地线，违反了《安规》(变电部分) 第4.4.10条"接地线应使用专用的线夹固定在导体上，严禁用缠绕的方法进行接地或短路"的规定，把这组地线直接缠绕在导线上；同时还违反第4.4.9条"装、拆接地线均应使用绝缘棒和戴绝缘手套"的规定，值班员××站在刀闸构架上，直接用手去拆地线，是发生事故的直接原因。

事故暴露出地调之间联系制度不完善，没有相互制约机制，变电所值班人员违章现象严重。

3. 防范措施

(1) 要尽快完善地调之间的联系制度，按照《地区调度运行规程》规定，制定出哪些工作应该地调之间协调备案并形成明确文字规定。

(2) 变电所的接地线应设专人保管、维修，值班长或所长要定期检查，发现有毛病时要及时修理，确保接地线完好待用。

(3) 装、拆地线时，要严格按照《安规》(变电部分) 的有关规定，用有效期内试验合格的绝缘棒和戴试验合格的绝缘手套来进行。同时重申，必须要严格执行上级局下发的《防止人身触电事故规定》，严禁攀登构架验电和装拆接地线。

(4) 值班人员接受某项操作任务时，头脑中应与"规程"进行核对，看这项操作是否有违反规程的地方，如有应立即提出，待问题解决后，方可进行操作。

案例2：攀登构架缠绕地线，安全距离不够，带电刀闸放电，操作人身亡

1. 事故简况

××变电所停电，检修35kV开关。在布置安全措施时，操作人×××填完操作票后，同监护人×××及一徒工在模拟盘上预演。随后到现场，在挂35kV Ⅱ段母线西侧地线时，图省事、怕麻烦，把梯子放到刀闸的B、C相之间，操作人×××登梯子将地线缠到C相上，接着又攀登构架，将B、C两相地线缠绕上，当返身下构架时，B相带电刀闸嘴对其腿部放电，操作人被击倒在A相刀闸的闸口间，继续感电，当即死亡。

2. 事故原因及暴露问题

(1) 操作人×××违反《安规》(变电部分) 第4.4.3条"所装接地线与带电部分应考虑接地线摆动时仍符合安全距离"的规定，在安全距离不够的情况下，又违反上级局下发《防止人身触电事故规定》中关于"严禁用缠绕法装设地线，严禁攀登设备、构架装拆

接地线或验电”的规定，违反《安规》（变电部分）第 4.4.10 条“接地线应使用专用的线夹固定在导体上，严禁用缠绕的方法进行接地或短路”的规定，攀登构架上直接用手去缠绕地线，是其腿部遭电击的直接原因。

（2）工作负责人违反了《安规》（变电部分）第 3.4.1 条“工作负责人、专责监护人应始终在工作现场，对工作班人员的安全认真监护，及时纠正不安全的行为”的规定，当操作人攀登带电构架上挂地线时不制止、不监护，对其一系列违反规程的现象无动于衷，是发生事故的主要原因。

事故暴露出运行人员不能正确的、认真地遵守《安规》（变电部分）的各项规定，地线必须使用专用线夹，早在 1977 年颁发的《安规》（变电部分）就有明确规定，到事故发生时还在用缠绕方法，实在让人难以理解。

3. 防范措施

（1）变电所值班人员布置安全措施时，必须严格按照《安规》（变电部分）的停电、验电、接地、悬挂标示牌和装设遮栏（围栏）等各项规定去执行。执行时，一是要使用操作票，二是至少由两人共同执行，一人监护、一人操作。

（2）装拆地线时，必须使用合格的绝缘棒，戴绝缘手套，使用的地线必须有专用线夹，严禁用缠绕方法来固定地线。

（3）从本案例血的教训中，我们完全理解了上级部、局为什么要三令五申，严禁攀登构架、设备验电和装拆地线规定的重要意义。所以，我们在工作中必须严格贯彻执行。

（4）监护人必须正确理解自己是操作人生命的直接保护人，懂得自己肩上重担的分量，切实履行监护人的安全职责。

案例 3：操作人失去监护，在不熟悉的带电设备上验电触电身亡

1. 事故简况

××厂电运一班，在进行 35kV #215 旁路开关代鸡钢线 #214 开关的操作准备，全班共 7 人，有操作权的 6 人，有监护权 4 人，操作票由何××主动填写。

8 时 30 分，班长朱××下令，由宋××为监护人，何××为操作人，两人在模拟盘上进行预演，正确无误，班长进行了检查，值班长签了名，临操作前，班长嘱咐：“慢点干，注意点，要小心，别出事”。当两人在操作完第 10 项“断开 #214 开关的甲刀闸”，何××说：“下一项要验电，我去取验电器”。当时监护人正在票上打“√”记号，因天冷钢笔不下水，费了好大劲才打好“√”的记号，脚踏着雪，低头往前走，一抬头，只见一道弧光，何××从铁梯子上倒下来，摔在电缆沟盖板的雪地上，宋只听何说了一句话：“怎么 #215 开关还漏电？”经抢救无效死亡。

2. 事故原因及暴露问题

（1）操作人何××对 SW_2 型开关构造不清楚，认为开关下节无电。在操作中何××违反《安规》（变电部分）第 2.3.3.1 条“监护操作时，其中一人对设备较为熟悉者作监护”的规定，脱离了监护人的监护，登上铁梯子在不熟悉的带电设备上试验电器，致使握验电器的右手距开关下节带电部位安全距离不够，将耐压 8kV 绝缘手套击穿，触电身亡，

是发生事故的直接原因。

（2）监护人宋××违反《安规》（变电部分）第3.4.1条“工作负责人、专责监护人应始终在工作现场，对工作班人员的安全认真监护，及时纠正不安全的行为”，也违反了第2.3.6.3条规定，造成操作人脱离了监护范围，没有发现操作人去登操作范围外的设备，更谈不上制止了，是发生事故的主要原因。

（3）班长安排工作时，对宋××、何××二人虽然都有监护权和操作权，但何××进厂才8个月，宋又是第一次担任监护人，都是初次进入角色，缺乏实践经验，所以，班长对人员安排时考虑不周，是发生事故的重要原因。

事故暴露出对运行人员培训不够，已经有监护权的人员对运行设备还不熟悉，无法保证监护的有效实施。

3. 防范措施

（1）运行人员必须努力进行业务学习，对所管辖的设备构造性能、运行方式等应尽快熟悉、掌握，真正弄清、弄懂。

（2）变电所运行人员的“三权”应重新考核、审定，授权一定要从严。

（3）倒闸操作时，必须严格执行《安规》（变电部分）、《两票细则》等有关规定，一人操作、一人监护，监护人除清楚操作程序外，还必须监护操作人的行动路线，不准操作人脱离监护范围，操作过程中，如一方必须离开操作现场时，两人应同时离开，不准一人单独留在高压设备区内。

案例4：擅自打开开关柜门查看设备，触电死亡

1. 事故简况

××电业局停电处理“110kV变电所#3主变压器6032隔离开关发热缺陷”，3时05分缺陷处理完毕，3时25分调度下令集控所送电操作。由于当天工作是“零点”工程，属大型操作，集控所所长潘××和副所长刘××于6月30日23时就已到达现场，以加强现场监督。现场操作监护人为刘××，操作人为王××，协助人为黄××。

4时26分执行“10kV工农路652开关由冷备用转热备用”操作，当操作人王××操作到第三项时发现6522隔离开关合不上，王××认为自己力气不足，请副所长刘××又去试合一次，还是合不上，事故当事人潘××就让现场人员停止操作，随即从操作人手上取走电脑钥匙去主控室。4时35分，潘××带着电脑钥匙返回10kV开关室，并独自一人使用电脑钥匙将652开关下柜门打开，造成6522隔离开关线路侧带电部位对人体放电。当时在开关室门外等候的当班人员，听到室内设备区有放电响声，立即跑进去，发现当事人倒在652开关柜门边，开关下柜门敞开，电脑钥匙掉在地上。刘××当即查看当事人，发现其手部有被电弧击伤的痕迹，且神志不清，就立即对其进行心肺复苏抢救，并由120急救后送医院抢救，6时30分院方宣告抢救无效死亡。

2. 事故原因与暴露问题

（1）集控所所长潘××在监督倒闸操作过程中，发现设备缺陷本应按《集控所事故处理规程》规定监督操作人暂停操作，立即汇报调度、变电部，却严重违反《安规》（变电

部分）中第 2.3.6 条关于倒闸操作的基本要求，擅自打开 6522 隔离开关柜门，致使线路侧带电部位对人体放电死亡，是造成这起事故的直接原因。

（2）按照《各级管理人员监督到位标准》要求，事故当事人潘××到达操作现场本应履行监督管理职责，监督操作人和监护人按章操作，却严重违章，越位操作，是造成这起事故的主要原因。

（3）现场作业人员相互之间监督不到位，当事人自我安全防护意识不强，且未能及时制止违章行为，是造成这起事故的间接原因。

（4）设备缺陷是事故发生的又一间接原因。由于 6522A 相隔离开关动触头绝缘护套老化，造成松动后偏移，隔离开关断开时护套卡入动触头与隔离开关接地侧的静触头之间，造成隔离开关合闸时卡涩合不上。且该 GG—1A 型高压开关柜系 20 世纪 60 年代设计的老旧产品，1996 年生产，1997 年投运；原安装有机械程序防误锁，于 2002 年改造为微机防误装置，由于此型号的高压开关柜原设计不完善，不能实现线路有电强制闭锁。

（5）管理层对派往现场加强监督管理的人员教育不够，对到位职责、监督工作程序和要求没有详细规定，造成管理人员在现场违章指挥和作业，也是事故发生的间接原因。

3. 防范措施

（1）开展安全生产整顿，认真开展各工种危险点、隐患的排查，查思想、查隐患、查违章。

（2）工作监护人员要切实加强责任心、明确监护部位及对象，不间断地监护作业人员的作业全过程。

（3）深入开展员工安全意识教育和安全技术培训。组织员工查找自身安全生产工作存在的薄弱环节，制定防范措施；培养职工形成“严肃认真、雷厉风行、令行禁止”的安全生产工作作风；开展安规、“两票三制”和现场运行规程的学习、考试，提高员工安全意识和业务技能。

（4）结合隐患排查治理专项行动，认真清理 10kV 网络管理中存在的设备运行双重编号不清晰、不齐全，变电站配网“手拉手”线路开关、环网柜开关带电部位防护措施不完善，防误闭锁功能不可靠等问题，对配网“手拉手”出线开关、环网柜开关的线路侧带电部位设置醒目的警示标识，增设有电闭锁、防护挡板等措施，加强操作和检修过程监护，严防配网人身安全事故发生。

（5）加快 10kV 开关柜的技改工作。针对使用年限已久的四种型号开关柜，采取分重点、分批次的进行技改更换，并确定技改计划时间。

案例 5：维操人员违章测温，误入带电间隔，造成人身触电重伤事故

1. 事故简况

××电业局 110kV 变电所无人值班站值守人员报告站内设备有电弧火花，维操二队安排维操队员雷××、侯××到该站查看设备情况并测温。雷××到现场后超越职责范围，在未分工又无人监护的情况下，无视爬梯上的“禁止攀登，高压危险！”警告禁止牌，盲目攀登爬上 110kV 团箕线 508 断路器出线穿墙套管检修平台，靠近带电的高压设备进

行红外线测温，以致被电弧严重烧伤。

2. 事故原因及暴露问题

(1) 工作人员到达现场后，工作负责人（监护人）雷××没有再与调度员联系，仅凭调度员“现在团箕线508断路器我们这边已经断开了”这一句话，误认为508间隔已停电，在没有确认508间隔是否完全停电、也没有断开5083隔离开关和拖出508断路器小车、人身对运行的110kV设备又没有保持1.50m安全距离的情况下，盲目越过悬挂有“禁止攀登，高压危险！”安全警示爬梯，进入508穿墙套管检修平台，靠近带电设备进行检查和测温，违反了《安规》（变电部分）第2.2.1条“经本单位批准允许单独巡视高压设备的人员巡视高压设备时，不准进行其他工作，不得移开或越过遮栏”，第2.3.6.10条“电气设备停电后，即使是事故停电，在未拉开有关隔离开关（刀闸）和做好安全措施之前，不得触及设备或进入遮栏，以防突然来电”，这是事故发生的直接原因。

(2) 违反国网公司《红外线测温作业指导书》规定：“监护人应做好监护工作，及时提醒和纠正测温操作人的违章动作，不得移开和越过遮栏，测温人员及所用仪器与带电部位保持足够的安全距离”和“监护人应切实做好监护工作，保证测温操作人员及所用仪器与带电部位保持足够的安全距离。防止测温操作人员站立或半蹲位不稳跌倒，使操作人和仪器及测量线摆动接近带电设备或误触带电设备，造成人身触电事故”。因此，违反《红外线测温作业指导书》规定是事故的原因之一。

事故暴露出：

(1) 变电所508穿墙套管维护预试超周期，套管处接触电阻大，过热发红，引起电弧。

(2) 工作人员安全意识不强，对规程及业务掌握不够，无视现场禁止标志，违章测温。

(3) 未使用危险点分析与预控措施票。

(4) 工作人员没有履行安规中的安全职责。

(5) 违反正确着装的规定。工作人员在测温现场，雷×外穿非全棉质西服，中间穿羊毛衫，内穿化纤T恤衫，在弧光下内衣被烧熔化，加剧了身体的电弧烧伤。

3. 防范措施

(1) 对于可能进入带电区域的爬梯，除悬挂禁止标志外，采取封闭加锁。

(2) 规范现场作业的联系工作和许可手续，严格遵守设备巡视测温的相关规定。

(3) 加强教育，提高职工的安全意识和自我保护意识。

案例6：事故处理过程中发生电弧灼烧人身重伤事故

1. 事故简况

××电业局220kV变电站事故前运行方式为：#1、#2主变压器运行，220kV Ⅰ段母线接25A、251运行，220kV Ⅱ段母线接25B、252运行，25M断路器为母联运行，旁路母线冷备用；110kV Ⅰ段母线接15A、153、155、157、159运行，Ⅱ段母线接15B、152、156、158运行，15M为母联运行，151接Ⅱ段母线热备用；95A带10kV Ⅰ段母线各馈线运行；95B带10kVⅡ段母线各馈线运行（江头Ⅱ回906接于该段母线运行）；900断路器为热备用，#1、#2号站用变压器分列运行。

12时34分47秒，10kV江头Ⅱ回906（接于10kV Ⅱ段母线）线路故障，906线路保护过流Ⅱ段、过流Ⅲ段动作，断路器拒动。12时34分49秒，××变电站#2主变压器10kV侧电抗器过流保护动作跳开#2主变压器三侧断路器，5s后（12时34分54秒）10kV母线备自投动作合900断路器成功（现场检查906线路上跌落物烧熔，故障消失）。#1、#2号站用变压器发生缺相故障。值班长洪××指挥全站人员处理事故，站长陈××作为操作监护人与副值班工刘××处理906开关柜故障。洪××、陈××先检查后台监控机，显示器显示906断路器在合位，显示线路无电流。12时44分，在监控台上遥控操作拉906断路器不成功，陈××和刘××到开关室现场操作“电动紧急分闸按钮”后，现场断路器位置指示仍处于合闸位置；12时50分，回到主控室汇报，陈××再次检查监控机显示该断路器仍在合位，显示线路无电流；值班长洪××派操作人员去隔离故障间隔，陈××、刘××带上“手动紧急分闸”专用操作工具准备出发时，变电部主任吴××赶到现场，三人一同进入开关室。13时10分，操作人员用专用工具“手动紧急分闸”，断路器跳闸，906断路器位置指示处于分闸位置，13时18分，刘××操作拉9062隔离开关时，发生弧光短路，电弧将操作人刘××、监护人陈××及变电部主任吴××灼伤；经医院诊断变电部主任吴××和操作人刘××为重伤，监护人陈××为轻伤。事故后现场检查发现：906断路器分闸线圈烧坏，操动机构A、B相拐臂与绝缘拉杆连接处松脱，906断路器C相主触头已断开，A、B相仍在接通状态。综自系统逆变电源由于受故障冲击，综自设备瞬时失去交流电源，监控后台机通信中断，监控后台机上不能实时刷新900断路器备自投动作后的数据。

2. 事故原因及暴露问题

（1）906断路器在线路故障时拒动是造成#2主变压器三侧越级跳闸的直接原因。

（2）906断路器操动机构的A、B两相拐臂与绝缘拉杆连接松脱造成A、B两相虚分，在断开9062隔离开关时产生弧光短路；由于906开关柜压力释放通道设计不合理，下柜前门强度不足，弧光短路时被电弧气浪冲开，造成现场人员被电弧灼伤。开关柜的上述问题是人员被电弧灼伤的直接原因。

（3）综自系统受故障冲击后运行异常，不能准确指示线路电流，给运行人员判断造成假象，是事故的间接原因。

（4）运行人员运行技术不过硬，安全防范意识、自我保护意识不强，危险点分析不够深入。

（5）管理存在不足，对该型号设备的质量技术性能掌握不够深入。

3. 防范措施

（1）对同型号开关柜进行改造，结合本次问题进一步明确判断断路器分闸的依据，确保断路器可靠分闸、开关柜防爆能力符合要求。

（2）检查所有类似开关柜防爆措施，确保短路时气流从柜体背面顶部排出。对达不到要求的，结合检修整改。

（3）检查运行中中置柜正面柜门是否关牢，观察窗强度是否满足要求，不满足的立即整改。

（4）高压断路器选型必须选用通过内部燃弧试验的产品。

（5）立即检查综自系统逆变装置电源，确保优先采用站内直流系统电源，站用交流输入作为备用，避免事故发生时，造成死机、瘫痪等故障。

（6）运行人员在操作过程中及故障处理时要做好危险点分析，增强自我保护意识，并采取有效安全措施。

第六章　变电运行工作中误操作事故案例

一、带负荷拉刀闸

案例1：运行人员走错位置，带负荷拉刀闸，造成220kV线路全停

1. 事故简况

××发电厂#11、#13、#14机、220kV佳联甲、乙线，220kV旁母2120开关代佳鹿线220kV北母线运行；20kV南母线、#12机备用，总有功负荷240MW。佳鹿线有功负荷50MW。

事故当天上午电气检修处理220kV佳鹿线2133开关机构漏油及更换膨胀器。12时佳鹿线2133开关检修工作结束，工作票收回，安全措施拆除。13时25分省调令220kV佳鹿线2133开关送电，220kV旁母开关转备用。13时40分操作人王×（电气主值班员）、监护人王××（电气第一主值班员）开始执行佳鹿线2133开关送电操作，模拟预演后，先合2133北、2133乙刀闸，2133开关，后切2120开关、2120丙刀闸，在准备拉2133丙刀闸时，由于两人走错位置，走到刚刚合上的2133乙刀闸处，未认真核对刀闸名称，就误把乙刀闸当成丙刀闸拉开，由于佳鹿线负荷已由2133开关代出，造成带负荷拉刀闸；2133乙刀闸弧光短路，佳鹿线距离一段保护动作，2133开关跳闸，佳鹿线停电，时间为14时07分。由于2133乙刀闸分闸时间短，没造成设备损坏。

2. 事故原因及暴露问题

（1）操作人、监护人的责任心不强，在操作中不按标准程序进行操作，两人均未认真核对清楚设备名称、编号、位置和拉合方向，不认真执行操作票制度（特别是唱票和复诵），是发生事故的主要原因。

（2）220kV系统防误闭锁装置由于厂家原因某些程序满足不了现场操作的需要，存在缺陷，使防误闭锁不能正常投入使用，运行人员只能用万能钥匙开锁操作，是发生事故的重要原因。

防误闭锁存在问题：有的单元程序锁是可以使用的，但由于锁具本身有缺陷，不能进行下个程序操作，加之备用钥匙箱没有到货，备用钥匙无法投入使用，久而久之运行人员就习惯用万能钥匙操作，这些情况各有关部门是知道的，但没有下力气研究解决，同时也未采取相应的防止误操作的措施堵塞这个漏洞，是这次事故中暴露出来的一个比较严重的问题，应引起足够的重视。

3. 防范措施

（1）应制定操作票执行过程中动态考核办法，如给电气运行值班人员配备便携式录音

机，录音机由操作任务的监护人或操作人携带，录制操作过程中的唱票和复诵过程，这样可以起到两个作用：一是对不认真执行唱票、复诵人员将起到约束作用；二是对有关人员提供检查手段和考核依据。

（2）立即编制防误闭锁完善计划，并尽快完成。

（3）在防误闭锁完善前，万能钥匙应交值班长（或所长）保存，使用时应经值班长（或所长）同意，并建立使用登记制度。

（4）在防误闭锁完善前应编制防误操作的有效措施，并确保实施。

（5）加强对变电运行人员自觉遵守有关规章制度的教育和运行人员反事故能力的培训，提高处理事故或异常现象的能力。

案例2：运行人员跳项操作，使用万能钥匙，造成带负荷拉刀闸

1. 事故简况

××局二次变电所，根据地调指令，10时10分进行10kV“旁母3534开关代珲甩3431开关，珲甩3431开关由运行转检修”的操作，值班员姜××为这次操作的操作人，值班长金××为这次操作的监护人。经模拟预演后，即进行实际操作，当进行操作票的第二项操作（合上旁路3534甲刀闸）时，由于未能解开防误锁（程序锁），第二项操作便未进行。当时怀疑是钥匙不对，便解开乙刀闸防误锁，没按操作票的顺序而跳项执行第四项操作（合上旁路3534乙刀闸）。操作票第四、第五项完成后，返回来再进行第二项操作时，仍然解不开防误锁，监护人金××便决定让操作人姜××去取万能钥匙。姜××离开后，金××等待中无意走动到相邻的团结线开关柜前，姜××取来万能钥匙时，金××就站在团结线开关柜前，两人都没发觉站错了位置，姜××把万能钥匙插到团结线开关柜的甲刀闸防误锁上，由于机械卡涩，解锁不成。此时，监护人金××将操作票随手放到窗台，亲自解锁。10时19分防误锁用万能钥匙解开，监护人将运行中的团结线甲刀闸拉开，随着一声巨响，造成三相弧光短路。63kV珲联甲线速断保护动作，开关跳闸，重合良好。约10s后，团结线甲刀闸绝缘子爆炸，再次三相弧光短路，珲联甲线开关跳闸，造成全所停电，事故后珲春供电局积极组织力量进行事故抢修，16时21分全所恢复供电。

2. 事故原因及暴露问题

（1）安全意识不强，安全生产岗位责任制未落实，是发生事故的主要原因。在操作过程中，监护人和操作人按操作顺序进行，解不开防误锁，不进行原因查找，就跳项操作，根本没有“四对照”意识，监护人将操作票随意放在窗户台上，误开团结线锁后，拉开团结线甲刀闸，造成三相弧光短路。

（2）不执行防误装置管理规定，随意使用万能钥匙，是发生事故的主要原因。防误装置的使用必须按照使用程序进行，同时要经常维护，以保证防误装置的机械性能良好。该变电所的防误装置日常维护、使用不当，操作中运行人员解锁困难，也不查找原因，就使用万能钥匙，使防误装置失去防护作用。

（3）职工岗位培训不够，技术素质差，也是发生事故的潜在原因。在操作中，由于防误锁解不开，不去查找原因，图方便去取万能钥匙。操作人和监护人对操作任务都没有明

确的概念，操作票上没有拉开刀闸任务，而他们却盲目地去拉开团结线的甲刀闸，说明在接收操作任务和模拟预演中，没有认真核对操作任务。

事故暴露出：操作票管理不严，填写不认真。操作票上变电所名称、下令时间、调度指令号、下令人、受令人、操作时间等栏目都没有填写。

3. 防范措施

(1) 加强对职工的安全思想教育，牢固树立“安全第一”思想，认真执行各种规章制度，认真学习事故通报和事故案例，深刻吸取经验教训。特别是操作人、监护人、工作负责人、工作票签发人、工作许可人等都要明确自己的安全责任，组织措施和技术措施都要落到实处。

(2) 加强岗位培训，提高人员素质。无论是运行人员，还是检修人员在进入工作现场前都要明确自己的工作任务和内容。运行人员进行模拟预演时不能走过场，要认真对待，使操作任务在头脑中真正留下深刻的烙印，在操作过程中严格执行操作票。

(3) 加强对防误装置的管理，不准随意使用万能钥匙。加强防误装置的日常维护工作，保证防误装置机械性能良好。对损坏的防误装置要及时修复或更换，使用中要按装置要求和程序认真解锁。万能钥匙要有明确的使用条件和管理办法。

案例3：值班人员按照填写错误的操作票进行操作，用刀闸切断电容器负荷，弧光短路引起火灾，又误拉运行中的220kV开关，扩大为全站停电

1. 事故简况

××供电局220kV变电站，事故前运行方式为：220kV由随03韩随线送#1母线，随01丹随线送#2母线，随06作母联运行。随05接#1母线送随姚线，随07接#2母线送随红线，随04接#2母线送#2主变压器，随02接#1母线送#1主变压器。

8月8日，变电站白班运行值班人员是值班长邹××，正值班员张××，副值班员聂××。上午10点40分，地调下达调综字2727号综合命令票，任务为“随#2主变压器（随04－16开关－523刀闸）停电、出口避雷器预试，随#1主变压器投入运行倒方式”。正值班员张××按照命令票的要求填写操作票，约11时30分，填好交值班长邹××审查，票中漏填了在拉开523刀闸前将电容器92开关断开的内容和#2主变压器差动保护在二次电流回路切换完毕应加用的重要内容，邹××审查认为操作票无问题，12时20分左右运行人员准备操作，副站长贺××作为第二监护人，12时30分调度下令进行操作，副站长贺××到主控室后将操作票与命令票进行核查没有发现问题，一起进行操作，将10kV、110kV母线全部由#1主变压器供电后，约13时38分操作到第44项“拉开随523刀闸”时，因92开关未断开，造成用523刀闸切断电容器负荷（约500多安）形成弧光短路，同时波及10kV #10母线短路。由于#2主变差动保护未加用，523刀闸故障点由#2主变压器220kV侧复合电压闭锁过流保护动作切除，10kV #10母线故障点由#1主变压器10kV过流Ⅰ段动作断开随53分段开关切除。#10母线开关喷油造成10kV高压室起火，贺××当即到主控室断开#1、#2主变压器各侧的开关（02、12、51、04开关）后检查51开关未断开，这时10kV及110kV系统全部停电，站内人员用干粉灭火器对高压室

进行灭火，并打电话通知消防队。13时44分消防车到站，此时高压室明火已灭，但室内温度很高，为防止电缆等橡胶塑料制品在高温下自燃或老化，请消防车对地面喷水降温，喷水时要停电拉开有关刀闸，由于当时比较混乱，在控制室的副值班长聂××听到停电喊叫声，误认为要停220kV开关，就马上将随01、03、05、07等开关全部断开，造成220kV系统全部停电，进一步扩大了事故。13点55分拉开046、026、161刀闸后，消防车喷水降温，事故得到了彻底控制。

2. 事故原因及暴露问题

(1) 在填写倒闸操作票时没有根据实际运行方式进行，只凭自己的经验填写，在审查操作票时也不认真对照模拟图板进行核对、检查，致使填写了一张错误的操作票，并通过了好几个关卡，导致在没有拉开电容器总开关92的情况下，误拉随523刀闸，造成了带电容器负荷拉刀闸的事故，是发生事故的主要原因。

(2) 新设备投入运行后的各项管理工作没有跟上，是发生事故的重要原因：

1) 该站电容器于1993年4月27日投产，投产后没有及时编写现场运行规程和有关规定，接线方式的改变在操作程序中没有明确的规定和注意事项；

2) 运行人员在新设备投入、接线方式变化后没有及时进行技术业务培训；

3) 新设备的防误装置未能配套投入。

(3) 变电站10kV系统投产时间较长，经多次改造，加之电容器投入使10kV接线方式变得十分复杂，存在着很多不合理、不规范的问题，给倒闸操作带来一定的困难，是发生事故的潜在原因。

工区领导和变电站放松了运行技术管理，没有认真执行《安规》（变电部分）和“两票实施细则”，预演审票不严，流于形式，是这次事故暴露出比较严重的问题。

3. 防范措施

(1) 在填写操作票的过程中，一定要认真把好填写关，填写过程中一定要对照设备实际运行方式，逐项地进行填写，严禁不查看设备实际运行方式，单凭填写人的记忆和经验填写操作票，否则一旦出现漏项、跳项和错项，其后果不堪设想。

(2) 审核操作票时，一定要认真把好审核关，对操作票进行审核的人员，一定要对照设备实际运行方式认真、细致、逐项地进行审核，切不可粗心大意。

(3) 加强操作票填写的技术管理，应根据本所可能出现的各种运行方式，填写出各种“典型操作票”，并经全所运行人员广泛讨论，提高运行人员各种运行方式下倒闸操作票填写的熟练程度，提高填写操作票的准确性，以避免临时操作时发生操作票填写错、漏现象。

(4) 对新投产的设备，应及时编写现场运行规程，并组织全体运行人员进行广泛学习讨论，提高对新投产设备的掌握程度。

(5) 对新投产的设备，必须同时配套投入防误闭锁装置。

(6) 加强对全体运行人员的技术培训，开展各种形式和内容的事故预想和反事故演习，借以提高运行人员处理设备异常运行和事故的应变能力，避免在异常运行和事故处理时，发生错误操作导致事故范围扩大。

案例 4：带负荷拉刀闸恶性误操作事故

1. 事故简况

×××电力公司 220kV 变电站进行倒闸操作，当操作到“合 314－4”刀闸时，由于该刀闸微机挂锁故障，无法用电脑钥匙进行操作，操作人员便擅自使用万能钥匙解锁进行操作，操作完此项后，操作人员根据规定对后续操作重新进行模拟。但是，运行人员未将模拟盘与现场实际设备状态恢复一致，在操作“拉开 345”开关时电脑钥匙又无法进行正常操作。此后，操作人员再次擅自使用万能钥匙解锁进行操作（以后的所有操作均为万能钥匙解锁操作）。当由 35kV 设备区转向 110kV 设备区进行第 121 项“拉开 110kV 102－3”刀闸操作时，走错间隔，将 110kV 101－3 刀闸误认为是 102－3 刀闸，在没有核对设备编号的情况下解锁打开 101－3 刀闸锁，7 时 14 分将 110kV ＃1 主变压器 101－3 刀闸带负荷拉开，造成 110kV ＃1 主变压器差动保护动作跳闸。

2. 事故原因及暴露问题

（1）人员责任心不强，违章、违纪现象严重。这次误操作是一系列违章造成的，暴露了管理人员、运行人员责任心不强，不吸取别人的、过去的误操作事故经验教训，现场把关失职，操作马虎了事，违章操作。

（2）贯彻落实防止误操作事故措施不到位。虽然强调了要认真执行××电力公司《防止电气误操作装置管理规定》，但工作不细，督查不力。

（3）危险点分析与预控措施不到位，事故暴露出在运行操作中，对走错间隔解锁操作等关键危险点未进行分析，没有提出针对性控制措施。反映了变电站运行操作标准化与危险点分析流于形式的现象还相当严重。

3. 防范措施

（1）针对此次事故，在现场召开事故分析会，分析原因，并按照“四不放过”的原则，严肃处理责任人。深刻吸取事故教训，举一反三，制定并采取有效措施，强化人员责任落实，扭转安全生产被动局面。

（2）严格执行《安规》中倒闸操作的规定，认真执行操作票制度，公司及有关车间完善两票实施细则，明确监护人、操作人及相关工作人员的工作内容及职责。

（3）结合《安规》的颁布，组织全体中层干部、安全员及全体职工进行《安规》的学习及培训。

（4）严格执行公司有关防止电气误操作事故的规定要求，各变电站确实需要解锁操作必须按程序请示，经有关人员同意后，解锁钥匙管理者必须亲自到现场核实情况，切实把好操作安全关。

（5）严格按公司《防止电气误操作装置管理规定》要求，认真管理和使用好电气防误操作装置，变电站防误装置必须按照主设备对待，防误装置存在问题影响操作时必须视为严重缺陷。由于防误缺陷处理不及时，生产技术管理部门应认真考核，造成事故的，要严肃追究责任。

（6）认真执行现场作业危险点分析和控制措施。结合实际，认真制定危险点分析和预控措施，现场作业前对可能发生的危险点控制措施必须到位到人，确保现场作业的安全。对《危险点分析与控制措施》流于形式或存在明显漏洞的，实行责任追究制。

案例5：线路操作顺序错误，发生带环流拉刀闸恶性误操作事故

1. 事故简况

××供电公司220kV变电站3512淌天一线进行更换保护、涂RTV工作结束后，3512淌天一线恢复供电。13时07分，地调200504545号令："将3512淌天一线由35kV甲母倒至35kV乙母运行"；操作程序："采取停电方式操作"。操作人杨××未理解，填写了操作步骤错误的操作票，监护人向××进行了审核。13时21分，在倒闸操作中，操作人员先拉开3512开关，合上3512乙刀闸（错误操作，用刀闸将两母线并列），然后拉开3512甲刀闸，造成带环流拉刀闸，弧光引起3512甲刀闸三相短路，#2、#3主变压器后备保护动作，3502、3503开关跳闸，35kV甲、乙母线失压。14时25分，合上3502开关，用#2主变压器向35kV乙母线充电正常。15时34分，恢复35kV出线供电。事故损失电量8.49万kW·h，同时造成操作人员杨××、监护人向××被弧光灼伤的轻伤事故。

2. 事故原因及暴露问题

（1）没有严格执行"两票三制"和现场操作规程。操作人、监护人模拟操作预演不严肃，在微机"五防"闭锁系统提示错误时，擅自使用万用钥匙解锁操作。

（2）操作人、监护人没有严格按规定进行操作，在操作时没有带绝缘手套，自我保护意识不强。

（3）调度下令不规范，调令不清楚明了，调度人员对操作的协调控制力不够，经验不足。

（4）老式的户内配电装置使用网状遮栏，在发生短路时不能起到防护作用，造成人员伤害。

3. 防范措施

（1）严格执行倒闸操作各项规程制度，操作时必须按规范化操作步骤进行操作。

（2）正式操作前，必须在防误闭锁模拟图进行模拟，验证操作程序正确。在模拟操作中发生疑问，必须认真分析并汇报站长（值长），找出原因后再进行下一步操作。

（3）微机防误、机械防误装置的解锁钥匙必须封存保管，使用时必须经站长或副站长（值长）同意，按规定审批签字后才能使用，且必须有第二监护人进行现场监护，方可进行解锁操作，严禁随意解除闭锁装置。

（4）继续加大运行人员技术业务培训和考核工作。针对操作中不戴绝缘手套、解锁钥匙使用管理不严等各种习惯性违章行为，要坚决予以制止并严肃处理。

（5）加强调度人员专业、规程方面的培训，培养调度人员系统操作时的宏观掌控能力；规范调度术语，加强对调度指令的规范化管理。

（6）对使用网状遮栏的老式户内配电装置，尽快安排进行更换，提高防护等级。

二、带地线（接地刀闸）合闸

案例 1：值长违章指挥，擅自改变操作顺序，发生带地线合闸

1. 事故简况

××电业局某一次变#1 主变压器（SFPZ－9000/220/66）、66kV 母联、北母线、延西线、延农线春检预试。5 时 30 分，开始进行 220kV、66kV 系统停电操作，并装设接地线两组，同时所内装设接地线 12 组和设围栏。9 时 20 分，变电检修第一种工作票开工。17 时 13 分，工作负责人刘××向值长李××办理工作终结。此时地调来电话询问工作进度，要求 220kV 系统操作抓紧时间，值长随即下令验收，开始操作。指派第一值班员金××做监护人，带同仆××操作。17 时 20 分开始模拟预演，第一个操作任务是执行所内令；第二个操作任务是执行 220kV 系统操作令；第三个操作任务是执行 66kV 系统操作令。17 时 30 分，开始执行所内令，拆除所内 12 组接地线，当执行到第三项“拉开#1 主变压器 3511 乙刀闸与主变压器侧接地刀闸”时，接地刀闸水平拉杆拉断。所长、专工带领检修人员进行紧急处理。为不影响送电，拉开接地刀闸后，将其临时固定。操作人继续进行下一项操作。当操作完第七项“合上#1 主变压器 3511 母差端子 A320、B320、C320、N320”时，值长让操作人停止操作，擅自改变操作顺序，终止所内令第一张操作票的操作任务，转入 220kV 系统操作，操作人没有提出反对意见。17 时 38 分，值长向省调报告：“春检作业结束，人员撤离现场，所有自设安全措施拆除，#1 主变压器送电没问题。”省调令其合上#1 主变压器两侧刀闸，将#1 主变压器中性点改直接接地，保护相应变更。17 时 47 分，省调下令合上#1 主变压器 3511 开关，对#1 主变压器充电。当操作人合上 3511 开关后，#1 主变压器差动保护动作，3511 开关跳闸，检查发现#1 主变压器 66kV 5851 乙刀闸至主变压器间挂有#7 接地线一组。报告省调后，拆除#7 接地线，对#1 主变压器、导线进行外观检查，没有发现异常。18 时 56 分，省调下令#1 主变压器恢复送电，晚送电 26 分钟。

2. 事故原因及暴露问题

（1）执行“两票”不严格、不严肃，是发生事故的主要原因。17 时 13 分，工作负责人向工作许可人办理了工作终结手续，可这时所内自行装设的 12 组接地线并没有全部拆除，就向省调报告：“全部安全措施拆除，可以送电”，为事故的发生留下了隐患。在正常生产管理中，对操作票要求非常严格，文字必须清晰，不得修改漏项。这次倒闸操作使用的操作票字迹潦草、顺序颠倒，操作人、值班负责人、值长没有审核签字。工作票的终结手续和操作票的填写不符合规程规定。

（2）执行规程制度不认真，是发生事故的重要原因。操作过程中必须按操作顺序逐项操作，遇有临时变更必须经调度同意，在执行所内操作票时，变更操作票应得到所长批准。但是，在拆除所内装设 12 组接地线的操作中，当进行到第 8 项、值长擅自停止操作，更换操作票，此时操作人和监护人都没有提出异议，指出错误，反而接受了值长的违章指挥、说明运行人员对执行规程制度的重要性认识不深，对条文理解不透，存在盲从现象。

事故暴露出：各级人员安全生产责任制没有落到实处。在整个春检作业中存在着操作票执行不严，无人把关，倒闸操作与交接班延误作业时间；使用不合格票操作无人制止；中途换票无人问津，致使误操作事故发生，说明安全生产上还没有切实地实行“立体防护”，各级人员没有尽职尽责。

事故还暴露出安全生产管理工作中存在着严重的形式主义。通过对班组执行规章制度的检查情况来看，“安全活动记录簿”、“两票”都达到了“合格”的水平，但我们发现这些都是后补的，不能如实反映出当时的真实状况。所以，造成管理层、执行层的真空地带，使规章制度得不到认真落实和执行。

3. 防范措施

（1）强化安全思想教育，提高各级人员执行规程制度的自觉性。电力企业的生产必须贯彻“安全第一、预防为主”的方针，当安全与进度、安全与效益、安全与质量发生矛盾时，必须服从于安全生产。工作人员在作业中的一举一动都要考虑是否符合安全生产条件，杜绝只把安全生产停留在口号上的行为，和说起来重要、干起来次要、忙起来不要的做法。狠抓反习惯性违章，使各岗位人员对习惯性违章表现都有明确的认识，领导干部要带头查找自身的习惯性违章，提高执行规程制度的自觉性。

（2）加强班组建设，落实“三级控制”。班组是企业生产的基础，班组建设的好坏，直接影响安全生产。班组建设中，要注意班长的培养和选拔，使班长真正成为安全生产的排头兵。班组的安全活动要杜绝形式主义，使安全活动真正起到教育和提高职工的安全生产意识和自我防护能力的作用，杜绝类似事故重复发生。班组要明确“三级控制”的具体要点，使事故消失在萌芽状态中。

（3）各级人员的安全生产责任制要落到实处。安全责任制的落实，不是说领导到了现场就是上岗到位了，要真正履行自己的职责、行使自己的权利，不能把自己混同于一名工作成员，也不能在现场违章指挥，带头违反规章制度。每个领导、每个相关的职能部门、每个专业岗位，都要明确任务，恪尽职守，形成强有力的安全保证体系，切实形成“立体防护”，尽全力防范事故的发生。

（4）加强运行人员安全思想教育，提高自我保护能力，在执行“两票”时，从填票、模拟预演到实际操作，均应以严肃认真的态度来对待。如遇有个别领导人违章指挥时，要敢于抵制，不可盲从，并提出反对意见，阐明理由，直到相反意见反映到违章指挥者的上一级领导。

案例 2：对检修后的设备进行验收时，造成带地线合刀闸

1. 事故简况

××电业局某变电所#2 主变压器由运行转检修，220kV 甲母线停电，220kV 乙母线运行，#1、#3 主变压器运行，220kV 丙母线备用，#2 所用变压器停电。这次停电秋检，还要对#2 主变三侧避雷器、220kV 侧电流互感器、开关及甲、乙刀闸和 66kV 侧电流互感器、丁刀闸和#2 所用变压器进行清扫检查。

当天，检修班工作负责人带领工作班成员 15 人分三组进行停电秋检工作。15 时 20

分，工作负责人向值班长金××汇报工作结束，检修人员已全部撤离工作现场，要求对设备进行验收。同时将备用的万能钥匙交给值班长。随后检修班长、工作负责人和当值班长三人先到#2主变压器2503开关处检查验收，发现机构上有油漆，工作负责人立即找布清擦，检修班长清理地面上遗留的杂物。值班长走到2503甲刀闸处，没有核对设备的名称和编号，将悬挂的两块标示牌移开，挂在设备铭牌的固定螺丝上。15时30分，值班长金××用备用的万能钥匙解锁后对刀闸进行拉合及同期检查验收，当刀闸合至距静触头约25cm时，产生弧光，引起短路，造成带地线合刀闸。220kV母差保护动作，跳开220kV鸡牡线、鸡杏线和#1主变压器220kV开关。220kV系统切除故障后，经0.3s低周减负荷装置动作，切除其他相关线路，事故少送电量1.1万kW·h。

2. 事故原因及暴露问题

（1）变电所值班长严重违反《安规》（变电部分）第3.5.5条规定“全部工作完毕后，……并与运行人员共同检查设备状况、状态”。在验收设备时，没有会同工作负责人一起验收设备，自行走到乙刀闸处，擅自移动标示牌，解锁前没有核对设备名称、编号和位置，违章蛮干是这次误操作事故的主要原因。

（2）备用万能钥匙管理、使用不当。在验收设备时，不应随意使用备用万能解锁钥匙，这是发生事故的重要原因。

3. 防范措施

（1）增强工作人员的责任心，严格执行安规和“四对照”是保障人身和设备安全的行之有效的规章制度，但在执行过程中，工作人员不认真履行其职责，使规章制度的贯彻执行流于形式。无论做什么工作，各级工作人员都要对自己、对集体、对国家负责，使安规真正地起到保障人身和设备安全的作用。

（2）严肃对待防误装置，不得随意使用万能钥匙，特别是备用万能钥匙，要有明确的使用条件和管理办法。使用时要经领导批准和登记。如果运行班长不在，应把备用钥匙交工区防误装置专责人。

（3）运行人员在设备检修后进行检查验收时，必须由检修工作负责人和运行人员两人以上进行，只能在停电检修区域内检查验收设备，操作设备时要严格执行“四对照”。

（4）单人在变电所和高压室检查设备时不允许随意触动运行设备，包括解锁、打开柜门及操作等。

案例3：带地线合闸事故后，伪造现场，企图隐瞒事故

1. 事故简况

××电力局××变电所，16时58分高××在操作10kV濮院117线母线刀闸时，带地线合刀闸，造成#1、#3主变压器10kV、35kV开关跳闸，#2主变压器10kV开关跳闸、10kV母线失电以及数回路出线及所用变压器中断，濮院线母线刀闸严重损坏。因隐瞒事故真相、破坏现场，致使各回路出线延误送电一个多小时，特别是濮院117线延误送电达数小时之久。

事故发生后，高××为了逃避责任，不择手段私自改变事故现场，将烧坏的接地线拆

除，丢在离变电所 40 多米远的菜地里，更改接地线号牌，并在值班记录簿上涂改，伪造值班记录。

2. 事故原因及暴露问题

高××技术业务水平不高、品质恶劣，发生误操作事故后，又企图隐瞒事故真相，是导致此起事故的唯一原因。

高××由于对工作不负责、纪律松弛，工作期间曾发生过带负荷拉刀闸的误操作事故，这次又发生了带地线合闸的误操作事故，本应实事求是承担责任，立即向领导汇报。但是，高××却反其道而行之，采取了弄虚作假的手段破坏现场，欺骗上级，企图达到隐瞒事故的目的，延误了事故处理时间，未能及早恢复送电。

3. 防范措施

（1）对变电值班人员加强思想教育，提高工作责任心，使职工能够胜任本职工作。

（2）严肃值班纪律，狠抓违章、违纪现象，对那些品质恶劣、不遵章守纪，连续发生误操作事故，乃至不择手段隐瞒事故真相的值班员应清除出变电所值班人员队伍。

（3）加强岗位技术培训，提高值班人员技术水平，特别要在防止误操作事故上下功夫。

案例 4：试验人员擅自操作，导致带地刀合刀闸

1. 事故简况

××超高压局 500kV 变电站事故前运行方式：500kV 第三串#5031、#5032 开关运行，500kV 长万二线及高抗运行；第四串#5041、#5042 开关运行，#1 主变压器、陈长二线运行；第五串#5051 开关运行，长万一线及高抗运行。第五串#5052、#5053 开关及陈长一线为检修状态，#5052 开关两侧地刀 505217、505227 在合位；#5053 开关两侧地刀 505317、505327 在合位；陈长一线线路地刀 505367、5053617 在合位；陈长一线线路刀闸 50536 在分位。

2005 年 1 月 26 日，电科研院高压室在变电站进行 500kV 陈长一线#5053、#5052 开关预试工作。电科研院高压试验人员赵××要求变电站值班人员配合，在现场进行“分相拉合 505327 接地刀闸”操作。运行副班雍××接到通知到现场后，应试验人员赵××要求，首先拉开 505327 C 相接地刀闸，因 C 相接地刀闸的操作电源设在 A 相接地刀闸机构箱内，平时处于断开状态。运行人员雍××未认真核对设备名称、编号，误将相邻的 50532 刀闸的 A 相机构箱门打开，合上了 50532 刀闸的操作电源，随后便走到 505327 C 相接地刀闸机构箱处，打开机构箱门，按“分闸”按钮进行 505327 C 相接地刀闸的分闸操作，505327 C 相接地刀闸无反应。应试验人员赵××要求，手动拉开了 505327 C 相接地刀闸。在此期间，运行人员雍××对无法电动操作 505327 C 相接地刀闸产生了怀疑，便回到 50532 刀闸 A 相的机构箱前进行核对，发现自己是误打开了 50532 刀闸 A 相的机构箱。当即断开操作电源，关上机构箱门，回到 50532 C 相刀闸机构箱处。将机构箱钥匙取下，准备回来锁好 50532 刀闸 A 相的机构箱。此时试验人员赵××已走到了 50532 刀闸 A 相机构箱处，擅自合上 50532 刀闸的操作电源，并错按了三相合闸按钮，13 时 14 分

将50532刀闸合上。由于机械闭锁造成50532刀闸三相不同步，A相先于B相接近500kV Ⅱ段母线，引起变电站500kV Ⅱ段母线A相接地。500kV Ⅱ段母差保护正确工作，跳开500kV #5032、#5043开关，事故未造成减供负荷，对系统稳定运行未造成影响。超高压局组织力量紧急抢修损坏的刀闸机构，并于1月27日18时55分按调度命令恢复50532、505327刀闸备用。

2. 事故原因及暴露问题

（1）职工安全意识淡薄，习惯性违章严重。

（2）运行管理存在较大疏漏，规章制度执行不力。

（3）危险点分析与控制流于形式，对重大危险点缺乏足够认识。

（4）部分职工对500kV设备重要性认识不足，没有从思想上引起足够重视。

（5）安全学习和职工培训针对性不强。

（6）安全生产管理存在严重问题，安全管理基础不牢。

3. 防范措施

（1）超高压局和电科研院全体职工停产学习，按照“四不放过”的原则进行分析，深刻吸取事故教训。

（2）在超高压局和电科研院范围内开展查思想、技术、工作界面等“十查”活动。

（3）严格贯彻以“三铁”反“三违”的安全管理思想，立即组织清理全局的安全管理制度和规定，组织专业人员进行修改和完善，完善安全管理制度和规定。

（4）严格执行标准化作业，增强运行管理全过程的规范性。根据××市电力公司已颁布的标准化作业指导书，结合超高压局各变电站设备的具体特点，完善设备巡视、倒闸操作、安全措施布置等全过程的标准化作业程序。

（5）深入开展危险点分析，严格落实控制措施，完成典型危险点分析与控制措施的修订工作。

（6）有针对性地落实反事故措施，对刀闸就地单相操作，只允许采用手动操作，禁止采用电动操作，三相操作禁止就地操作，必须采用远方操作。

（7）为有效防止检修人员和外单位施工人员对变电站设备不熟悉、擅自操作变电站设备，统一印制“到站工作需知”，在工作人员进场时发放。

（8）举办针对性强的技能培训、模拟操作。

案例5：带地线合隔离开关，造成主变压器跳闸

1. 事故简况

事故前运行方式：××供电局110kV变电站110kV Ⅱ母、#2主变压器、10kV Ⅱ母运行，110kV Ⅰ母、#1主变压器、10kV Ⅰ母停电春检。2005年17时20分，变电运行人员窦××、监护人裴××、第二监护人王××在无调度命令、无操作票的情况下，先合上500－1刀闸，再合上500－2刀闸时发生短路，造成#1、#2主变压器复压过流保护动作，两台主变压器高、低压开关同时跳闸，10kV Ⅱ母所带负荷全部停电，经检查两台主变压器跳闸原因为500－2刀闸开关侧一组接地线未拆除。19时19分，恢复变电站#2主变压

器、10kV Ⅱ母及出线运行。

2. 事故原因及暴露问题

（1）个别领导、现场负责人、工作人员安全意识淡薄、思想麻痹，把安全规章制度束之高阁，工作随意性大，工作责任心差。

（2）操作人员无调度命令、无票操作，违反劳动纪律，违章作业，习惯性违章操作现象突出。

（3）未认真执行标准化作业卡。

（4）违章强行解除防误闭锁装置进行操作。

3. 防范措施

（1）停产整顿，从各级领导和现场工作人员的思想查起，强化责任，落实各项规章制度。

（2）工作人员严格执行安规及两票三制，严禁任何形式的无令操作，非调度人员一律无权发布操作命令，严格执行监护制度，严禁工作人员越位操作。

（3）严格执行现场危险点分析和预控措施、标准化作业卡，对不认真执行或流于形式的按违章进行处理。

（4）各变电站微机防误、机械防误装置的解锁钥匙必须全部封存，严禁强制解锁操作。确需解锁操作，必须按规定程序批准后，方可解锁。

（5）对习惯性违章行为，要坚决予以打击，以“三铁”反“三违”，确保各项规章制度执行的严肃性。

案例6：带接地线合断路器恶性误操作事故

1. 事故简况

××供电公司220kV变电站接地调指令，执行综字200501182号令：“花32花石线开关线路工作完毕送电”。当班人员周××（值班长）、罗××（值班员）接令、模拟后，于21时44分开始操作。罗××为操作人，周××任监护人。22时20分，当执行到第18项合上花32开关时，主控室警铃、警报响，花32开关保护动作，开关跳闸。花32微机保护显示动作情况为：18SHCK、CJL＝0.04。当班人员到现场检查发现花32开关C相防雨罩处有少量油喷出，判断为花32开关本体故障造成开关跳闸，并于22时30分向地调汇报。22时35分，地调口头命令当班人员拉开花32开关两侧刀闸，并通知线路维护单位××供电公司查线。4月7日1时30分，供电公司巡线人员发现花32C相耦合电容器靠线路侧的一组接地线未拆除，接地线已烧断。16时55分，花32花石线开关线路恢复送电。

2. 事故原因及暴露问题

（1）违反《安规》第4.1.13条，对装设的接地线，交班人员在运行日志上未做记录，也未重点交待。

（2）交接班人员交接时不认真，未全面核对现场设备的运行状况及接地线的装设状况。

（3）当值人员日常定期巡视不到位，多次巡视均未发现临时接地线。

（4）修、试、校工作完毕现场验收把关不严，因工作需要装设的临时接地线未及时拆除。

（5）当值人员素质低，对出口处故障判断错误，未能及时发现故障点。

3. 防范措施

（1）加强全体职工的安全意识教育，增强工作责任感，认真吸取事故教训，加大考核力度，强调落实，严肃责任追究。

（2）严格执行工作票制度、交接班制度、巡回检查制度。

（3）加强接地线管理。装、拆接地线，严格执行相关规定，做好记录，按值交待。

（4）全面检查临时接地线、接地桩的配备及使用情况，进一步完善防误装置功能。

案例7：由于接地刀闸拉杆与拐臂焊接处断裂，在接地刀闸与主触头未完全断开情况下，值班员操作中带接地刀闸送电

1. 事故简况

按照检修计划，××供电局安排110kV高韦Ⅱ线路开关、电流互感器、耦合电容器、线路保护及线路刀闸检修、预试工作。16时43分工作结束，地调调度员首先命令A变电站拆除了110kV高韦Ⅱ线路接地线。16时45分，又命令B变电站："韦高Ⅱ线由检修转冷备用，即拆除1140韦高Ⅱ线路接地线"。值班负责人邓××接令后，即命令值班员贾××、张××进行操作，贾××为监护人，张××为操作人。两人按照填好的操作票在模拟屏上进行模拟预演，16时48分开始进行实际操作，在现场操作中，贾××帮助解锁，张××进行操作。16时52分操作完毕，即报告值长汇报执行完毕。17时23分，高明变电站按照调度令合上1140高韦Ⅱ线开关向线路送电时，高韦Ⅱ线手合加速保护动作，开关跳闸。与此同时，韦庄变电站值班负责人邓××在控制室听到室外有异常响声，随即进行设备检查，发现110kV韦高Ⅱ线接地刀闸未拉开，拉杆与拐臂焊接处断开，造成110kV高韦Ⅱ线带接地刀闸送电的恶性误操作事故。

2. 事故原因及暴露问题

造成本次事故的直接原因是变电站运行值班人员未认真执行倒闸操作有关规定，操作时思想不集中，造成检查项目漏项，在接地刀闸拉杆与拐臂焊接处断裂、接地刀闸未与主设备触头完全断开的情况下，误认为接地刀闸已拉开，并汇报调度操作结束，导致本次恶性误操作事故的发生。

事故暴露问题：

（1）当值值班人员未认真执行倒闸操作的规定，操作后不检查核对刀闸实际位置，操作票项目漏项。

（2）当值值长没有按规定到位，对操作的正确性未进行复核。

（3）未严格执行倒闸操作中唱票复诵、项目检查和复查制度。

3. 防范措施

（1）严格执行"两票三制"，把"两票三制"落实到具体工作中。

（2）严格按照《安规》倒闸操作中模拟预演、唱票复诵、项目检查和复查的有关规定执行。

（3）组织《调规》、《电力生产事故调查规程》、《安规》和局颁发的新“两票”执行标准及考核细则的宣贯学习，认真开展规范化操作。

（4）加强职工安全思想意识教育，提高工作责任心。

案例8：小车开关装置故障，发生带接地开关合断路器，造成主变压器损坏

1. 事故简况

××超高压公司330kV变电站#1主变压器及三侧断路器、#1站用变压器预试、检修、保护校验工作全部完工，具备投运条件。19时06分，#1主变压器检修转运行。21时57分，变电站运行人员开始执行站调口令：“#1站用变压器由检修转运行”的操作，执行第10项操作任务“拉开151丁隔离开关”的操作时监护人代替操作人操作，且未操作到位；第2项操作任务“检查151丁隔离开关三相确已拉开”的操作中，操作人、监护人和第二、第三监护人员均只检查了接地开关位置指示灯绿灯亮（分闸指示灯），而接地开关实际未拉开。22时13分，运行人员远方操作合上151断路器时，造成三相短路，151断路器RCS—9621保护过流Ⅰ段动作断路器跳闸，同时，#1主变压器差动保护动作，三侧断路器跳闸，致使炳灵变电站#1主变压器低压线圈损坏，抢修后于4月25日12时30分恢复正常运行。

2. 事故原因及暴露问题

（1）严重违反《安规》（变电部分）第2.3.6.5条及《××省电力公司电力安全工作规程补充规定》第3.14条的规定，第11项操作任务“检查151丁隔离开关三相确已拉开”的执行中，操作人，监护人和第二、第三监护人员均只检查了接地开关位置指示灯绿灯亮（分闸指示灯），未落实《安规》中“至少应有两个及以上指示同时发生对应变化”的要求；操作票的操作项目未明确应检查的具体内容。

（2）倒闸操作极不严肃，操作过程违反《安规》（变电部分）第2.3.6.2条的规定，操作中未认真执行监护复诵制度，在执行第10项操作任务“拉开151丁隔离开关”的操作时，监护人代替操作人操作，而第二、第三监护人又未认真履行监护职责，监护制度流于形式。

（3）运行人员素质低下，思想麻痹．倒闸操作极不认真，操作过程违反《安规》（变电部分）第2.3.4.3条的规定，设备检修后合闸送电前，未认真检查送电范围内接地开关已拉开，接地线已拆除，给事故的发生留下了隐患。

（4）KYN28A－12（z）/T1250－31.5型小车开关柜制造质量不良，存在机械闭锁装置失效，接地开关分、合位置指示灯指示错误等装置性违章，也是造成事故的间接原因。

（5）设备运行维护及缺陷管理工作不到位，小车开关柜2006年11月改造更换，存在制造质量问题，运行管理单位验收把关不严，在2007年4月的检修中未能发现并消除缺陷。

3. 防范措施

（1）严格执行“两票三制”、运行操作规程，强化对“两票三制”执行过程的考核、监督，强化对操作过程的监护，强化现场的安全监控和监督检查。

（2）进一步强化变电运行管理工作，切实有效地开展基本功训练和规范化操作培训，提高运行人员的操作技能。

（3）加强对《安规》的学习、理解和掌握，并在现场工作中认真执行。

（4）对存在无法验电或对于操作后无法看到实际位置的设备，要明确规定“二元变化”的具体内容，并必须填入操作票。

（5）进一步落实防范电气误操作事故的措施，开展装置性违章核查，对变电站防误闭锁装置进行全面细致检查。

案例9：刀闸控制回路绝缘不良，造成带地线合闸，导致变电站全停

1. 事故简况

××供电公司220kV变电站220kV石斗25332隔离开关调换，由GW4－220调换为S2DAT型，因25337接地开关与25332隔离开关在同一组隔离开关上，所以在25337接地开关前加装了临时接地线。220kV设备为高型布置，220kV正母线隔离开关25331（型号为GW4－220）及操作箱在高型构架上，220kV副母线隔离开关在地面。

15时56分，隔离开关更换工作结束，检修人员在验收过程中，合上2533断路器回路隔离开关控制回路电源后（回路的正副母隔离开关和出线隔离开关的控制回路共用一个电源），当拉开220kV石斗线25337接地开关时，高型构架上25331正母隔离开关自动合上，经临时接地线三相短路接地，造成带地线合隔离开关，220kV母差保护动作跳开220kV正母线全部断路器，220kV正母线停电，甩负荷112MW。变电站所带的110kV、35kV变电站备自投均自投成功，转移负荷85MW，损失负荷27MW。16时10分，110kV正副母线恢复供电，19时39分，220kV正母线恢复送电。

2. 事故原因及暴露问题

（1）事故后，对2533断路器回路隔离开关的控制回路检查发现，25331隔离开关的合闸回路呈导通状态，导通点为1HA合闸按钮，造成25331隔离开关整个操作回路接通，隔离开关合闸接触器动作，造成25331隔离开关自行合闸。

（2）防误装置考虑不周全。在220kV正、副母线和出线隔离开关操作控制回路共用一个电源的情况下，防护措施考虑不周全，未采取可靠的防误装置断开25331隔离开关电源控制回路，导致隔离开关自动合闸，发生全站停电事故。

（3）防误装置运行维护不到位。由于其他单位发生过现场误合隔离开关，因此开关端子箱内全部操作按钮用绝缘板封闭，操作按钮缺少检查和维护。

（4）作业危险点分析不全面。对作业的危险点分析预控重点放在防人身、防设备损坏方面，对二次回路存在的危险源、危险点分析不全面，缺乏深度。

3. 防范措施

（1）加强生产现场全过程管理，做到组织到位、管理到位、人员到位、措施到位、工

作到位、责任到位、监督到位、执行到位。

（2）完善各变电站的防误闭锁功能，在隔离开关的电动操作控制回路中串联闭锁回路控制接点或锁具。

（3）加强防误装置运行维护，严格履行倒闸操作、检修工作、事故处理、特殊操作和装置异常等情况下的解锁申请、批准、解锁监护、解锁使用记录等规定。

（4）对所有同类型、同二次回路接线的隔离开关，结合停电对开关端子箱二次回路进行检查，更换绝缘不良的按钮。

（5）加快防误闭锁完善改造步伐，结合25331隔离开关调换，在隔离开关控制箱回路中加入电编码锁。

（6）提高员工对危险源、危险点分析水平，加大现场危险点分析预控力度，提高员工对危险源、危险点的辨识能力，对各类危险点进行重点监控。

（7）加强员工培训，使操作人员熟悉和掌握防误装置的结构、性能、基本原理，做到会正确使用。

案例10：旁路母线带接地开关合闸误操作事故

1. 事故简况

××电力局220kV变电站，为配合110kV变电站Ⅱ期扩建进行110kV放线，110kV正、副母线，旁路母线全停。利用本次停电机会，变电站设备进行消缺、检修工作。10日15时50分，工作结束。20时55分，运行人员在执行“110kV旁路断路器由冷备用改正母对旁母充电”操作任务时，110kV母差、#1主变压器重瓦斯保护动作，三江1173线断路器、闸之176线断路器、110kV母联断路器、#1主变压器三侧断路器、#2主变压器110kV断路器跳闸，110kV正、副母线停电。经查：110kV旁路断路器母线侧接地开关动触头烧毁，接地静触头熔化，闸刀靠断路器侧绝缘子上部釉面泛白，有过热现象，闸刀靠母线侧触头有被烧灼痕迹，110kV旁路正母闸刀主触头烧毁。经事故抢修于22时44分，#2主变压器由副母热备用改为正母运行，110kV三江1173线、35kV系统恢复运行。

2. 事故原因及暴露问题

（1）检修人员在完成110kV旁路断路器间隔工作后，违反规定未将110kV旁路断路器母线侧接地开关恢复到断开状态，是造成本次误操作事故的主要原因。

（2）运行人员在设备验收时，未仔细核对设备状态，未发现110kV旁路断路器母线侧接地开关在合上位置，是造成误操作事故的重要原因。

（3）运行人员安全意识淡薄，工作责任心不强，违反变电倒闸操作“六要七禁八步一流程”的规定，是造成事故的另一重要原因。

3. 防范措施

（1）加强对运行、检修人员工作责任心和安全意识教育，严格执行安规、省公司变电运行倒闸操作和工作票，执行“六要七禁八步一流程”以及变电检修现场作业“三要、六禁、九步”等现场作业规范。

（2）运行、检修人员在设备验收时应严格执行安规中的规定，设备验收前必须确认恢复到正常状态。设备验收后任何人不得改变设备状态。

（3）加大反违章力度，加强稽查，严格执行安全奖惩考核制度。

（4）强化作业人员的现场应会技能和规章制度的学习，并明确规章制度的目的和意义。在全局范围内进行一次运行、检修工作的风险教育，开展防误操作大讨论，严格现场操作，规范作业流程，杜绝责任事故。

案例11：带接地刀闸合断路器恶性误操作事故

1. 事故简况

事故前运行方式，××供电局110kV变电站110kV Ⅰ、Ⅱ段母线并列运行，110kV 121古宣线运行带113电铁Ⅰ回线、#1主变压器、11－9电压互感器（TV）；501带10kV Ⅰ、Ⅱ段母线运行。

供电局按检修计划进行#2主变压器，12－9TV及避雷器，112桥宣线断路器及电流互感器TA，122电铁Ⅱ回线断路器及TA，35kV Ⅰ、Ⅱ段母线及各出线检修，保护传动及112桥宣线加装线路TV工作。18时05分，以上检修工作除35kV Ⅰ、Ⅱ段母线及各出线检修外，其余工作全部结束。19时18分，现场操作监督人员（变电运行工区副主任）丁××在无调度命令的情况下，指使现场操作配合人员张×、雍××拆除112－1断路器侧、112－4隔离开关旁母侧两组地线。该两人在没有填写操作票的情况下拆除了上述两组接地线。19时15分，调度下令：112桥宣线断路器及线路由检修转冷备用。当值值班长周××接令后，没有进行现场实际操作，也没有到现场检查设备状态。经请示丁××后于19时26分汇报调度：112桥宣线断路器及线路已由检修转冷备用。19时32分，调度下令：11116桥宣线由检修转运行。20时22分，在合11116桥宣线断路器时，零序后加速保护动作，断路器跳闸。20时26分，调度命令变电站值班人员检查站内设备，经运行人员检查发现112－0隔离开关在合位，随即拉开112－0隔离开关并汇报调度。21时06分，11116桥宣线送电正常。

2. 事故原因及暴露问题

（1）违章指挥是造成本次事故的直接原因。工作现场管理混乱，个别领导及现场监护人员安全意识淡薄，有章不循、违章指挥、越俎代庖，没有真正起到监督监护作用。

（2）现场运行、工作人员安全意识淡薄，轻信盲从，思想麻痹，有章不循，无票工作，越位操作，工作责任心差。

（3）安全基础管理薄弱，重制度制定、轻制度落实，事故防范措施不细致，工作人员违章操作。

（4）生产管理工作方面存在漏洞，现场标准化作业未得到有效贯彻，致使现场工作随意性大，工作人员行为不规范。

（5）生产现场安全监督不到位，在贯彻落实安全生产责任制、安全生产法规、安全作业规程等有关安全制度方面监察不力。

3. 防范措施

（1）组织××供电局全体人员学习安全规程，增强职工安全意识。

（2）加强安全生产全过程管理，全面落实各级人员安全职责，严格各级人员安全责任、权限，各级人员要严格按照职责分工履行各自职责，决不允许包办代替、越俎代庖。

（3）定期深入现场督促、检查、指导标准化作业的实施。

（4）健全完善三级安全管理网络。各基层单位要根据本单位情况，尽快补充专职安监人员。

（5）认真做好各级人员思想教育工作，着力培养各级人员爱岗敬业的奉献精神，营造“关爱企业、关爱他人”的良好氛围。

（6）严格执行规范化倒闸操作，制定倒闸操作危险点分析及预控，严格执行安全技术交底，大型操作制定详细的停送电方案。

案例 12：因擅自扩大工作范围，发生带接地刀闸合隔离开关致使母线失压

1. 事故简况

××电业局变电站正常运行方式：220kV 双母线并列运行，#1 主变压器 610 断路器、长宝Ⅰ线 612 断路器、宝青线 616 断路器在 220kV Ⅰ母线运行，#2 主变压器 620 断路器、长宝Ⅱ线 608 断路器、金宝线 614 断路器在 220kV Ⅱ母线运行，母联兼旁路 600 断路器在合位，旁母线处于冷备用状态。事故前变电站运行方式：220kV Ⅱ母线运行，#1、#2 主变压器及 220kV 线路均接于Ⅱ母线运行，220kV Ⅰ母线实际处于检修状态（按调度命令应处于冷备用状态，但当时变电站站长蔡××已经擅自合上 6×10－2 接地刀闸）、旁母线冷备用。

11 日，宝青线 616 断路器及线路由运行转检修，进行宝青线 616 线路加装避雷针，变电站 616 断路器预试及无人值班改造工作。12 日 18 时，宝青线 616 线路工作和断路器预试工作竣工，但宝青线 616 间隔无人值班改造工作需要继续进行。所以省调安排 4 月 13 日用母联兼旁路 600 断路器代宝青线 616 断路器运行。

13 日 7 时 20 分，按调度命令，变电站开始进行母联兼旁路 600 断路器代 616 断路器的操作，在进行母线倒闸操作过程中，运行人员发现两个缺陷：一是 6121 隔离开关合不到位；二是 6001 隔离开关拉不开。操作人员随即将缺陷情况汇报省调及变电管理所生技股长郑××（××变电管理所负责所辖设备的检修和运行工作，变电所生技股分管检修、变电所运行股分管运行）。10 时 30 分，郑××带领开关检修班班员邓××和罗××来到宝庆变电站，办理一张工作任务为处理 6001 隔离开关拉不开故障的第二种工作票，工作负责人邓××和工作班成员罗××临时采取措施帮助倒闸操作人员拉开 6001 隔离开关，将 220kV Ⅰ母线转为冷备用。

为将 6001 隔离开关故障彻底处理好，15 时 50 分，郑××又再次签发工作任务为“220kV 宝庆变 6001 隔离开关分不开处理”的第一种工作票，工作负责人为变电管理所开关检修班副班长刘××。按工作票安全措施要求必须合上 220kV Ⅰ母 6×10－2 接地开关，但郑××考虑到如果按正规手续申请和操作，时间会比较长，就与××变电站站长蔡××商量自行合上 6×10－2 接地开关，蔡××表示同意。随后，站长蔡××在没有经过调度同意也没有填写倒闸操作票的情况下单人擅自合上了 6×10－2 接地开关。将 220kV

Ⅰ母线转为检修状态，并办理了工作票开工手续，许可开工。

17时左右，6001隔离开关消缺工作接近尾声，郑××对工作负责人刘××讲：“你们终结该工作票（6001消缺工作）后，再办一张工作票，处理6121隔离开关缺陷”。但刘××说6001隔离开关的工作还要一会儿才能处理完，并继续清理6001隔离开关工作现场。这时，郑××对在现场的蔡××和另外两位工作人员邓××、罗××讲：“6121隔离开关消缺工作要搞，你们去看一下6121隔离开关的缺陷”。于是，郑××、邓×、蔡××、罗××四人来到了6121隔离开关机构箱旁。同时，郑××看到在刘××的监护下，另一名工作人员王××在试分6001隔离开关，就没有向其他人交代，立即往6001隔离开关走去看6001隔离开关检修情况。郑××离开后，为方便邓××、罗××查看6121隔离开关故障情况，蔡××用微机防误装置的紧急解锁钥匙打开了6121机构箱门，准备处理6121隔离开关缺陷。但蔡××马上想起6×10－2接地刀闸还在合位，没有向邓××、罗××两人交代，就离开去拉6×10－2接地刀闸。邓××、罗××两人检查发现6121隔离开关机构的涡轮涡杆已脱扣，就用摇把将6121隔离开关脱扣部位调整好，邓××想试试6121隔离开关能不能合到位，就在不了解现场接线方式、不清楚带电部位、没有采取任何安全措施的情况下盲目按下6121隔离开关合闸按钮。由于当时蔡××还没有来得及拉开6×10－2接地刀闸，造成220kV Ⅰ母线带接地刀闸送电，220kV母差保护动作跳开220kV母线所有断路器。17时17分，值班人员汇报了事故情况，19时08分，变电站恢复正常方式。事故造成变电站220kV母线全停，母差保护动作跳开#1主变压器610断路器、#2主变压器620断路器、长宝Ⅱ线608断路器、长宝Ⅰ线612断路器、金宝线614断路器。此外，用户低压释放损失负荷15MW，电量0.5万kW·h。低频动作切除8条10kV线路，1条35kV线路，损失负荷19MW，电量1.6万kW·h。

2. 事故原因

（1）站长蔡××严重违反调度规程，未经调度同意，擅自合上220kV Ⅰ母线6×10－2接地刀闸，将220kV Ⅰ母线由冷备用转为检修状态。

（2）严重违反安规规定，站长蔡××无票单人操作，合上6×10－2接地刀闸；检修人员邓××、罗××无票工作，擅自检查、处理6121隔离开关缺陷。

（3）防误解锁钥匙管理不严。站内解锁钥匙没有按要求全部封存，该站除主控室封存一把解锁钥匙外，站长室还存放一把解锁钥匙。此次误操作就是站长使用站长室的解锁钥匙打开6121隔离开关的机构箱门造成的。

（4）变电管理所生技股股长郑××、变电站站长蔡××安全意识淡薄，没有处理好安全与进度、安全与任务的关系，共同违章，酿成事故。

（5）领导现场把关不到位。近一段时间对××变电站无人值班改造工作，××局召开了动员会，并且明确要求施工期间变电管理所要有一位副所长在现场把关，但事发当天，没有所级领导在场。

3. 防范措施

（1）加强规程制度的学习及执行力度。

（2）加强防误解锁钥匙的管理。

（3）加强两票的培训、检查及考核力度。

（4）严格执行现场把关制度。

（5）抓好作业现场安全管理，杜绝违章违纪行为。

案例13：验收流于形式，线路送电发生误操作事故

1. 事故简况

××电业局220kV变电所，110kV锋双乙线东隔离开关完善工作全部结束，变电所当值值班长孙××到现场验收后工作票收回。16时11分，调度下令（959号令）：110kV锋双乙线倒为正常运行方式，110kV旁路断路器恢复热备用。16时12分，监护人宫××、操作人郑××模拟后用电脑钥匙开始操作。16时15分，当操作到第5项"合上锋双乙线8637西刀闸"时，发生弧光短路并伴有声响，110kV母差保护动作，切除110kV西母线所有负荷。16时25分，送出全部负荷。

2. 事故原因及暴露问题

（1）变电所当值值班长孙××现场验收工作不认真，既没有对东隔离开关进行拉、合试验，又没发现该隔离开关在合位，即草率地为检修工作组办理了竣工手续。倒闸操作时，监护人宫××、操作人郑××没有对相关设备的状态进行检查，致使合上西隔离开关时西母线带电，经西、东隔离开关与接地的东母线构成回路，造成西母线接地短路，致使事故发生。

（2）暴露出检修人员责任心不强；没有严格按照有关规程、规定和标准化作业程序的要求工作，安全责任意识淡薄，工作马虎、不认真，随意性较强。部分检修人员技术素质和安全技能较差，对相关业务和规程、规定缺乏掌握，对安全工作不重视。

（3）暴露出验收人员执行标准化作业程序不认真，工作中出现省略或淡化的现象，工作不细致，存在侥幸心理。验收人员技术素质不高，责任心不强，没有整体安全意识，在验收工作中有严重违章行为。

（4）暴露出操作人和监护人安全意识不强，违反操作规程和相应的管理规定，工作中不认真、不细致、检查不到位，技术业务素质和安全素质低，人员的培训工作有待进一步提高。

（5）"反违章"活动开展不够深入和扎实，特别是"反违章"强调的责任到位、措施到位、执行到位、监督到位等一系列要求，在部分员工身上还只停留在口头上，"反违章"工作还没有真正成为职工的自觉行动。

（6）职能部门的管理人员在现场工作结束就撤离现场，忽略了验收和操作过程的监督，暴露出现场到位人员没有认真履行全过程、全方位监督，造成现场监管不力，工作中马马虎虎，存在严重的侥幸心理。反映出各级监管人员不能够严格执行规章制度，日常管理工作存在死角。

（7）暴露出安全管理工作的深度和广度不够，没有达到深层次、有效的管理，对"全员、全面、全过程、全方位"的安全管理理念理解片面。安全管理和安全培训手段比较单一，做的不实、不细，奖惩机制执行力度不够，使人员安全意识淡化，部分工作流于形式。

3. 防范措施

（1）各级领导干部重新认真学习《国家电网公司关于加强安全生产工作的决定》、《国家电网公司安全生产工作奖惩规定》、《国家电网公司安全生产职责规范》和《国家电网公司安全生产工作规定》等文件精神，并带领职工进行深入讨论，进一步增强全员的安全责任和安全意识。

（2）运行人员要严格按照《国家电网公司防止电气误操作安全管理规定》要求，认真、准确、完整地执行好操作票制度，严禁任何形式的违章行为。各级管理人员认真做好把关工作，认真核实现场设备实际情况，对违章现象坚决予以纠正和处罚，杜绝误操作事故的发生。

案例14：恢复送电时，发生带接地刀闸合隔离开关恶性误操作事故

1. 事故简况

×××发电厂变电站220kV上母线运行、#1主变压器组有功功率送出20MW、长平线有功功率送出7MW、平孔线有功功率送出8MW，下母线及母联断路器停电检修，#2主变压器停电检修，母差保护方式为“非选择”。当日下午，#2主变压器检修结束。15时48分，值班人员开始进行#2主变压器组检修措施恢复操作，操作任务为：#2主变压器及22号高厂变压器停电检修措施恢复，共计214项操作项目。16时04分，操作进行到31项拉开#2主变压器低压侧接地刀闸后，将该项打上对号，此时，监护人凌××将尚未操作的“拉开#2主变压器高压侧接地刀闸”项（第33项操作项目）上打上对号，就接着进行后续项目操作。16时34分，操作项目进行到第72项“合上#2主变压器高压侧0522上隔离开关”，当操作人员以电动方式合#2主变压器高压侧0522上隔离开关时，造成带接地刀闸合隔离开关的恶性误操作事故。事故造成变电站220kV母差保护动作，#1主变压器组、长平线、平孔线跳闸，使长平线、平孔线对端两套纵联保护动作跳闸，#1主停机，厂用电消失。事故发生后运行人员立即恢复厂用电，运行人员现场检查确认#2主变压器高压侧接地刀闸（0522地）在合位、#2主变压器上母线隔离开关（0522上）在合位，220kV上母线通过#2主变压器上隔离开关（0522上），经#2主变压器高压侧接地刀闸（0522地）三相短路接地，母差保护动作，经检查各断路器良好。17时06分，拉开#2主变压器高压侧接地刀闸（0522地），系统具备充电状态；17时46分，联系省调合上平孔线0512断路器，上母线充电良好，随后合上长平线0511断路器、#1主变压器高压侧0521断路器；18时10分，#1开机并网发电，此时系统恢复事故前的运行状态。

2. 事故原因及暴露问题

（1）运行分厂执行《安规》（变电部分）第2.3条关于倒闸操作的规定不严格，不按操作票填写顺序进行操作，随意在未操作的项目打上已完成的“√”记号，操作漏项、跳项，严重违章，执行《安规》流于形式。

（2）防误操作管理不到位。整个操作过程没有执行“××发电厂大型操作设第二监护人”的规定，发生事故时现场各级生产主管及安监人员没有一个人在现场监督指导；当值

值长没有组织当值人员对危险点进行分析、预控；接地线和接地刀闸揭示板功能没有发挥作用；事故时该站新老防误装置处于更替过程中，防误装置失去正常防误作用。

（3）值班人员安全培训不够，安全意识淡薄，习惯性违章时有发生。

3. 防范措施

（1）针对事故教训举一反三，组织有关人员对事故进行深入剖析，从主观找原因，立足自身找问题，彻底查明原因、吸取教训，深刻反思我们在安全管理工作中的薄弱环节和存在的问题，特别是在责任制落实上存在的问题，及时采取防范措施，严防同类事故再次发生。

（2）进一步落实安全生产责任制，强化安全培训，落实有关安全生产方面的规章制度，严格安全生产的过程控制和闭环管理，以“三铁”（铁的制度、铁的面孔、铁的处理）反“三违”（违章指挥、违章作业、违反劳动纪律），切实做到有章必循、违章必究、令行禁止，全面提高职工的安全意识。

三、带电装设接地线（合接地刀闸）

案例1：跳项操作站错位置，误合接地刀闸，造成线路跳闸

1. 事故简况

×××电业局一次变电所，6时56分接调度令：“66kV西轻乙线用旁路代配操作”。操作票填写正确。班长指派只有操作权的值班人员做监护人。开始两项操作正确。第三项操作票应为“合66kV旁路开关母线刀闸”，但两人自行改为“合旁路母线的丁刀闸（第五项）”。监护人让操作人回主控室取开丁刀闸程序锁的钥匙，此时监护人离开丁刀闸溜达。当操作人取丁刀闸钥匙回来时，监控人正溜达到丁接地刀闸处，两人也未核对，也未看票，打开接地刀闸程序锁即进行合闸，造成了旁路母线接地事故。

2. 事故原因及暴露问题

（1）值班长指派没有监护权、只有操作权的值班员担任监护人，在执行操作任务中，不使用操作票，二人自行做主跳项操作，是发生事故的主要原因。

（2）监护人不称职，不站在应该操作的设备旁，随意溜达，站错位置后，不执行“四对照”，即不核对设备名称、编号和位置，也不看操作票，是发生事故的主要原因。

事故暴露出对防误程序锁管理混乱，不执行解锁规定，不按程序操作，程序锁钥匙放置混乱，导致防误闭锁装置没有起到应有作用。

3. 防范措施

（1）严格执行变电所值班人员“三权”管理制度（“三权”即受令权、监护权和操作权），不指派不具备“三权”和值班人员担任相应的操作任务。

（2）认真执行有关“两票”的各项规定，如在执行中出现差错，除对违反者从严处理外，还应追究领导者责任。

（3）加强防误闭锁装置管理，对不执行解锁程序、不按程序进行操作和钥匙放错位置

等混乱现象从严处理。

案例2：没有进行“四对照”和不执行操作票中“验电”一项，误将接地线挂到带电设备上

1. 事故简况

××热电一厂66kV系统#1主变压器进行试验。操作前，操作票填写、预演等无错误。操作人在离开主盘时值长徐××又通过班长，增派一名电气第一值班员为第二监护人。

当操作人阎×、监护人王××来到开关场6611南刀闸附近时，看到地线已由巡视人员预先放在#1主变压器南刀闸南侧地面上（应放在南、北刀闸之间）。6时开始操作，6时37分挂#1主变压器6611南北刀闸间的地线时，操作人、监护人在没有进行“四对照”和未执行操作票中“验电”一项的情况下，就忙于操作，错误地将接地线挂往南母线与南刀闸引线，虽然增派了第二监护人，但第二监护人去设围栏，没起到监护作用。当地线接近A相引线时放电，产生弧光造成A、B相短路，母差保护动作，0s跳开南母线开关（6621、6601、6600、6604），电厂与系统解列，只带直配线负荷，总负荷由21MW减到近4MW。事故情况清楚后，6时50分合上6600母联开关，7时05分#2主变压器并列，负荷随即带出。

2. 事故原因及暴露问题

这次事故是严重违反“倒闸操作制度”造成的。

（1）操作票填写、预演虽然正确，但到现场后不按票操作，而是违章进行操作，本来第21项为“验电”项目，然而未带验电器，监护人也未坚持进行验电，也没有用绝缘杆进行验电，这项工作没做，反而在票上打了“√”是发生事故的主要原因。

（2）监护人严重失职，未做到尽职尽责，监护人到现场后觉得地线摆放位置不对，没有及时更正就忙于操作。增派的第二监护人，到现场不是去监护操作，而是忙于设置围栏，根本没有起到第二监护人的作用，是发生事故的重要原因。

（3）值班员事先摆放地线位置错误，是造成事故的诱导因素。

事故暴露出：有关领导及技术人员未到位，说明安全生产岗位责任制没有落实。

3. 防范措施

（1）从上到下进行安全生产教育，重点解决各级领导和管理人员思想不牢、安全意识淡薄等问题。在安全思想教育中要查思想、查制度、查三不伤害、查违章违纪及立体防护到位情况，进行安全管理整顿。

（2）召开安全生产专题讨论，针对事故举一反三，查找人身和设备上存在的问题，对安全活动质量较差的生产班组进行整顿和处罚。

（3）制定系统重大操作各级人员到位表，建立重大操作跟踪考核卡，进一步明确什么样的操作，哪些人员到场，什么人员负责通知，避免监督工作不到位，切实把责任落实到人。

（4）针对运行人员新人多的特点，强化岗位培训，学好学透《两票细则》，并在实际

操作中认真执行。

案例3：走错间隔，带电误合母线地刀，导致母线失压停运

1. 事故简况

××电业局500kV变电站乙值值班员按调度命令执行“604母联断路器、220kV Ⅰ母及6×14电压互感器由运行转检修”的操作任务。在操作到第54项合上220kV Ⅰ母6×10－2接地刀闸时，监护人、操作人错误地走到220kVⅡ母6×40－1接地刀闸处，未经验电，未经唱票、复诵，未进行“三核对”，通过解锁误将Ⅱ母接地刀闸6×40－1合上，造成Ⅱ母带电合地刀，Ⅱ母母差保护动作切除故障，Ⅱ母停电，9条出线开关和主变压器610开关全部跳闸停电。

2. 事故原因及暴露问题

运行人员在倒闸操作过程中，未唱票、复诵，没有核对开关、刀闸名称、位置和编号就盲目操作，违反了“验电，唱票、复诵和三核对”的规定，违反了《安规》第2.3.6.2条：“开始操作前，应先在模拟图（或微机防误装置、微机监控装置）上进行核对性模拟预演，无误后，再进行操作。操作前应先核对系统方式、设备名称、编号和位置，操作中应认真执行监护复诵制度（单人操作时也应高声唱票），宜全程录音”的规定。并且在合接地刀闸前没有验电，是造成事故的直接原因。

事故暴露出：

（1）操作人员责任心不强，违章、违纪现象严重。

（2）对防误装置管理和万能钥匙的管理不严，现场操作人员具体措施执行落实不到位。

（3）危险点分析与预控措施不到位，操作标准化与危险点分析流于形式的现象相当严重。

（4）防误装置缺陷没有及时处理。防误装置因设计方面原因，在合220kV母线地刀操作中需解锁的问题一直未解决。

（5）违反了《安规》第2.3.3.1条“特别重要和复杂的倒闸操作，由熟练的运行人员操作，运行值班负责人监护”的规定，担任监护的是一名正值班员，不是值班负责人。

3. 防范措施

（1）建立完善现场把关制度，分层分级、明确责任，强化变电站的现场操作把关。

（2）加强和规范现场作业危险点预测和控制工作。

（3）加强电气倒闸操作的规范化培训和考试，推行变电运行倒闸操作行为标准。

案例4：带电合接地刀闸，造成母线失压

1. 事故简况

事故前运行方式：××供电分公司500kV变电站500kV第一、二、三串正常方式，经#1主变压器与220kV系统联络运行。220kV A母运行，#1主变压器201、汾绛线262、汾闻Ⅰ回263、汾闻Ⅱ回264、汾里Ⅰ回265、汾里Ⅱ回266、汾新线271、汾乔线273、汾郑线276开关上A母运行；B母和C母检修。

4日20时，变电站进行#2主变压器扩建工程调试验收工作；运行人员配合施工单位进行传动270间隔“五防”功能调试，需要断开220kV C母线上的2C10、2C20、2C30三组接地刀闸。电科院工作负责人通知站长王××，王××安排焦××、崔××操作，焦××在模拟盘上进行模拟预演后，程序传不到电脑钥匙上，焦××遂认为是“五防”系统有问题，王××便把解锁钥匙交给焦××，焦××、崔××二人去现场进行操作。在分别拉开2C10、2C20刀闸后，天气突变下起大雨，慌忙中绕过围栏去操作2C30刀闸时，误走2A50接地刀闸位置（2A50接地刀闸在断位）。20时12分，焦××、崔××2人在没有认真核对设备编号、刀闸状态的情况下，误合2A50接地刀闸，造成220kV A母经2A50接地刀闸对地放电，致使220kV母线差动保护动作，切除A母所带开关。同时，造成2座变电站220kV侧电源中断，110kV系统孤网运行，低频低压装置动作切除负荷106MW，侥幸未造成人身伤害和设备损坏。

20时39分，调度令合汾新线271开关对220kV A母充电，恢复所有出线负荷，21时36分220kV A母线恢复正常运行方式。

2. 事故原因及暴露问题

（1）监护人员和操作人员严重违反安规的有关规定。在拉开三组接地刀闸的情况下没有填写倒闸操作票，没有认真核对设备编号和状态，不认真执行监护复诵制度，工作中跨越安全遮栏，导致误走间隔，违章蛮干，将分接地刀闸误执行为合接地刀闸是造成本次事故的直接原因。

（2）执行防误闭锁管理规定不严格。在执行拉开2C10、2C20、2C30任务时，没有认真核查电脑钥匙不能接受数据的原因，想当然地认为扩建期间微机闭锁可能不能使用，站长没按规定程序批准解锁钥匙使用，没有进行危险因素分析与控制，随意进行解锁操作，微机闭锁管理混乱是造成本次事故的又一个直接原因。

（3）操作人员行为随意性大，安全第一的思想没有牢固树立。只考虑工作进度，不进行危险因素分析，配合调试工作事先没告知当值人员，工作人员盲目自信，对特定条件下操作的危险性估计不足，当外部环境变化时，为赶进度忽视安全，致使忙中出错，走错间隔误合地刀。

本次事故暴露出该供电分公司安全生产基础薄弱、安全管理不到位、违章现象屡禁不止、现场安全措施不完善、人员安全责任不落实等一系列问题：

（1）责任心不强，违章、违纪现象严重。这次误操作事故是一系列违章造成的。暴露出了运行人员忽视安规等有关规定，操作马虎了事，违章操作，反映了××供电分公司反违章工作不力，纠察力度不够。

（2）暴露出运行人员对“五防”系统的性能掌握不够，是否需要使用解锁钥匙没有正确认识，现场危险因素分析、控制措施流于形式，对现场关键点、关键部位存在的安全隐患关注不够，安全管理过程中对人的管理手段不多，效果不好。

（3）执行现场安全设施规范不严格，安全遮栏不完整，没有按照全封闭作业要求进行布置，未将运行设备、检修设备有效完全隔离，没有起到规范人员活动范围作用，在保证安全措施落实到执行层这个关键环节上做的不细、不实。

（4）各级单位没有认真履行人员安全责任制，把关制度没得到落实，对人员的到位标准和行为规范要求不严，自身监督、管理不到位。

(5) 对500kV站增容工程管理、协调不力，组织措施落实不到位，调试工作无明确计划，配合调试任务的接受、许可和操作等环节失去控制，工作随意性大。

3. 防范措施

(1) 开展安全大检查、大整顿。严查各级人员安全责任制落实，修订人员到位标准，严格安全责任追究制度，加大安全监督力度，加强安全培训教育，提高全员安全意识。

(2) 严格执行“两票三制”，严格执行有关规章制度。严禁无票作业，同时规范运行人员的倒闸操作行为，加强倒闸操作时的安全监护。监护人和操作人要认真核对设备名称无误后，方可进行操作；严格执行倒闸操作六步骤，保证倒闸操作的安全、有序进行。

(3) 严格解锁钥匙的使用管理制度。要求各级人员，尤其是运行人员，认真按照省公司有关解锁钥匙的使用管理规定，加强对解锁钥匙的使用管理，严禁擅自解锁。使用解锁钥匙时，要进行危险因素分析，落实控制措施，严格监督，确保解锁钥匙使用全过程的可控和在控。

(4) 加强现场安全管理，规范施工现场措施。对各种施工作业现场，严格按照安规和公司的有关规定设置全封闭遮栏，将检修设备和运行设备明显有效隔离，同时在运行、检修设备上和遮栏的规定位置悬挂相应的安全标示牌，内容要标准，数量要足够，对运行和施工人员起到应有的安全作用。

(5) 对所有工程项目的“三措”进行重新审核，对工作任务不明确、安全措施不具体、组织措施不落实、危险因素分析不到位的项目停工整顿，规范施工单位和设备厂家人员进站规定，相关安全措施完善到位后，履行审核手续后方可开工。

(6) 落实各级人员安全生产责任制，提高对所属基建、电气安装、增容改造和扩建工程的安全监管力度，根据工程的规模和施工单位的数量，各分公司现场派人统一指挥、协调。保证安全、组织、技术措施落实到位。严格按照规章制度梳理好工作程序，确保工作有条不紊。

(7) 严禁为抢工程进度，工作人员疲劳作战，不顾安全盲目抢速度、随意作业。在施工进度与安全相矛盾时，要始终坚持“安全第一”的思想不动摇，各种调试和传动工作要有计划，提前向运行人员申请，防止临时动议，合理安排作业时间，加强从工程施工到投运的全过程安全管理，确保施工安全。

(8) 进一步加强运行技术管理，继续深化地刀、地线、微机闭锁等管理规定，在220kV变电站实行全过程录音监督，加大安全奖惩力度，在习惯性违章屡禁不止的情况下，从严考核，从重处罚。

案例5：带电合接地刀闸，主变压器三侧开关跳闸

1. 事故简况

××供电局进行330kV变电站110kV扩建Ⅱ母母线引流线搭接工作。由于110kV沣机线开关与工作地点安全距离不够，故将110kV沣机线由Ⅱ母运行倒至旁母运行，沣机开关转检修。11时50分，母线搭接工作结束。13时26分，地调下令将沣机开关由检修

转运行，旁母运行转冷备用。变电站操作人孙××，监护人陈××和第二监护人李××填写完操作票后，在进行模拟预演中防误闭锁系统出现故障，模拟信息无法传输到电脑钥匙，李××经站长同意并登记后，取出解锁钥匙到现场进行操作。13 时 58 分，在执行操作票第一项“拉开 112577 沣机开关线路侧接地刀闸”时，误将同一水泥支柱构架的 112567 沣机线接地刀闸“五防”锁具解锁，该地刀闸在合闸中途导线对地放电，造成沣机线短路接地，旁路开关保护接地Ⅰ段、零序Ⅰ段动作跳闸，重合失败。#2 主变压器三侧开关跳闸（保护装置显示冷却器故障跳闸），事故未造成对外停电。

2. 事故原因及暴露问题

变电站操作人未严格执行有关倒闸操作规定，未认真执行唱票复诵制度，不认真核对设备名称、编号和位置，监护不到位是造成这起误操作事故的主要原因。第二监护人未待监护人唱票，越位解开 112567 沣机线地刀闭锁锁具，是导致事故发生的直接原因。操作人未认真核对设备名称、编号和位置，盲目操作。

事故暴露出：

（1）值班人员安全意识淡薄，工作责任心不强，未严格执行安规规定，倒闸操作未认真核对设备名称、编号和位置，盲目操作。

（2）操作监护人思想麻痹大意，履行职责不到位，操作把关不严，使监护工作流于形式。

（3）倒闸操作危险性分析及预控不足，对于使用万用解锁钥匙进行倒闸操作可能出现的危险点认识不足。

（4）安全思想教育和班组基础管理工作不扎实，职工安全意识、防范意识淡薄。

（5）工作人员未能养成良好的工作习惯，标准化作业规定执行不到位，未严格按《变电站倒闸操作标准化作业指导书》及《变电站倒闸操作规范》要求进行倒闸操作。

（6）未能认真贯彻执行现场管理有关规定，对于大型或复杂操作，没有认真履行到位监督，未能做到全过程控制。

3. 防范措施

（1）立即对各变电站防误闭锁装置进行检查，发现问题，及时消缺。无法消缺的必须采取临时措施，并经总工程师批准。

（2）严格执行安规对倒闸操作的各项要求，严格按照模拟预演，核对设备名称、编号和位置，唱票复诵，项目检查和复查的有关规定执行。认真开展规范化倒闸操作工作。

（3）严格执行《防止电气误操作装置管理规定》，做好运行维护工作，确保闭锁装置的完好性。严肃防误闭锁解锁钥匙保管和使用规定，加强危险点分析预控，使用万用解锁钥匙时加强监督。

（4）严格执行倒闸操作工作中的管理干部和安全纠察员到位规定，要落实各级管理人员到位职责。

（5）加强职工安全思想意识教育，提高工作责任心。

案例 6：违章操作，造成带电合接地刀闸误操作事故

1. 事故简况

××供电公司××变电站 110kV 花小“T”湖线 91 号开关及#2 主变压器停电检修工

作结束进行验收，变电工区集控站李××在后台机遥控分合91201时，在没有监护人、没有核对设备名称、编号及位置的情况下，误将110kV花小“T”湖线线路接地刀闸9120点击，造成带电合线路接地刀闸的恶性误操作事故。

2. 事故原因及暴露问题

(1) 人员违章操作。

(2) 操作队管理人员作业现场有章不循、随意指挥、混岗操作，作业人员对违章不制止、不纠正。

(3) 运行工区管理人员虽然知道变电站存在安全隐患，但没有对此做进一步分析并制定防范措施和规定。

(4) 供电公司管理部门对变电站长期存在的安全隐患不清楚，对综自站快速发展给运行专业带来的影响没有做深入研究，对综自、通信设备隐患可能产生的后果认识不深，忽视了细节性关键问题。

(5) 领导层面没有很好地解决防误管理主体及自动化、通信、保护专业的衔接、融合问题，没有为运行人员创造完善的技术安全环境。

(6) 公司生技、安监部门对基层的技术和安全管理工作缺乏深入的了解和指导。

3. 防范措施

(1) 制定《运行人员岗位操作规范》，并在规范中明确管理人员不能从事值班负责人、工作许可人的工作。

(2) 在调试、传动后台机工作过程中，检修单位要制定保护及综自系统调试传动方案(附在作业指导书中)。明确传动范围、传动项目、传动中的危险点和责任人。

(3) 对变电站线路接地刀闸，加装线路有电闭锁装置，完善变电站微机“五防”功能。

(4) 对涉及多部门检修和抢修工作，生产管理部门首先应确定好现场总体负责人，并及时制定总体工作方案，确保工作有序进行。

四、误停电

案例1：进行倒母线操作时漏项，造成母线停电

1. 事故简况

事故前运行方式：×××供电公司变电站220kV为双母线单分段接线并列运行，4801断路器及#1主变压器带全站负荷。110kV为双母线单分段接线，#1主变压器110kV侧701断路器，721、723、881、717出线断路器运行于ⅡA母线，718、722、728出线断路器运行于ⅡB母线，ⅡA与ⅡB母线的分段700断路器运行，Ⅰ母与ⅡA母线710联络断路器热备用，Ⅰ母与ⅡB母线720联络断路器热备用。35kV为单母线分段接线，#1主变压器301断路器及出线327断路器、电容器307断路器运行于35kV Ⅰ母，35kV Ⅱ母热备用。

事故经过及处理情况：上午，变电站倒母线操作中，操作票填票人李××在操作项中

漏填了将主变压器中压侧 701 断路器由 110kV ⅡA 母线倒至Ⅰ母线运行的操作项目，主值潘××在审票中未发现漏项，接班操作人员副值洪××、主值谷××、站长韩××在审票中仍未发现操作票漏项。"五防"模拟操作中，五防闭锁系统未发出任何闭锁和告警提示。实际操作中对所有运行的出线断路器进行了倒母线操作，但未对#1 主变压器 110kV 侧 701 断路器倒换母线。10 点 32 分，拉开 110kV Ⅰ母与ⅡB 母母联 720 断路器时，监控机发"110kVⅠ母 TV 电压回路断线"文字告警，运行人员未能及时发现，继续拉开了 7201、7202 隔离开关。在准备操作拉开 700 断路器时发现 701 断路器负荷潮流指示为零。操作人员发现操作错误后立即停止操作、汇报地调，对 110kV 所有设备外观进行检查，未发现异常。于 10 时 43 分合上 110kV Ⅰ母与ⅡA 母线的母联 710 断路器，恢复Ⅰ母线及所有出线运行。事故损失负荷约 90MW，损失电量约 1.64 万 kW·h。

2. 事故原因及暴露问题

(1) 部分员工的安全意识淡薄，安全规程学习不到位，业务水平较低，填票漏项。

(2) 部分员工工作责任心不强，两票审核制度执行不严，在审票过程中没有认真进行审核。

(3) 两票操作过程中"六要八步骤"的规范执行存在欠缺，特别是对于检查项的执行不能按照要求严肃认真对待。

(4) 五防闭锁装置功能不全，不能满足实际运行需要，变电站"五防"系统不具备倒母操作防误闭锁或提示功能。

(5) 危险点分析预控工作流于形式，没有进行有针对性的危险点分析。

3. 防范措施

(1) 结合实际开展业务培训和技能培训，提高一线员工安全意识和业务素质，重点针对变电站特殊接线方式、特殊设备开展差别化技术培训，让每个值班人员都做到熟悉设备、掌握运行规程。

(2) 认真执行倒闸操作的"六要八步骤"，规范操作票的填写和审核程序，开展有针对性的危险点分析与预控。

(3) 规范交接班管理制度，强化交接班纪律，使值班员在交接班过程中做到交得清楚，接得明白。

(4) 对各变电站五防闭锁系统开展一次全面排查。针对"五防"闭锁装置存在的缺陷，制订整改计划，尽早整改。在未整改前，采取必要的防范措施。

案例 2：运行人员误拉断路器

1. 事故简况

事故前运行方式：××电业局 110kV 变电站 110kV 屏天线 162 断路器在热备用状态，110kV 豆天线供 110kV Ⅰ、Ⅱ母，经天九线 166 断路器供九都变电站，经天高线 164 断路器供高县变电站，经#1 主变压器供 10kV 负荷，经#2 主变压器供 35kV 负荷。21 时 45 分，××电厂值班员发现 110kV 主供××变电站的豆天线阻波器线夹发热达 134℃，向地调做了汇报，地调决定调整变电站运行方式，将 110kV 豆天线经#1 主变压器供 10kV 负荷，110kV 屏天线经#2 主变压器供 35kV 负荷，以减轻 110kV 豆天线负荷，随即向城区供电局监控班下达了操作命令。

22 时 35 分，城区供电局监控班运行人员操作至拉开 110kV 母联 100 断路器时，发生误拉#1 主变压器 101 断路器的误操作事故。事故发生后，当值值班人员立即停止操作，向调度汇报，经值班人员检查后，22 时 49 分合上#1 主变压器 101 断路器，恢复对 101 供电。

2. 事故原因及暴露问题

(1) 值班人员安全意识淡薄，未认真吸取事故教训，对违章危害认识不足。

(2) 倒闸操作“八步操作法”特别是监护复诵制执行不严，值班人员在操作中没有严格执行唱票复诵就直接操作。

(3) 新进员工专业技能、业务素质、安全意识不高，表现为对现场接线、设备不熟悉，其识险、避险、排险的意识和能力较差。

(4) 工作组织安排不合理。

(5) 变电运行管理不能跟上电网快速发展的要求。

3. 防范措施

(1) 组织员工开展大讨论，深刻吸取事故教训。

(2) 严肃劳动纪律，加强安全监督检查，落实责任追究，狠抓“反违章”工作。

(3) 开展好安全专项教育培训工作。

(4) 加强变电运行管理，着力解决存在的具体问题。

(5) 加强安全风险评估，采取有针对性的预控措施。

案例 3：运行方式与模拟图板不符，填票时漏项，造成误停电

1. 事故简况

××电业局一次变电所，计划从 7 时至 17 时，进行 60kV 南母线、旁路母线及母联开关停电检修。当时的运行方式是：#1 主变压器在 60kV 南母线，带梅采、梅白、梅朝三条线路；#2 主变压器在 60kV 北母线，带梅辽、梅二、梅柳三条线路。两条母线通过母联开关并列运行，梅黑线停电检查，处于备用。电源由 220kV 侧通过#1、#2 主变压器供给。

9 日，调度对梅河一次变电所发综合令。根据调度命令，由值班长裴××按图板标志填写操作票，监护人李××，值班长张××、副值班长刘××审核后，由所长高××，助理工程师李××主持当班全体人员研究了操作票的有关事宜。10 日，操作前在模拟图板上做了预演，由于图板结线与实际运行方式不符，误将梅采线接到北母线上，从所长到值班员都误认为梅采线由北母线供电，所以虽经审票、演习，也没有发现这个问题，没有将梅采线填入操作票内，造成操作票漏项。7 时 20 分，按操作票将#1 主变压器、梅白、梅朝线倒至北母线，在拉开母联开关时，就造成梅采线停电，经处理 7 时 36 分恢复送电。

2. 事故原因及暴露问题

(1) 3 月 2 日，梅黑线停电检查，将备用的梅采线投入南母线运行，当班值班员在交班时，交代清楚，并做了记录。3 月 10 日，所有在场人员都错误地认为梅采线在北母运

行。此间，虽经两班（变电所采取两大班值班制）多次交接班和巡视审查，却未发现梅采线实际运行方式与图板不一致。是谁将图板结线变更，没有查清。这些运行管理上出现的漏洞，是发生事故的主要原因。

(2) 执行规程制度不严是发生事故的重要原因。在拉开母联开关前，没有检查北母线上的刀闸位置，也没有认真的检查负荷分配情况，母联开关的电流表表盘刻度大，而电流相对小一些，造成错误地认为无电流指示。

(3) 工作人员责任心不强，为这次事故的发生提供了条件。操作前与调度通话时，调度员曾提出将南母线上的梅采、梅白、梅朝线倒至北母线，而值班长张××却回答梅采线原来就在北母运行。发生这样的疑问，双方未认真核对，值班人员也未到现场察看。

事故暴露出：所领导及专责工程师没有按规定参加交接班，导致对运行方式不清楚；操作人和监护人对设备情况不了解，尤其是操作人刚到所不到半年，就直接参加操作，缺乏实际经验。

3. 防范措施

(1) 严格执行《交接班制度》，运行方式发生改变，必须在模拟图板上及时变更。对于运行方式不符之处，应马上查明原因，向领导汇报，并及时改正过来。

(2) 操作人、监护人必须经过严格培训，并根据其技术理论水平、规程制度熟练程度、运行经验多少，经全面考核后授予操作权、监护权、受令权。不具备“三权”的人员不得参加倒闸操作。

(3) 在执行操作票过程中，一定要严肃认真地执行“四把关”、“四对照”，并采取跟踪考核的办法来强化“四把关”、“四对照”的贯彻执行。

案例 4：主变压器停电操作时，误停母线

1. 事故简况

××电业局 220kV 变电所，根据调度安排，#1、#2 主变压器停电，变电所 60kV 负荷分别由吉热甲、乙线经南、北母线供电。4 月 1 日，按此方式调度下达操作计划，变电所填写了操作票。17 时 20 分，一次变电所侧吉热甲线 4603 开关机构油泵故障，经调度同意将联在南母线的吉热甲线由旁路 4600 经北母线带出，停止吉热甲线 4603 开关运行。4 月 2 日 5 时，变电所二值按 1 日开好的操作票执行了前 32 项，以下项目交给三值执行。

在调度指挥下，10 时 47 分在拉开#2 主变压器南母线 421 开关时警报响，60kV 电压回路断线，事故照明等灯窗显示，这才发现吉热甲、乙线均在北母线运行，造成南母线误停电。10 时 53 分，拉开旁路 4600 南刀闸及开关，送出南母线所带的#3 主变压器和 63kV 系统。

2. 事故原因及暴露问题

(1) 严重违反倒闸操作制度和交接班制度是发生事故的主要原因。调度下的操作计划和变电所填写的操作票均按正常系统运行方式，当吉热甲线运行方式改变，调度和变电所的值班人员没有及时更正操作计划和操作票，操作预演和交接班都没有核对系统运行方式，没有把住操作票填写、审核、预演关，导致发生误操作事故。

(2) 变电所所长是此次操作的组织者和领导人，吉热甲线改变运行方式，没发现应更

改操作票。运行人员提出吉热甲、乙线平衡、差动重合闸已脱离，票上还有此项目，该票是否能用，所长竟然决定视为提前实现了，可以用。而且，对正式操作票既没全面审核也没签名，交接班和操作票预演不认真、流于形式，使错误操作票通过数关，说明平时管理不善，要求不严。吉热甲线开关油泵故障又没及时组织处理，是发生事故的重要原因。

3. 防范措施

(1) 填写操作票前必须核对操作令与系统运行方式，是否相符及正确。

(2) 交接班时必须详细交代系统运行方式，尤其是运行方式发生变更要做特殊交代，并详细检查设备状况。

(3) 模拟预演必须认真，详细对照系统，逐项核对；大型复杂操作，所长及有关专业科室必须详细审核工作票和操作票。

案例5：非值班人员误按开关按钮，造成对外停电事故

1. 事故简况

某农具厂两名工人，到××供电局××变电所找值班工方××（方××住变电所，在家休息）。16时左右，两工人提议打麻将，方××就把值班工张××叫来。这时张××正当班，张××即脱岗参与赌博。晚8时多，因室外照明灯未开，室内小虫飞舞，干扰打牌，方××指示其妻王××（非值班人员）到控制室所用盘上推室外照明开关，张××点头同意。王××进控制室误将所用盘低压总开关合上，预告警铃响，王××心慌意乱中赶忙去中央信号盘按解除音响按钮，又跑错位置，错按了邻盘的35kV八四线385开关寻找接地按钮，造成线路停电。张××、方××闻讯后，即赶至控制室，知道王××误按了开关。张××、方××合谋编造谎言，由张××向调度汇报："385开关过流保护动作，开关跳闸。"调度令试送385开关，一次成功，线路停电2分钟。

2. 事故原因及暴露问题

(1) 值班人员严重无组织、无纪律，擅自脱岗参加赌博，无视值班纪律，让其妻进入控制室推上室外照明开关，造成误操作，是发生事故的主要原因。

(2) 张××和方××曾发生过脱岗参加赌博，只是在大会上作过检查，没有受到深刻教育，这次又重犯，并在事故后合谋隐瞒，情节十分恶劣，影响极坏。

3. 防范措施

(1) 加强职工思想教育，严明纪律，严禁职工参与赌博，值班期间不允许脱岗参加赌博，发现违反值班纪律严惩不贷。

(2) 禁止非值班人员及家属进入变电所和控制室，更不允许随意动用变电所的各种设备。

案例6：因运行人员操作不当，导致线路开关跳闸

1. 事故简况

事故前××电业局220kV变电站旁路开关代送南双甲线开关运行，南双甲线开关机

构进行缺陷处理。13 时 15 分，220kV 南双甲线 3111 开关液压机构缺陷处理结束，13 时 35 分开始执行调度操作指令，恢复 220kV 南双甲线 3111 开关由本线运行。操作过程中，在操作南双甲线 C 相微机保护屏跳闸切换压板时，操作人程××操作不当，保护跳闸切换压板搭落至本线位置，监护人刘××及第二监护人张××均未发现。14 时 12 分，当操作到切换南双甲线和旁路电流互感器 TA 端子时，由于电流突变，造成 C 相微机保护屏震荡闭锁距离Ⅰ段保护动作，南双甲线开关跳闸。14 时 45 分，执行调度命令，南双甲线由旁路开关代出。19 时 55 分，南双甲线恢复本线开关运行。

2. 事故原因及暴露问题

（1）运行人员操作不当，致使跳闸切换压板搭落至本线位置，在 TA 切换时，产生电流突变，造成保护动作，是导致此次事故的直接原因。

（2）操作人、监护人及第二监护人对操作后的保护压板位置没有进行仔细检查，没有及时发现存在的隐患，是造成跳闸事故的又一原因。

（3）操作人、监护人及第二监护人安全意识和技术水平差，对操作中的危险因素认识不清，对待工作的责任心不强。

暴露问题：

（1）这是一起由于运行人员操作不当造成的开关跳闸事故，主要原因是操作人员工作责任心差、专业素质低，没有严格执行规程中关于倒闸操作的有关规定，没有认真结合倒闸操作实际情况开展危险点分析，操作中马虎了事，没有认真核对保护跳闸压板位置。

（2）监护人和第二监护人没有严格履行监护职责，现场把关失职，没有及时发现跳闸压板存在的问题。

（3）运行管理工作存在漏洞，对一线职工的安全思想教育和专业技术培训力度不够，没有真正取得实效。

3. 防范措施

（1）加强运行管理，提高运行值班人员的责任心，严格执行两票制度，认真执行操作中的“四把关、四对照”。倒闸操作前必须认真进行倒闸操作危险点分析，找准危险因素，落实防范危险因素的控制措施。

（2）加大对职工的专业技术培训力度，加强对继电保护规程和调度规程的学习，使职工准确掌握规范的操作步骤。同时将运行人员开票和模拟操作作为每月的技术培训内容之一，严格考核。

（3）落实各级人员安全职责，各级管理人员要严格执行现场到位标准，并严格履行到位职责，从开票到倒闸操作的全过程进行监护把关，做到人员到位、管理到位、检查监督到位。

案例 7：因误投压板开关跳闸，导致主变压器停运

1. 事故简况

27 日 12 时 05 分，××供电公司 110kV 变电站#2 主变压器“调压轻瓦斯”保护动作，太 02、52 开关跳闸。经检查分析，开关跳闸系运行人员在操作中（5 日）误将“调

压轻瓦斯”压板投在跳闸位置引起。因#2主变压器停运，造成10kV #6母线失压。经处理，12时55分恢复正常供电。

2. 事故原因及暴露问题

（1）部分运行人员技术水平低下，亟待加强技术培训工作。

（2）运行巡视制度在部分变电站未能落实。

3. 防范措施

（1）加强运行维护制度的落实及考核力度。

（2）加强运行人员的岗位培训工作。

（3）对业务技能达不到要求的运行人员进行岗位调整。

案例8：主变压器因保护压板误投，导致母联开关误动跳闸

1. 事故简况

事故前运行方式：××供电公司220kV变电站220kV Ⅰ段母线带220kV梅南Ⅰ线、梅月线运行；220kV Ⅱ段母线带220kV梅南Ⅱ线、梅档线运行，母联231开关处于运行状态；#1、#2主变压器并列运行，110kV母线带梅珠线、梅瑞线、梅华线、梅进Ⅱ线运行；35kV Ⅰ、Ⅱ段母线并列运行，#1、#2站用变压器处运行状态。

12时07分05秒，变电站35kV #1站用变压器A、B相套管发生击穿，造成35kV母线A、B相间短路故障，#1主变压器低压后备保护启动，12时07分08.445秒低压后备复合电压过流保护 t_1 时限（3.0s）动作跳开35kV母联331开关，12时07分08.945秒低压后备复合电压过流保护 t_2 时限（3.5s）动作跳开#1主变压器低压侧301开关，同时#1主变压器高压侧后备复合电压方向过流保护 t_1 时限（3.5s）动作跳开220kV母联231开关，造成2台主变压器分裂运行30分钟，但未造成负荷损失。

2. 事故原因及暴露问题

（1）原《220kV变电站系统保护运行规程》中，#1主变压器运行规程中“220kV复合电压闭锁方向过流延时跳母联”压板要求退出，而目前使用的现场运行规程及实际压板位置均为投入位置。

（2）在保护定值整定时考虑到220kV复合电压闭锁方向过流延时 t，不跳母联，所以 t 时间为随机值，正好与低压侧后备复合电压过流保护跳低压侧301开关的时间一致。

事故暴露出现场规程修编过程中随意性大，尤其对发生变化的部分没有核实，审核人员没有把好关，使得现场规程有错误，说明安全生产管理存在薄弱环节。

3. 防范措施

（1）拆除跳母联压板。

（2）对变电站现场规程进行修编。

（3）按照“五查六复核”的要求，对保护定值、现场运规、保护压板进行认真、仔细的复核。

案例9：误拉线路开关

1. 事故简况

事故前方式：××供电公司某变电站1101开关检修，1121桃开三线运行于110kV甲母，1119桃开一线及1120桃开二线运行于110kV乙母。20时44分，变电站受地调200506510号令，任务：1121桃开三线由“运行”转“热备用”。收到令后，监护人郁××、操作人刘××拿着预先填写正确的操作票共同在模拟图上试操作。在试操作中，监护人去接地调电话（调度询问操作情况，操作票在监护人手中），在失去监护的情况下，操作人错误认为是操作1120桃开二线开关，擅自模拟操作了1120开关。监护人接完电话后，模拟操作已经完毕，就会同操作人开始实际操作，按照操作票顺序，退出了1121桃开三线保护屏重合压板，并核对正确。在操作到“拉开1121开关”时，监护人又去接地调催问1121开关是否拉开的电话，值班长回答马上就操作，此时操作人在没有监护的情况下，仍认为是操作1120开关，就独自核对设备位置、编号，将电脑钥匙插在1120开关位置，电脑钥匙提示“条件符合，可以操作”。20时50分，操作人、监护人在没有核对设备位置的情况下，监护人对操作人发出“拉开1121开关”的操作指令，操作人未手指设备编号进行复诵，就拉开了1120开关。监盘人员在抄录开关断开前负荷时，发现1121电流增大，1120电流为零，提出疑问后，监护人才意识到拉错了开关。

2. 事故原因及暴露问题

（1）严重违反《安规》（变电部分）第2.3.6.2条“操作前应先核对系统方式、设备名称、编号和位置，操作中应认真执行监护复诵制（单人操作时也应高声唱票），宜全过程录音。操作过程中应按操作票填写的顺序逐项操作。每操作完一步，应检查无误后做一个‘√’记号，全部操作完毕后进行复查”的规定，操作人未唱票，不复诵操作指令、不用手指设备编号、不看实际位置；监护人下达指令，不看实际位置。反映出规范化操作形同虚设，操作不严肃、不认真、不规范的习惯性违章根深蒂固。

（2）违反《安规》（变电部分）第2.3.6.3条“监护操作时，操作人在操作过程中不得有任何未经监护人同意的操作行为”的规定。操作人在失去监护前提下，独自进行操作。监护人在未核对操作人单独模拟操作是否正确情况下，就进行下一步操作，在一定程度纵容了操作人擅自操作的违章行为。

（3）安全生产管理上落实整改措施力度不够，反违章管理处罚不严，继“4·22”恶性误操作事故后再次发生误操作。

3. 防范措施

（1）狠抓习惯性违章，严肃倒闸操作的有关规定，保证倒闸操作的规范有序。按规范化操作步骤进行操作，并严格执行监护复诵制度，监护人员要真正起到监护的责任，从核对调令、审票、操作每个过程都必须严格监护，坚决杜绝操作人员在弃票或失去监护的情况下进行操作，杜绝误操作事故的发生。

（2）以反事故斗争为契机，加强人员行为教育和良好工作习惯的养成。通过规范人员行为，提高人员责任心和防范事故能力。

(3) 强化各级管理人员责任意识，重点是对照检查整改落实情况。继续加大对运行人员技术业务培训和考核工作，在安排操作任务时，要考虑人员搭配及精神状态。

案例10：误投压板导致线路停运

1. 事故简况

14时21分，××换流站事件记录发“5151开关第二组跳闸线圈启动，5151开关跳开”信号，检查发现5151开关三相跳开，5151开关保护盘CBP61上跳A、B、C灯亮。询问相邻盘柜检修工作人员，检修人员告知：在做5152开关保护整组试验中，误将5152开关保护盘内5152开关失灵启动5151开关永跳压板3LP13投入，导致5151开关跳闸。运行人员检查江复线一次设备和江复线线路保护、5151开关保护，确认无异常后，复归相关信号。14时48分，5151开关恢复运行。

2. 事故原因及暴露问题

(1) 有关检修和运行人员安全意识淡薄，责任心不强，规章制度执行不严，习惯性违章严重，现场监督不到位，是导致事故的主要原因。

(2) 防止误操作事故措施不到位，安全技术措施和组织措施没有有效实施，工作负责人与作业人员职责划分界面不清，没有有效履行职责，是造成事故的间接原因。

(3) 危险点分析和预控流于形式，对重大危险点无足够认识，对现场的监督和部署不周密，是造成事故的又一间接原因。

3. 防范措施

(1) 深刻吸取事故教训，高度重视安全生产工作，强化现场安全生产管理，强化危险点分析和控制，强化现场标准化作业，切实落实反事故安全、技术措施和组织措施。

(2) 组织全体员工重新学习《安规》、《调规》、《国家电网公司安全生产职责规范（试行）》、《国家电网公司安全生产工作奖惩规定》、《国家电网公司十八项电网重大反事故措施》、电力继电保护有关制度等规程规定，并对重点规程规定组织统一考试，确保取得实效。

(3) 按照各种岗位的不同要求，组织对各级人员进行岗位再培训，并组织统一考试，对上岗资格进行重新审定。

案例11：因运行人员漏合开关造成母线停电

1. 事故简况

××供电公司110kV变电站停113线路及113断路器，做113断路器、电流互感器预试工作。事故前站内运行方式：清立112断路器带110kV Ⅳ母线、#1变压器、#3变压器，母联145断路器在合位带110kV母线、#2变压器、#4变压器。孙立113断路器、113－2隔离开关、113－5隔离开关、113－9隔离开关在开位，113－75隔离开关、113－72隔离开关在合位，113－2断路器侧装设地线1组。14时50分，变电站113断路器、电流互感器TA预试工作完毕。23时23分，调度令：合上孙立113－9隔离开关，孙立113断路器由检修转运行，拉开母联145断路器，145自投运行。

25 日 0 时 14 分，监控班向操作队转令：合上孙立 113－9 隔离开关，孙立 113 断路器由检修转运行，0 时 40 分，操作队回令操作完毕，但此时并未合上 113 断路器。0 时 43 分，监控班远方拉开母联 145 断路器，出现#2 变压器、#4 变压器 10kV 低电压动作信号，发现 113 断路器在断开位置，110kV 母线停电，监控人员发现后，立即合上母联 145 断路器，事故造成 110kV 母线停电 1 分钟。

2. 事故原因及暴露问题

（1）操作队运行人员未将“孙立 113 断路器由检修转运行”的操作任务全部执行，只是将 113 断路器两侧接地短路线拆除，合上 113 断路器两侧隔离开关，未合上 113 断路器。监控班运行人员在拉开 145 断路器前未核对运行方式，没有发现 113 断路器在断开位置；虽然将“检查 112、113 负荷分配”列入操作票，但对操作过程中 113 负荷为 0 的异常情况未做分析，就将 145 断路器拉开是造成此次事故的直接原因。暴露出部分运行人员工作中未严格执行规程及倒闸操作相关制度，安全思想麻痹、责任心不强、业务水平较低。

（2）由于××供电公司集控站成立至今一直实行对调度命令的分解，即对调度命令中有关断路器的拉合操作，由监控班远方遥控执行，其他设备的操作由操作队现场进行执行，但对调度下达的综合命令不进行分解，直接转令给现场操作人员。操作队当值人员误认为“孙立 113 断路器由检修转运行”的综合命令中 113 断路器应由监控班远方操作。集控站分解令的执行不规范是造成此次事故的间接原因。事故暴露出供电公司变电站集控管理中对监控人员的职责定位、分解调度令方面，存在制度缺失、管理不到位的问题。

3. 防范措施

（1）停止执行对调度命令的分解执行办法，严格执行××电力公司制订的倒闸操作制度。

（2）加强对远行人员的监务技能培训，提高技术水平，以适应工作需要。

案例 12：并网操作过程中发生非同期并列，造成变电站全停

1. 事故简况

××电业局某变电站加装同期装置，产品型号为 WX－98F，××公司供货，产品为××自动化工程有限公司生产，由变电检修工区负责实施。施工前，变电检修工区编制了施工方案，绘制了施工设计图，并经局业务部门审核批准。工程于 5 日开工，7 日结束，并按照中调方式安排将 5 条 220kV 线路全部接入（220kV 托楼线、鲁托Ⅰ线、鲁托Ⅱ线、红托线、达托线）。进行了同期装置采样精度校核，二次回路检查，模拟试验，用实际母线电压及线路 TV 工作电压定相，观察装置液晶显示接入量的采样数值与实际情况相符等项目。由于安装时 5 条线路在运行状态，无法进行同期装置合闸试验。局生产运营部计划在托楼线停电检修期间组织验收同期装置。20 日，托楼线更换架空避雷线的工作全部结束，生产运营部组织变电检修工区、变电运维工区和地区调度中心对同期装置进行了验收。17 时 05 分，在托楼线线路充电时，生产运营部专责和保护班又检查了 220kV 托楼线同期装置显示结果，结果显示相差、角差、频差均为 0°左右。17 时 23 分，中调下令拉开

220kV托楼线2715断路器及两侧隔离开关。11月21日1时40分，中调下令220kV托楼线开始做假同期试验。1时45分，220kV托楼线假同期并列成功。中调下令拉开220kV托楼线2715断路器后，合上托楼线2715断路器两侧隔离开关。2时00分，中调令220kV托楼线同期并列。变电站值班员用同期装置对托楼线进行并网合闸，在同期屏合闸时值班员观察到系统侧与待并侧压差、频差不符合同期合闸条件要求，立即向中调值班员进行汇报，经调整，符合同期合闸条件后同期装置捕捉到符合同期合闸条件，于2时05分自动对托楼线进行并网合闸，同时托楼线WXB－11型、WXB－15型手合出口保护动作将托楼线断路器跳开，保护装置屏跳A、跳B、跳C、永跳灯亮。此时，B变电站楼哈线断路器没有跳闸，造成220kV变电站全停。2时15分，中调令A变电站合上220kV托楼线2715断路器，给线路送电。2时25分，B变电站恢复全部负荷。

2. 事故原因及暴露问题

(1) 变电站同期装置回路接线错误，220kV托楼线非同期合闸，是引起220kV托楼线跳闸的原因。

(2) ××电厂#5、#6机组热工保护动作停机，是造成220kV变电站全停、电厂全厂停电和地区限电的主要原因。

(3) 本次事故暴露出×××电业局大修、技改项目管理不到位，对新设备技术原理认识不足，新设备投运验收把关不严。

(4) 对并网电厂安全监督管理能力减弱，给电网安全运行带来隐患。

3. 防范措施

(1) 针对220kV变电站发生的非同期并网事故，及时召开事故分析会，分析装置深层次的安全隐患，全面梳理管理和作业现场存在的薄弱环节，制定措施，认真整改。

(2) 对同期装置二次回路接线认真核查，严格按照装置说明书进行接线，避免同类型事故的发生。

(3) 加强继电保护人员专业培训，尤其是在设备改造和新设备安装调试工作方面，要进一步规范调试方法，严把作业书的编制、审批关，确保二次设备正确无误。

(4) 将技改、大修、新建等工程开工前的协调会制度化，自下而上认真执行，通过协调会方式让相关单位和部室清楚任务，做好关键环节的控制。

五、误判断

案例1：值班人员对继电器的常闭结点误判断，造成晚送电

1. 事故简况

××一次变电所吉虻线停电检修，计划送电时间为19时。16时30分调度下令，吉虻线地线可拆除，开关推至送电位置，调度命令17时送电，不再联系，当时距送电时间还有8分钟。16时55分，监护人李××向值长报告，发现吉虻线启动中间继电器接点粘住了，值长命令监护人将直流保险丝取下，看继电器执行情况，继电器失磁后结点应断开，李××又将直流保险丝合上，继电器的结点又不闭合，将此情况向值长报告，值长命

令将开关放至试验位置进行一下合闸操作试验，试合两次没有成功。17 时向调度报告说：吉虻线保护有问题，不能按时送电，请找继电班。

2. 事故原因及暴露问题

由于值班员对二次回路不熟悉、不掌握，将继电器常闭结点误认为粘住了，向值长汇报错误情况，而值长缺乏自行分析判断能力，没有辨别正确与否，就认为继电器有问题，指挥处理不当，以致一误再误，造成晚送电，是发生事故的主要原因。

3. 防范措施

(1) 提高运行值班人员的技术水平与素质，特别是二次回路，继电保护等，应结合本所设备情况，逐项、逐条线路进行培训，达到掌握设备实际运行状态，防止出现误判断。

(2) 提高值班长对异常现象和事故的分析能力，遇有异常情况应亲自到现场检查，避免盲目指挥，以提高应对异常情况和事故的分析能力和处理水平。

案例 2：开关动力保险一相虚接，事故后开关重合、强送时均未合上，运行人员误判断，造成线路停电

1. 事故简况

××电业局变电所 110kV 榆江线"零序Ⅱ段保护动作"，开关跳闸，同时 110kV 接地、故障录波器动作并掉牌。当值值班长赵××、值班员华××发现线"重合闸动作"牌亮，绿灯灭（灯泡坏），赵××让华××去盘后检查保护动作情况，发现上述保护动作，并恢复了录波器、110kV 接地掉牌，却未恢复零序Ⅱ段保护掉牌。此时华××去户外检查榆江线开关，赵××更换绿色指示灯灯泡，更换后绿灯闪光，华××检查后向赵××汇报开关 B 相油发黑，其他无异常。5 时 27 分，当合上榆江线开关把手时，警报响，榆江线绿灯闪光，赵××即恢复把手。此时两人检查发现榆江线"零序Ⅱ段保护"掉牌（上一次动作未复归），其他无掉牌，赵××即认为榆江线开关强送不成功，并向调度和生调汇报。经巡视发现榆江线#156 杆 B 相第一片、第七片绝缘子表面闪络，整串绝缘子上都有鸟粪。经抢修后于 14 时 40 分恢复榆江线送电。检修工区对榆江线开关进行了 B 相绝缘油更换，在做传动试验时，开关合不上，经查找发现榆江线开关直流合闸电源上一级保险虚接（在#1 变压器 110kV 开关端子箱），更换后试验良好，故障录波片也证明开关只切除一次故障。

2. 事故原因及暴露问题

(1) 发生这次事故的起因是榆江线#156B 相绝缘子串上有鸟粪，造成第一片、第七片绝缘子表面闪络。

(2) 榆江线开关动力保险一相虚接，造成重合、强送时开关未合上，而运行人员又出现误判断，是发生事故的主要原因。

3. 防范措施

(1) 加强对运行人员的岗位培训，提高事故处理时的应变能力。举一反三，通过各种事故案例介绍的经验教训，查摆本单位及个人存在的问题。在事故处理时，一定要记清当时保护工作情况、设备外部征像，强送时一定要先恢复保护掉牌，合开关时要认真察看

表计。

（2）组织运行人员对本所各类各级保险进行检查，并标明保险规格。不合格的保险要立即更换，各级保险要匹配；每年春检、秋检和利用停电机会对动力保险进行检查，及时更换不合格的保险。

（3）取消变电所直流动力合闸回路的分级保险，用 $4mm^2$ 以上铜线短接。其他变电所，也要进行检查是否有类似情况，并安排计划逐步改造。对电磁机构的开关动力合闸回路加装保险熔断监视灯。变电所无直流合闸指示电流表的要逐步加装。

案例3：错误判断导致误操作事故后，领导班子集体隐瞒事故

1. 事故简况

×××一次变电所运行值班长接到调度科值班长“停汽轮机三线”的操作命令后，命令值班员郭××和潘×执行操作任务。由于潘×正在“电机一线”选线记量，急于操作，忘记了将“电机一线”的选线按钮复归，因此停“汽轮机三线”时，选线选不上。操作人、监护人不加分析，主观臆断，以为选线按钮不好使，便强行手动操作。结果，“电机一线”停电1分钟，造成一次误操作。

误操作事故发生后，值班长立即把事故情况向所长黄××进行了汇报，黄××正在开会，责成副所长李××处理。而后黄××、李××两人找支部书记刘××共同研究。刘××说：“是否先向工区汇报”，李××说：“应向局安监科打个招呼再说”，黄××说：“应慎重考虑，现在正处在企业整顿验收阶段，甲一次变出了事故，乙一次变也出了事故，我们又出了一次事故，哪儿也不能说，先瞒住以后再说”。并责成李××找值长谈：“这次事故就到你们这儿为止，不能再扩大范围”，就这样把事故隐瞒下来。

2. 事故原因及暴露问题

（1）发生这次误操作的直接原因是由于值班员在进行选线记量时，急于操作，忘记了将“电机一线”按钮复归，当选线不上时，又不分析查找原因，就主观臆断的认为选线按钮不好使而强行手动操作。

（2）这次误操作只是一般性误操作，但由于集体隐瞒事故，造成了极坏的影响，使原来工作上的错误，变成了组织上的错误，影响极坏。

3. 防范措施

所领导班子居然集体研究隐瞒事故，弄虚作假，骗取荣誉，岂能确保安全，又怎能带出过硬的队伍？因此必须严肃纪律，教育干部，各单位要引以为戒。对隐瞒事故的领导者要严肃处理，对真实反映事故情况的人要给予支持、表扬和保护，树立正气，打击歪风邪气。

案例4：变电站误合刀闸造成一般误操作事故

1. 事故简况

事故前运行方式：××供电局330kV变电站110kV Ⅰ母运行，110kV Ⅱ母停电，110kV旁母停电。主要工作内容为：05111青青甲线停电，05111－1、05111－2刀闸门

型构架至 05111－3 刀闸门型构架引流线及绝缘子更换；05111－3 刀闸至线路#1 塔引流线及绝缘子更换；05112 青河线停电线路清扫；05100 开关、TA 预试。上午 9 时左右，完成 110kV Ⅱ母及旁路母线停电检修操作许可。9 时 40 分，先后完成 05111 青青甲间隔检修、05112 青河线路停电检修许可。9 时 59 分左右，检修负责人根据现场检修需要，要求当值现场操作人员合上青青甲线 05111－4 刀闸。变电站当值操作人员未能理解清楚操作意图，也未请示当值值班长、变电站站长同意，在没有监护的情况下走错间隔，解锁操作（由于前面操作时经批准使用了解锁钥匙，尚未返还）合上相邻间隔的 05112－4 刀闸，被检修人员发现后纠正，未造成后果。

2. 事故原因及暴露问题

（1）安全管理存在漏洞，对人员管理不当，没有严格按规章制度执行。

（2）个别工作人员安全意识淡薄，对工作内容、工作目的、工作环境、运行方式不清楚。

（3）现场各级人员未能及时制止违章行为，现场安全监护存在漏洞，组织措施没有落实。

（4）“五防”解锁钥匙的使用管理不严格，使用后未及时返还、封存。

3. 防范措施

（1）加强规章制度的学习和安全思想教育工作，加强规范化倒闸操作培训，提高人员安全意识，规范人员安全行为。

（2）加强防误闭锁装置解锁钥匙的管理，特别要加强解锁钥匙的封存管理，使用后立即返回进行封存，防止解锁钥匙返回不及时用于其他操作，再次发生误操作事故。

（3）强化值班纪律，加强运行操作制度的管理，责任落实到人，做到安全责任明确。

第七章　变电运行工作中设备事故案例

一、季节性预防工作不到位

案例1：老鼠进入开关柜造成三相短路

1. 事故简况

××一次变电所值班员听到警报响，发现10kV配电室装置故障灯窗亮，室内照明灯灭，#2主变压器三次主开关红灯灭、绿灯闪光，检查保护，#2主变压器10kV过流保护动作。进入高压室检查，室内烟雾很浓，磐钢线开关柜起火，磐钢开关在切闸位置。拉开甲、乙刀闸后灭火。熄火后检查，在电缆头靠墙侧防鼠网上，有一只死老鼠，其他设备正常。5时35分，合上10kV主开关配出10kV负荷。

2. 事故原因及暴露问题

（1）由于多年没有发生鼠害，认为所采取的开关柜底部加防鼠网；开关、电流互感器相间加隔板；电缆头用塑料袋包扎、下灭鼠药等措施已经很可靠，因而产生麻痹思想，造成了电缆孔洞封堵不彻底，高压室门管理不严，是发生事故的主要原因。

（2）磐钢线电缆头是用户自维设备，由于塑料带包扎不严，老鼠进入开关柜引起短路，使磐钢线开关跳闸。短路后电缆铝质接线端子过热熔化及环氧树脂和塑料布带等起火，当开关重合时电弧重燃，柜下部浓烟及铝蒸气形成强大气流沿柜后墙壁上升，使空气绝缘强度降低，加之过电压使开关头部相间击穿，10kV主开关跳闸，造成设备烧损严重，是发生事故的重要原因。

3. 防范措施

（1）认真落实反事故措施，特别对防鼠害设施应进行全面细致检查，不允许疏忽大意。对用户自维设备的施工质量严格检查和验收，不合格者决不验收，做到不姑息迁就。

（2）防鼠害设施应列入运行人员正常巡视检查项目中，班班检查，人人检查，发现问题及时处理。

（3）关好高压室的门窗，并按规程规定加锁。

案例2：老鼠窜进开关间隔，造成单相接地，发展为三相弧光短路

1. 事故简况

××二次变电所运行方式为两台主变压器一次并列，二次通过母联开关并列运行。16时05分，#2主变压器一、二次过流保护动作，开关跳闸，10kV母联速断保护动作，开关跳闸，造成变电所部分配电线路停电，损失电量725kW·h。

事故后检查发现#2主变压器二次主开关间隔内窜进一只老鼠，已被烧焦，开关三相消弧室绝缘筒、接线板被电弧烧损。

2. 事故原因及暴露问题

发生事故的原因是：老鼠随工作人员出入时窜进室内，从间隔网门的开关机构上方约15cm×10cm方孔进入，沿开关操作水平拉杆爬到A相开关下部，造成单相接地，产生弧光，进而发展为三相弧光短路，引起三台开关跳闸。

3. 防范措施

(1) 加强职工的安全教育，增强责任心，做好防止小动物破坏工作，对可能进入老鼠的窗、门、沟、孔进行彻底检查和封堵。

(2) 按时投放灭鼠药、具，做好季节性防鼠害工作。

(3) 将防鼠害措施落到实处，百叶窗加装护网，高压室门加装挡板，开关柜、开关间隔做到无缝隙、无孔洞。

(4) 吸取鼠害事故教训，开展防小动物进入高压室造成事故的大检查，并将其列入春、秋检的一项重要内容，要查细、查实，发现问题切实加以解决。

案例3：因户外动物短路，导致开关烧损事故

1. 事故简况

事故前××水电总厂老厂11kV侧为单母线，#1、#2机各带负荷13500kW并列运行，并经#1主变压器与220kV镜联线并网运行，110kV侧带镜东线负荷。18日20时，#2机差动保护、复合电压闭锁过流保护动作，#2机开关跳闸；#1机复合电压闭锁过流保护动作，#1机开关跳闸；#1主变压器11kV侧复合电压闭锁过流保护动作，#1主变压器三侧开关跳闸。现场检查发现#2机开关已烧损。经检修人员将#1机开关与11kV母线断引后，22时35分220kV镜联线开关送电，#1主变压器恢复运行；22时45分110kV镜东线恢复运行；23时30分#1机恢复备用。#2机开关经更换后，于31日13时29分恢复备用。

2. 事故原因及暴露问题

事故原因是一只老鼠进入#2机的室外开关柜内，造成#2机差动保护动作。由于#2机只有A、B两相开关断开，而C相开关没能切断电弧，致使C相开关烧损。弧光引起三相短路并蔓延到开关的负荷侧（相当于11kV母线三相短路），致使#1主变压器11kV侧复合电压闭锁过流保护动作、#1机复合电压闭锁过流保护动作、#2机复合电压闭锁过流保护动作，致使老厂#1、#2机全停并与系统解列。

事故暴露出：

××水电总厂老厂#1主变压器11kV侧保护设计不健全。厂内运行方式发生变化后，没能及时进行保护适应性校验，没能按规程定期进行继电保护方案审定，在发生11kV母线短路时没有选择性，使本次事故#1主变压器停电。#2机室外开关柜内电缆护管封堵不严，致使小动物进入开关柜内。老厂11kV开关运行年久、老化，维护不当。

3. 防范措施

(1) 立即检查所有的电缆孔洞、护管的封堵情况，认真研究并落实防小动物措施。

(2) 落实资金更换可靠性高的开关，在没有更换新开关前，要加强对老开关的运行维护和检修工作。

(3) 尽快研究解决#1主变压器11kV侧保护设计不健全的问题，并对全厂的继电保护方案进行全面校核，以保证继电保护装置动作的正确性。

案例4：主变压器差动保护动作，三侧开关跳闸

1. 事故简况

××供电公司某集控站通过监控系统发现：××110kV无人值班变电站#2主变压器差动保护动作，跳开112、302、202三侧开关。值班人员立即向调度和变电工区汇报情况，并赶到现场检查。巡视设备发现#2主变压器10kV母线桥上横有一潮湿树枝，三相母线均有放电痕迹，值班人员将树枝取下，15时55分将负荷送出。当时负荷为0.6MW，损失电量1.06万kW·h。

2. 事故原因及暴露问题

经分析认为此次事故为鸟叼树枝落在母线上所致。暴露出运行人员设备巡视不及时的问题。

3. 防范措施

加强恶劣天气对设备的巡视。

案例5：控制电缆冻断，造成线路停电

1. 事故简况

××电业局××变电所克拜线零序四段保护动作，开关跳闸重合不成功。11时55分送电工区对克拜线巡线未发现异常，12时22分退出克拜线零序四段保护，送出成功，恢复送电。

2. 事故原因及暴露问题

发生事故的原因是：克拜线A相电流互感器至端子箱的电缆在4cm铁管中，因上拔冻断造成短路，零序四段保护动作，开关跳闸。致使线路停电，损失电量2.4万kW·h。

3. 防范措施

(1) 对“做好设备防寒工作”和“防止控制电缆冻断”的要求是否真正落实，进行认真检查。

(2) 对交直流电缆和控制电缆（尤其是雨水浸泡过的电缆）要全部认真的检查，采取有效措施，防止冻断。

(3) 适时完成变电所开关操作机构防冻工作，防止开关机械拒动而越级跳闸。

(4) 抓好变电所高压室门窗的封闭和保温工作，防止冻坏生产设备。

案例6：电抗器室房盖积雪融化漏水，造成电缆头弧光短路

1. 事故简况

××一次变电所10kV电抗器室有响动，主控制盘1204、1662、1100主开关跳闸，

绿灯闪光；差动保护动作，无电压等灯窗显示。检查差动保护范围内设备，发现户内10kV #4 主电缆头上部弧光短路，其他设备无问题。切除故障点后，于13时06分主变压器受电后送出60kV负荷，13时15分送出3000kVA备用变，13时26分送出城一、城二和磐钢线之后，进行事故处理。14时55分处理完毕，经调度允许，15时18分受进10kV电源，相继配出10kV全部负荷。

2. 事故原因及暴露问题

（1）11月中旬气温回升，房盖上的积雪融化，渗漏的雪水沿引流滴到#4电缆头上，是造成电缆湿闪事故的直接原因。

（2）发生事故的主要原因是当日值班员定点（10时）巡视时不认真、不到位。巡视10kV电抗器室时，未进入室内，只在窗户无玻璃处向内观看一下，如若进入室内，认真对设备进行巡视、检查，及早发现房盖漏雪水并采取措施，事故是可以避免的。

（3）所长及上一级主管领导对厂房漏雪水的重视程度不够和维护不周，是发生事故的重要原因。

3. 防范措施

（1）加强值班运行人员责任心教育，督促值班人员认真执行《值班纪律》，巡视设备时，一定要到位并做到细听、细看、细查、细分析，不走马观花，不敷衍了事。特别是遇有气温变化异常的情况下，更要突出巡视重点，以达到防患未然。

（2）值班长、所长等对所辖范围内的高压室防雨防漏情况要充分掌握，发现问题及时处理，本职范围内解决不了的，要及时向上一级汇报，并经常督促进行处理。

案例7：开关室因暴雨漏水，造成母线三相短路

1. 事故简况

5日夜至6日上午，××地区普降暴雨，据气象部门统计，降雨量达147mm。6日13时55分，××供电公司220kV变电站#1主变压器35kV侧后备过流保护动作，301开关跳闸，35kV Ⅰ母线失电，少送电量4.5万kW·h。检查发现35kV开关室房顶漏水，雨水滴到35kV母线支持瓷瓶上。屋顶积水达1尺多深，屋顶向下排水管口被污泥和杂物堵塞，排水不畅。经处理于7月6日17时02分恢复35kV Ⅰ母线运行正常。

2. 事故原因及暴露问题

经分析跳闸原因是由于变电站35kV开关室漏雨，雨水呈水柱状滴到35kV母线支持瓷瓶上，引起瓷瓶闪络，闪络形成的弧光波及母线，发展为母线三相短路，造成#1主变压器35kV侧后备过流保护动作，301开关跳闸。

事故暴露出：

（1）防汛工作重视不够，防汛措施针对性不强，防汛工作落实不到位。

（2）对屋面维护不到位，没有按规定对屋面防水情况进行检查，没有按规定对防水层进行定期维护。

（3）设备巡视不到位，没有及时发现排水不畅的问题，对开关室漏雨情况也没有及时发现。

3. 防范措施

(1) 立即组织人员对各变电站防汛情况进行检查，制定具体防汛预案。

(2) 对各变电站屋面和排水系统进行全面普查，发现问题，立即进行整改。

(3) 增加特殊天气变电运行巡视次数及变电站内附属设施的巡视。

案例8：外力破坏导致变电站母线停电和另一变电站全站失压

1. 事故简况

××供电公司330kV甲变电站110kV Ⅰ段母线差动保护动作，Ⅰ母线上所有断路器跳闸。110kV乙变电站全站失压，其余变电站备自投装置动作，负荷切至备用线路。19时31分，110kV乙变电站恢复供电。本次事故造成乙变电站失电1小时23分钟，损失电量2.9万kW·h。

2. 事故原因及暴露问题

(1) 大风将变电站外田间农膜吹起，搭落在931隔离开关侧A相母线上，引起触头对绝缘子基座放电。

(2) 电力设备运行的周边环境恶劣，对变电站周围易成为危险源的物件未能引起足够重视。

3. 防范措施

变电站运行人员加强对变电站周围环境的巡视，对可能引发事故的物件及时清除。

案例9：大风、强沙尘暴造成多条线路跳闸导致变电站失压

1. 事故简况

4月9日至11日，受西伯利亚强冷空气影响，××大部分地区遭受大风天气，局部地区风力达12级以上，瞬间最大风速达51m/s，在部分地区造成沙尘暴、雨加雪等恶劣天气，给地区电网带来严重危害，波及范围包括A、B、C、D、E等地区。受恶劣天气影响，220kV甲变电站隔离开关支柱绝缘子断裂造成#1主变压器停运；××电网因大风导致220kV红托线、托楼线、楼哈线，110kV托吐Ⅰ线、托大线、托丰线相继跳闸，造成220kV乙变电站、110kV丙变电站全站失压，导致A电网与B电网解列运行，同时造成部分输变电设备损坏；220kV二宫线跳闸；110kV三精线跳闸。事故损失电量约369万kW·h，直接经济损失约268.7万元。

2. 事故原因及暴露问题

(1) 强风使隔离开关支柱绝缘子断裂是引发事故的主要原因。

(2) 在此次风灾、强沙尘暴等自然灾害的侵袭下，××电网经历了严峻考验，造成了较大损失，也反映出了电网在设计、设备选型、运行维护等方面存在薄弱环节和问题。在设计方面，对地处风口地带的输变电设备特别是微地形、微气候的影响考虑不够充分，在特殊气象条件下设计裕度偏低，抵御自然灾害的能力不强。

(3) 在运行维护方面，部分单位防污闪、防风闪等管理工作不到位，在自然环境不断

恶化、污秽等级不断增大的情况下，没有根据实际运行条件及时进行外绝缘改造，对线路风区分布情况掌握不够全面。

3. 防范措施

（1）在设计阶段应充分考虑恶劣气象条件及微地形、微气候对线路的影响，对特殊气象条件的地段（如风口地带），要在设计中留有足够的裕度。

（2）在风口及大风地带的线路，混凝土电杆不宜过高，并要适当缩小线路挡距，杆体应加装防风钢板。

（3）导、地线均应根据实际情况采取防风措施。

（4）悬垂线夹及连接金具应选用抗磨产品，110kV 及以下线路导线在悬垂线夹处应安装护线条。

（5）加强对风区等特殊气象区域内线路的运行管理，加大巡视检查力度，根据季节及气候状况有针对性地安排特巡，并适时开展夜巡等巡视检查工作；积极开展线路导线连接金具红外线测温、杆塔螺栓紧固、拉线及叉梁调整、金具打开检查等周期性检查、检测工作。

（6）建立完善检修质量管理制度，加强缺陷管理及设备评级工作。积极开展事故巡视、抢修的培训与演练。

（7）保护及安全自动装置是保证电网安全稳定运行的第二道防线。要加强对二次设备的管理，认真落实《××电力公司二十五项反事故措施实施细则》，在设备设计、选型、维护等方面严格把关，防止由于二次设备的拒动、误动造成事故或扩大事故。

案例 10：大风造成隔离开关主变压器侧引线支持绝缘子折断，主变压器差动保护动作跳闸

1. 事故简况

××高压供电公司 220kV 变电站#4 主变压器差动保护动作，2204、104、204 断路器跳闸。经查为#4 主变压器 104－2 隔离开关变压器侧母线 A 相支持绝缘子根部折断，母线落在架构上。当时气候情况为大风及雨雪天气，阵风达 10 级 25m/s，245 开关辅助接点接触不良自投未动。1 时 25 分，合上 245 断路器，合上 219、220、221、222 断路器。经检修后于 7 时 54 分，#4 主变压器恢复正常运行。

2. 事故原因及暴露问题

（1）该支持绝缘子抗弯能力差，遇大风等恶劣天气支持绝缘子易折断。

（2）检修管理所对该断路器辅助接点的维护工作不到位。

3. 防范措施

（1）更换该支持绝缘子，并对同类型绝缘子进行普查。

（2）处理断路器辅助接点，并对同类型设备进行检查。

案例 11：变电站因异物造成主变压器差动保护动作跳闸

1. 事故简况

××供电分公司 110kV 变电站#2 主变压器差动保护动作跳闸（跳 120、302、202 三

侧断路器），345断路器保护动作正确［因35kV－5母线有垃圾电厂电源（320断路器），防止非同期并列］，245断路器自投后，后加速跳闸。后加速跳闸原因分析：12月15日8时15分，变电站10kV配电线集5200018号杆故障，速断动作，重合不成功；11时15分，处理完故障送集52线路（停电故障抢修过程中，该线路集5200002号杆被汽车撞，造成A、B相搭连）；11时15分55秒，集52断路器合入，此时，245断路器自投，245断路器自投到集5200002号杆故障点，245断路器后加速跳闸，同时集52断路器跳闸。次年1月2日，为进一步查清差动保护动作原因，××供电分公司组织相关专业人员对#2主变压器单元进行检查和试验，在检查过程中发现110kV－5母线悬式绝缘子B相有放电痕迹；又对变压器重新做绝缘、变形试验，进行气体继电器检查和油色谱分析，对设备进行了耐压试验，对变压器各侧TA进行了伏安特性、10%误差、二次负载直阻等试验，各项检查试验均合格。对二次回路进行回路绝缘、接触电阻试验，对装置进行了差动和制动特性传动校验，装置工作正常。经与气象局核实，当时有5级的北风，马集变电站围墙北侧为垃圾堆放场，从现场放电迹象及结合保护装置内部采集的故障波形以及调度SCADA报告分析，飘逸物落在绝缘子处造成放电现象，确定为事故原因。

2. 事故原因及暴露问题

变电站周围存在大量的废品收购点、垃圾场以及一条污水河，环境十分恶劣。经常有超宽、超高的收废品车辆经过线路走廊，给设备安全运行工作带来不利影响。

3. 防范措施

（1）加强电力设施保护管理力度，做好宣传和保护工作。

（2）结合变电站实际，加强对大风天气刮起飘逸物的防范工作，采取加强巡视、对重点部位进行母线热塑等有效防范措施。

案例12：主变压器受近距离短路冲击，造成一相绝缘损坏

1. 事故简况

××供电分公司220kV变电站，110kV 120断路器距离Ⅰ段、零序Ⅰ段保护动作跳闸，重合复跳，同时，#1主变压器差动保护动作，轻瓦斯保护动作，#1主变压器三侧断路器（201、101、301）跳闸。经查为：110kV介休Ⅰ回线#42与#43杆5m左右的地上发现有地膜燃烧后的残渣，登杆检查发现导线有轻微烧伤痕迹，横担也有轻微烧伤痕迹，故推断：当时有风，大风将塑料地膜卷上导线，线路接地、短路造成120断路器跳闸，重合复跳，由于近距离短路，造成#1主变压器C相绝缘损坏，差动保护动作，#1主变压器三侧断路器跳闸。变电站当时运行方式为#1、#2主变压器并列运行，负荷在70MW左右，110kV介休Ⅰ、Ⅱ回线并列运行，故#1主变压器跳闸后，没有造成对系统变电站和用户的停电。

2. 事故原因及暴露问题

（1）对线路通道内影响线路安全运行的隐患未能及时处理。

（2）对变压器的监督不力，没有开展绕组的变形监测。

(3)#1主变压器中压侧绕组抗出口短路能力差。

3. 防范措施

(1) 对所辖线路通道进行一次彻底清查，发现隐患及时消除。

(2)#1主变压器返厂修理，生技科负责跟踪检查，确保修理质量。

(3) 对变压器开展绕组的变形监测，确保技术监督到位。

案例13：因雨雪天气发生闪络，造成变电站母线停电

1. 事故简况

××供电公司220kV变电所66kV母线保护动作（母差跳母联、母差跳南母线、母差跳北母线灯亮），66kV侧全部运行间隔跳闸。5时09分开始用#2主变压器对66kV北母线充电，至8点23分，对北哈线送电，变电所所有跳闸断路器全部送电良好，恢复正常运行方式。少送电量17.998万kW·h。

2. 事故原因及暴露问题

(1) 根据气象资料和保护动作报告分析，造成事故的原因为：当时天气为少有的雨加小雪并有大雾同时出现，湿度较大，空气中悬浮着大量导电颗粒，绝缘水平降低，首先在66kV北哈线南隔离开关A相发生闪络接地，致使66kV母线B、C两相对地电压升高，相间绝缘水平进一步恶化，66kV北哈线南隔离开关A、B、C三相隔离开关两侧分别发展为空气击穿性相间短路故障，当时北哈线北隔离开关在合位，引起66kV南、北母线相间短路，66kV母差保护动作，66kV母联断路器及南、北母线上所有断路器跳闸。

(2) 变电设备抵抗自然灾害的能力不强。

3. 防范措施

(1) 根据季节变化特点，加强设备巡视，做到及早发现、及早采取措施，做好相应预案和预警。

(2) 各变电所和调度根据220kV北郊变电所66kV系统事故，进一步完善防止变电站全停事故预案，按照预案原则顺序进行事故处理，使其更具操作性和指导性。

(3) 加强恶劣天气下的设备巡视，发现问题及时上报处理，做好抢修物资准备。

案例14：线路雷害造成变电所母线停电

1. 事故简况

××供电公司××变电所66kV母差保护动作，跳开西母线运行的66kV母联、新左线、新醇丙线、新纤乙线、新盟乙线、新胜乙线、新舒线开关，同时，另一220kV变电所哈立甲线断路器跳闸，重合成功，××变#1所用变压器瞬间失电，所内交流装置检无压后自动投入，恢复所内交流供电；14时58分，检查发现哈立甲线断路器A、B相至电流互感器间引线有烧伤痕迹，断路器上部有烧痕，A相断路器上节瓷套第一瓷沿破损，将上述情况汇报地调。16时35分至16时53分，分别将新舒线、新胜乙线、新左线线路送电，同时#2所用变压器恢复热备用；18时18分至18时36分，将西母线、新纤乙线、

新盟乙线、新醇丙线恢复送电。事故导致少送电量 9.6722 万 kW·h。

2. 事故原因及暴露问题

(1) 66kV 哈立甲线#35 塔 A、B 相落雷，距××变电所 0.186km。雷电波侵入到变电站内，造成哈立甲线 A、B 相开关外绝缘闪络，哈立甲线热备用，开关两侧带电。因故障点属母差保护区内，故造成母差保护动作，西母线停电。

(2) 变电所及附近为雷电多发区，雷害突出。

(3) 从线路与变电所的绝缘配合看，变电所绝缘水平低于线路，当线路落雷时，雷电波侵入到变电所内。

3. 防范措施

(1) 进一步研究线路与变电所设备的绝缘配合问题。

(2) 对于在变电所内开口的热备用电源线路安装避雷器。

案例 15：变电站隔离开关支柱瓷瓶因小动物短路，引发对外限电

1. 事故简况

事故前某电网处于正常运行方式，××电业局 35kV 火电厂变电站#1、#2 主变压器并列运行。

13 日 17 时 52 分，火电厂变电站 10kV 火信 149 断路器速断保护动作跳闸，开关柜内冒烟；#1 主变压器复压过流Ⅰ段保护动作跳 531、131 断路器，10kV 母联 112 断路器过流Ⅲ段保护动作跳闸，10kVⅠ段母线失电。经现场人员检查发现 10kV 火信 149 断路器负荷侧 1493 隔离开关 A 相支柱瓷瓶上有老鼠尸体，火信 149 断路器烧坏。

18 时 12 分，地调下令将火电厂变电站 10kV 火信 149 线路由热备用转冷备用；18 时 46 分，在火电厂变电站#1 主变压器恢复运行后，开始恢复 10kV 线路供电。19 时 5 分，10kV 火诺 151、火金 145 线路恢复供电；19 时 40 分，火客 143 线路恢复供电；21 时 57 分，火当 141 线路恢复供电。

14 日 0 时 23 分，地调下令将火电厂变电站 10kVⅠ段母线由运行转检修状态，安排火信 149 断路器的更换和两侧隔离开关的检查工作，至 5 时 24 分，所有工作全部完毕，恢复对火电厂变电站 10kVⅠ段母线所有用户供电。

事故造成火电厂变电站 10kVⅠ段母线用户供电中断 337～507 分钟，损失负荷约 18MW，电量约 3.95 万 kW·h，经济损失 8.15 万元。

2. 事故原因及暴露问题

(1) 火电厂变电站 10kV 火信 149 断路器负荷侧 1493 隔离开关支柱瓷瓶因老鼠发生短路，引发 149 断路器与电流互感器之间母线三相弧光短路，是造成此次事故的直接原因。

(2) 事故发生后，当值变电站值班人员检查设备不仔细，调度值班人员事故处理不及时，造成事故停电时间较长。

(3) ××电业局没有严格落实冬季安全检查的有关要求，防小动物措施落实不到位。

（4）变电站值班人员防小动物意识淡薄，对外来工作人员进出高压室没有提出严格要求。

（5）事故发生后，事故处理和恢复供电时间较长，暴露出××地调和变电站运行人员事故应急能力不强。

3. 防范措施

（1）各单位领导要高度重视本单位的防小动物工作，吸取事故教训，将防小动物提高到保电网、保设备的高度，作为一项重要的反事故措施来抓。

（2）各单位要结合目前正在进行的冬季安全大检查工作，立即组织相关部门和人员进行一次彻底的防小动物检查工作。

（3）各厂站运行值班人员要加强对户外设备的巡视检查力度，变电站门卫值班人员要加强值班制度，发现有容易引起站内设备故障的动物后要立即报告并进行驱赶。

案例16：断路器内部故障，引起一相绝缘子爆裂

1. 事故简况

××供电公司220kV变电站220kV母差保护动作，212、201、223、224断路器跳闸。室外设备检查发现，220kV 224断路器B相绝缘子爆裂，断路器三相均已断开。线路全面检查没有发现异常。当时110kV侧并列运行，#1主变压器正常运行，#2主变压器由中压侧带10kV部分正常运行，没有影响负荷。线路避雷线接地电阻4Ω，避雷角26°，符合设计要求。变电站内避雷器动作，对变电站避雷器检查测试，动作正确。

2. 事故原因及暴露问题

当时为雷雨大风天气，线路遭受绕击雷或反击雷引起过电压。雷击造成过电压，绝缘拉杆绝缘损坏，造成224断路器B相绝缘子爆裂。

3. 防范措施

（1）普测同类型断路器耐压水平，及时发现并消除绝缘缺陷，保证断路器的过电压耐受能力，特别要加强对运行年限较长的和额定电压低于252kV断路器的检测监视。

（2）考虑在线路侧安装避雷器。

案例17：断路器遭雷击损坏

1. 事故简况

故障前系统运行方式：××供电公司500kV变电站220kV母线固定连接，母联、分段均在合位，220kV侧路备用，220kV Ⅳ母带和南乙线、南水乙线、南革线、南雁乙线运行。7月31日晚，该地区雷雨天气。19时04分，220kV南雁乙线第一套、第二套纵联保护动作断路器跳闸；220kV母差保护、失灵保护动作，220kV #2分段、#2母联兼侧路和南乙线、南水乙线、南革线断路器跳闸。现场检查，220kV #2分段、220kV #2母联兼侧路、南水乙线、南革线和南乙线断路器在开位；南雁乙线断路器A相灭弧室瓷套瓷件爆炸，断路器三相分位，弹簧储能良好；A相SF_6表计指示为0MPa，其他两相正常为

0.52MPa；220kV Ⅳ母线避雷器 A 相动作 3 次；周围部分设备瓷套损坏。巡线结果：# 8 塔合成绝缘子有放电痕迹，500kV 门型构出口 A 相绝缘子击穿放电（导线与短接线间），南雁乙线 A 相断路器中腰引线线夹与旁边的 A 形钢管杆有放电痕迹。

2. 事故原因及暴露问题

通过故障录波图、现场检查结果及雷电定位信息分析认为：当时变电站上空为雷雨天气，南雁乙线发生 A 相接地故障，故障电流 36000A，故障原因是线路遭雷击，雷电波使南雁乙线出线门型构 A 相绝缘子对地击穿，断路器跳闸；493ms 后，南雁乙线线路又遭雷击，雷电波造成南雁乙线# 8 塔 A 相绝缘子对地击穿，雷电反射波造成断路器断口击穿，由于母线上有工频电压，形成故障电流通道，变电站南雁乙线 TA 又出现故障电流，故障电流为 29000A，电流方向仍然指向线路；857ms 后，故障电流减少，但方向仍然指向线路，从 220kV Ⅳ母线其他线路的电流流向分析，此时已经发生母线故障，流入 220kV Ⅳ母线的电流大于流出 220kV Ⅳ母线的电流，南雁乙线开关 A 相已爆炸，故障飞弧引至引线端子与 A 形钢管杆间。事故原因是由于线路连续遭雷击，线路没有安装避雷器，雷电反射波造成开关断口击穿所至。

3. 防范措施

优先安排重要变电站、重要线路出口段加装避雷器。

案例 18：因线路故障过电压，造成隔离开关放电，变压器差动保护动作跳闸

1. 事故简况

故障前运行方式：××高压供电公司××变电站 220kV 为内桥接线，北延Ⅰ线 2211 断路器充 220kV－4 母线供# 1 主变压器，北延Ⅱ线 2212 断路器充 220kV－5 母线供# 2 主变压器，2245 断路器自投投入。35kV 为双母线双分段带旁路接线：301 甲充 35kV－4 甲母线，302 甲充 35kV－5 甲母线；301 乙充 35kV－4 乙母线，302 乙充 35kV－5 乙母线（345 甲、345 乙备用自投投入）35kV－6 甲、乙母线备用。10kV 为单母线分段带旁路接线：201 充 10kV－4 母线，202 充 10kV－5 母线，10kV－6 母线备用，245 断路器备用自投投入。延 92 在 10kV－5 母线运行。

事故经过及处理：23 日 20 时 14 分，当时为雷雨大风天气，变电站延 92 速断动作掉闸，# 2 主变压器差动保护动作三侧掉闸，2212、302 甲、302 乙、202、345 甲自投未动，345 乙自投动作成功、245 自投动作后，加速动作掉闸。345 甲自投未动，造成 35kV－5 甲母线所带 3 条 35kV 线路失电。245 自投后加速动作掉闸，造成所带 10kV－5 母线 6 条 10kV 线路失电。运行人员检查发现 202－2 上下刀口三相有放电痕迹，C 相刀口有烧损，C 相支持绝缘子有裂纹。22 时 12 分合上 245，恢复 10kV－5 母线供电；22 时 21 分合上 345 甲，恢复 35kV－5 甲母线供电。25 日 00 时 13 分，202－2 隔离开关更换完毕，# 2 主变压器恢复送电。

23 日为雷雨大风天气，因延 92 线路# 2～# 3 杆导线对树木放电，10kV 系统受到扰动。由于系统电容电流较大，使 10kV－5 母线系统产生的接地电流不易熄灭，进而产生弧光接地过电压。此过电压在系统 202－2 隔离开关绝缘薄弱处发生绝缘击穿，导致三相

短路故障，造成202—2隔离开关烧损。202—2发生三相短路时，延92出口故障电流消失，延92速断保护返回，由于#2主变压器差动是0s跳闸，故差动动作，跳开三侧四台断路器，切除故障。245自投动作，合闸于延92线路出口故障点，后加速保护（0.2s，10A）动作，同时延92速断保护（0.2s，23A）动作切除故障。#2主变压器掉闸后由于302甲断路器机构箱内断路器辅助接点（回路50）端子螺丝松动接触不良，故345甲自投装置未动作。根据《国家电网公司电力生产事故调查规程》第2.3.3.1规定，定性为变电一般设备事故。

2. 事故原因及暴露问题

（1）由于雷雨天气延92线路#2～#3杆行线对树放电，造成线路故障。

（2）10kV系统未采取限制接地过电压的有效措施。

（3）345甲断路器未自投是由于302甲断路器机构箱断路器辅助接点端子接触不良，暴露出平时对机构箱内回路维护不当，造成故障时接触不良。

3. 防范措施

（1）加强线路巡护，及时修剪树木。

（2）把变电站10kV系统改为小电阻接地方式。

（3）将302甲断路器机构箱内断路器辅助接点端子的螺丝增加弹簧垫片，防止断路器振动时螺丝松动。

二、设备质量不良

案例1：母线避雷器爆炸造成母线失压

1. 事故简况

5日16时13分，××电业局110kV变电站110kV Ⅰ段母线压变A相避雷器发生爆炸，220kV另一变电站110kV宾苏1609线路保护动作，开关跳闸，重合不成功后加速动作跳闸，110kV宾苏1609线路失压；110kV变电站110kV故障解列动作跳110kV宾苏1609开关，110kV马苏1621线备自投动作，投上110kV马苏1621开关。经查其他设备均无异常，于17时23分将其他设备恢复正常运行，将110kV Ⅰ段母线压变及避雷器改检修，更换三相避雷器及试验后于6日1时39分恢复运行。

2. 事故原因及暴露问题

避雷器制造存在质量问题。

3. 防范措施

加强对同类型避雷器的跟踪、检测和巡视检查，及时更换不良产品。

案例2：主变压器差动保护装置异常缺陷引起操作中差动动作

1. 事故简况

××电业局110kV变电站#2主变压器年检，#1主变压器运行。9时37分运行人员在操作 110kV 母分开关由冷备用改配合 110kV Ⅱ段母线检修任务，当操作完“取下#1 主变压器差动保护投入 LP5 压板，按下复位键”后，接着操作“放上#1 主变压器差动 110kV 母分开关 TA 短接螺丝”时，差动保护动作跳#1 主变压器 10kV 及浦月 1605 开关。9 时 58 分，恢复运行。

2. 事故原因及暴露问题

(1)#1 主变压器差动保护的回路设计特殊并存在装置性缺陷，给运行维护带来安全隐患。

(2) 运行人员缺少对特殊保护、特殊运行维护方面的技术培训。

3. 防范措施

(1) 对该套保护的缺陷进行技术改造，消除投切压板需经 5s 延时后才退出差动保护的安全隐患。

(2) 对同类产品进行普查并改造，彻底消除安全隐患。

(3) 对运行人员进行有针对性的技术培训，使每一位运行人员了解、掌握该类型保护的性能，杜绝类似事件的发生。

案例 3：主变压器复压闭锁方向过流保护动作，三侧开关跳闸

1. 事故简况

××电业局 110kV 变电站 10kV 馈线发生单相接地。17 时 28 分，变电站#1 主变压器 110kV 复压闭锁方向过流Ⅰ段（2.6A、2.6s）保护动作，经 2.637s 跳开#1 主变压器三侧开关。现场检查发现#1 主变压器 10kV Ⅰ段母线 PT 柜内高压熔丝管爆炸。

2. 事故原因及暴露问题

(1) 熔丝材质不良。

(2) 因设计原因主变压器后备保护电压量故障时到零，造成功率方向元件拒动。

3. 防范措施

(1) 为防止方向元件在母线 TV 烧毁（或母线三相短路）时，因无二次电压量而拒动，可采用取消功率方向元件，调整保护定值配置的方式来解决。

(2) 将 10kV Ⅰ、Ⅱ段母线压变改为“四压变”形式，即在原三相压变的中性点再接入一零序压变，使系统单相接地时，压变阻抗保持不变，避免引发铁磁谐振；同时改变 10kV 系统阻抗匹配，消除谐振发生的条件。

(3) 请供电局对该变电站 10kV 用户进行调查，有谐波源的应立即整治。

(4) 使用优质熔丝。

案例 4：线路因外力破坏造成三相短路，由于总直流熔断器已熔断造成越级跳闸事故

1. 事故简况

××电厂一台拉灰车在 66kV 梨八乙线线路下卸热灰时造成梨八乙线三相短路。××

电业局 220kV 甲变电站的 66kV 梨八乙线微机保护未动作，#2 主变压器后备保护动作经 2.6s 跳开 66kV 母联，2.9s 跳开#2 主变压器 66kV 侧断路器，66kV 乙变电站侧 66kV 梨八乙线保护经 3.2s 动作跳闸。由于甲变电站#1 主变压器微机保护未动作，造成 220kV 丙变电站的 220kV 鸡梨线和 220kV 丁变电站的 220kV 梨穆线跳闸，导致甲变电站 220kV 母线及 66kV 甲母线停电。21 时 46 分，系统恢复正常运行方式。事后值班员检查发现蓄电池组总直流负极熔断器已熔断。

2. 事故原因及暴露问题

(1) 由于外力破坏造成 66kV 梨八乙线三相短路是事故的起因。

(2) 蓄电池组总直流负极熔断器已熔断，但反映负极熔断器熔断的信号装置被铭牌挡住而未弹出，因此运行人员无法发现负极熔断器已熔断是事故被扩大的直接原因。此次故障前，该站直流均取自浮充机输出，浮充机的电源引自 66kV 母线#1 站用变压器二次提供的电源。由于在 66kV 梨八乙线三相短路时，母线相间电压降低，浮充机输出的直流电压也降低，所有的微机保护均拒动，只有#2 主变压器的电磁型保护仍能正确动作。

(3) 哈尔滨市熔断器厂生产的 RTO－100 型熔断器存在严重缺陷：其一，该熔断器熔断特性差，未能实现与下级的正确配合，直流短路时上下级同时熔断；其二，熔断器熔断时熔断信号装置未弹出，值班员无法发现，是此次故障的直接原因。

(4) 加大清理电力设施保护区内危及电力设施安全的物品力度。

3. 防范措施

(1) 积极与输电线路所辖地方公安部门沟通，加强输电线路防护工作的宣传力度。

(2) 加强各变电站直流熔断器的使用维护工作。立即对各变电站直流熔断器进行一次全面检查，重点检查熔断器容量、上下级的配合及熔断器健康状况；对长时期运行的直流支路熔断器和总熔断器，根据现场实际情况，必要时应提前更换，以确保安全可靠。

(3) 加强直流系统熔断器的管理工作，选用质量合格的熔断器，同时加强熔断器的出厂验收及试验工作，抽取足够数量的产品，进行熔断器的安秒特性曲线校验工作，确保各级熔断器的可靠配合。

(4) 认真吸取此次事故的经验教训，加强对设备缺陷的管理工作，及时发现和消除设备缺陷，保证电网的安全稳定运行。

案例 5：线路监控装置异常出口跳闸，造成变电站失压

1. 事故简况

15 日 15 时 16 分 10 秒，××电业局 220kV 变电站 110kV 门环 1833 线监控装置异常出口跳闸，门玉 1832 线保护 15 时 12 分动作跳闸，原因为#34 杆 B 相引流线夹烧断（隐形缺陷）造成 110kV 玉环变电站全站失压（负荷 80MW）。经运行人员检查，该线路保护装置未动作，后台监控计算机上也无保护动作信号。此后根据调度发令，值班员分别通过后台和测控装置的人机界面对该断路器进行合闸操作，但断路器在合上后又迅速分闸。最后值班人员将 110kV 门环 1833 开关机构上的切换开关切至接地，进行合闸操作，开关合闸成功并不再跳开。故障发生后，修试工区到现场进行了检查，未发现保护装置动作记

录。当将门环1833间隔测控装置重新通电后，进行后台遥控分、合闸操作一切正常，初步判断为测控装置故障。该测控装置型号为：REF545EC。17日上午，自动化科、修试工区、会同××公司技术人员组成技术分析小组到现场进一步检查故障原因。通过现场读取后台监控中的事件记录来进行分析，在15日15时16分左右，监控系统网络通信无报错信息，遥控事件中无操作记录，排除人工操作情况。通过对现场装置的多次分合操作，加二次电流电压测试，均未发生异常现象。根据跳闸出口后有KKJ闭锁重合闸信号记录，以及15日当天将110kV门环1833间隔测控装置重新通电后遥控恢复正常的现象，事故调查小组及厂家分析认为事故是测控装置开关分闸出口继电器驱动回路出现软击穿引起的。

2. 事故原因及暴露问题

装置稳定性、可靠性不高。

3. 防范措施

(1) 为确保该线路安全运行，对门环1833间隔更换了同型号的测控装置。

(2) 对新更换装置的软件版本、配置文件进行复核，遥测、遥信、遥控试验正常。

案例6：线路故障跳闸，因备自投拒动导致全站失压

1. 事故简况

6时35分，××供电公司甲变电站110kV源银线86断路器距离Ⅰ段保护动作跳闸，重合未成功；乙变电站110kV备自投装置拒动；乙变电站全站失压。7时03分，乙变电站恢复供电。此次事故造成乙变电站失电28分钟，损失电量0.25万kW·h。

2. 事故原因及暴露问题

(1) 事故起因是110kV源银线#10与#11档内导线覆冰造成A、C相间距离不够。事故扩大的原因是乙变电站110kV源银线86断路器操作把手接点25—26不通（备自投装置充电回路接点），导致备自投装置无法充电而拒动。

(2) ××供电公司生产管理职责不清，地调作为保护及安全自动装置的管理部门，与生产技术部协调不到位，致使乙变电站定检时备自投装置漏检。

(3) 运行人员不熟悉此类装置的巡视内容和方法。

(4) 86断路器的控制转换KK把手存在质量问题。

(5) 源银线#10与#11为同塔双回架设且垂直排列，导线覆冰后易引起相间距离不够而短路。

3. 防范措施

(1) ××公司生技部、安保部、地调所、变电工区从设备管理、运行巡视、标准化检修等方面进行认真反思，进一步规范生产管理工作。

(2) 进一步完善、细化标准化作业方案，合理安排检修时间，规范各部门审核、审批程序，明确职责划分。

(3) 对所辖范围内所有的控制开关进行一次普查。

(4) 进一步完善二次设备巡视卡，确保巡视到位，防止定检时缺项、漏项。

(5) 加强技术人员和运行人员的培训。

(6) 每季度由专业人员对保护附属装置及二次回路进行一次巡视和检查，并将二次回路的完好性作为检查和检测的重点。

案例7：电流互感器绝缘击穿，造成变压器及母线停电

1. 事故简况

事故前××变电公司220kV变电站35kV侧运行方式：#5变压器带35kV Ⅳ母线运行，#6变压器带35kV母线运行，母联345断路器在开位，自投运行。3日9时21分，345C相电流互感器对地击穿，发生爆裂，形成贯穿性故障，引起接地弧光，弧光沿导体通道蔓延至345开关柜内，引起345开关柜两侧弧光短路，306、305断路器先后跳闸，35kV母线停电。15时30分，将望燃一37断路器、望燃二32断路器小车拉出，并将望燃一负荷切至望燃二开关带。17点50分，拆37断路器线路侧地线，合上望燃二37断路器，站内35kV负荷全部带出。站内除#5变压器、35kV Ⅳ母线处于检修状态下，其他设备运行方式均恢复正常。

2. 事故原因及暴露问题

35kV大连互感器厂生产的35kV IEZ－35Q型电流互感器制造质量不良。

3. 防范措施

对变电站35kV电流互感器进行更换。

案例8：因谐振过电压造成主变压器瓦斯动作跳闸，母线及出线停运，部分设备烧损

1. 事故简况

事故前××供电局220kV变电站110kV并列运行，当时天气阴沉、空气湿度较大。11时30分，35kV Ⅱ母线系统多次瞬时接地。11时41分，35kV配电室发出响声，并伴有火光，#2主变压器（#2主变压器为2000年7月××变压器厂生产的，型号SFPSZ9－180000/220）三侧212、112、312断路器绿灯闪光，“#2主变压器本体有载调压轻瓦斯动作”、“#2主变压器本体重瓦斯动作”，“故障录波器动作”、“掉牌未复归”光字牌亮。

经检查#2主变压器轻、重瓦斯保护动作，跳开三侧断路器，#2主变压器110kV侧压力释放器喷油。故障造成#2主变压器、35kV Ⅱ母线及出线设备停运，因事故前110kV并列运行，其他设备运行正常。

故障当时35kV 3910、3918（此开关柜为沈阳高压成套开关厂生产，型号为ZN12－35/1250－25）开关柜严重烧坏，#2主变压器低压绕组线圈损坏。

2. 事故原因及暴露问题

故障前，天气阴沉、空气湿度较大，#2主变压器35kV侧出现了瞬时接地的现象，由于35kV为不接地系统，且运行有三组电容器和一台消弧线圈，在系统阻容参数合适时，

发生了谐振过电压（35kV Ⅱ母线上 11 支避雷器均动作），造成两台绝缘性能较差的开关柜内部对地和相间放电，由单相接地发展到三相短路，电弧沿 35kV 母线向负荷侧运动，大部分母线和间隔均有放电痕迹。

根据故障录波图和事项记录表分析，当时主变压器 220kV 侧短路电流为 1357（472）A，35kV 侧短路电流约在 15100（899）A。35kV 母线三相短路，故障在#2 主变压器差动保护的外侧差动保护不动，后备保护启动（35kV 侧没有装母差保护，跳闸时间 3s）。#2、#3、#4 三组电容器低电压保护动作 0.1s 跳闸，电容器组跳闸 2s 后，主变压器瓦斯动作三侧跳闸。#2 主变压器在承受 8718A 短路电流接近 2.4s 时（还没有达到后备保护动作时间 3s），C 相低压绕组内部线圈烧损熔断引起弧光，致使轻、重瓦斯动作跳开三侧断路器。

（1）变压器故障损坏的原因分析。

1）故障短路电流冲击是诱因。电力变压器在运行过程中，不可避免地要遭受各种短路故障电流的冲击，特别是变压器出口或近距离短路故障，巨大的短路冲击电流将使变压器绕组受到很大的电动力（是正常运行时的数十倍至百倍），并使绕组急剧发热。在较高的温度下，导线的机械强度变小，电动力容易使绕组破坏、变形。

2）绕组承受短路能力不够是主要原因。该变压器 2000 年 7 月出厂，2001 年 1 月投运。经与厂家技术人员共同分析：这次变压器 35kV 侧母线短路时，因其承受不了短路电流冲击力而发生变形损坏。实际上事故时 35kV 侧流过 C 相绕组的短路电流只有 8718A，远低于变压器应能承受的水平，而且短路时间只有 2.4s，由此说明变压器低压绕组承受短路电流冲击的能力不够，变压器制造质量上存在问题。

（2）35kV 开关烧毁的原因分析。

35kV 系统单相接地，产生过电压（35kV Ⅱ母线上十几只避雷器均动作）致使绝缘水平质量低劣的两台开关柜导电部分对地放电烧毁。该开关柜铭牌标识有错误，说明该厂家产品在质量和管理上都存在问题。

综合上述分析说明，#2 主变压器本身存在产品质量问题。厂家到现场观察后也承认这一点；35kV 开关柜存在质量问题，暴露出使用单位进货时把关不严。

3. 防范措施

（1）加强主设备运行监视及对无功设备的管理。

（2）增加断路器柜相间绝缘距离，保证开关柜的绝缘强度，严把设备进货关。

（3）变电站 35kV 侧加装母差保护。

案例 9：电流互感器因质量问题发生爆炸

1. 事故简况

21 日 4 时 38 分，××供电公司 220kV 变电站 220kV 四源线高频保护、分相差动、零序Ⅰ段、距离Ⅰ段保护动作，三相闭锁重合闸，220kV 四源线三相断路器跳闸。经现场检查发现 220kV 四源线 B 相电流互感器爆炸着火，运行人员当即采取灭火措施进行灭火，同时将事故情况报省调。在省调指挥下，4 时 52 分拉开 220kV 四源线两侧隔离开关，隔离开故障点。5时41分，由旁路转带四源线。25日15时43分，完成对该损坏电流互感器更换工作。

2. 事故原因及暴露问题

（1）制造工艺不良。该台电流互感器是2006年2月××互感器有限公司生产的充油倒置式电流互感器，爆炸后经解体检查认定，由于该互感器存在制造缺陷，运行中互感器主绝缘高压屏与地屏之间绝缘击穿，互感器末屏放电，接地过程中流过的短路电流使得绝缘油汽化，内部压力急剧上升导致互感器爆炸。

（2）制造质量不良使设备内部存在缺陷。

3. 防范措施

将在公司并网运行的××互感器有限公司2006年2月份生产的LVB－220W2型电流互感器共6台全部更换。更换前，加强对这6台互感器运行监测工作，定期采用红外测温等手段进行检测，杜绝发生类似事故。

案例10：主变压器分接开关故障造成有载调压重瓦斯保护动作跳闸

1. 事故简况

事故前××供电公司220kV甲变电站220kV #1主变压器运行于220kV Ⅰ母线，#1主变压器101断路器向110kV Ⅰ母线供电，110kV寿保623断路器运行于Ⅰ母线带乙变电站负荷，110kV州寿198断路器运行于Ⅱ母线带丙电站负荷，#1主变压器351断路器带35kV Ⅰ母线负荷。8日21时47分，丙变电站110kV母线电压118.3kV，调度令寿州变电站将#1主变压器挡位由Ⅱ调至Ⅰ挡，有载分接开关调节完毕后，#1主变压器有载调压重瓦斯动作跳开主变压器三侧断路器。22时14分，将甲变电站35kV负荷转至乙变电站35kV寿联355线转供，损失电量1.82万kW·h。公司当即组织相关人员连夜赶往现场进行检查和分析，发现有载调压开关B相气体继电器指示器2/3为气体（油位下降到1/3的位置），测量气体继电器触点导通，其余两相调压气体继电器接点未动作，油位正常。主变压器故障录波器和220kV线路故障录波器的录波图均没有发现故障电流，录波器启动量为负荷电流消失时的突变量；对主变压器本体、三相有载调压开关进行试验和取油样化验工作，B相切换开关油中氢气和乙炔明显高于A、C两相，本体油化验未见异常；对主变压器高压侧三相绕组直流电阻进行测试，三相直流电阻平衡符合标准要求。当晚联系ABB厂家尽快派人对有载开关进行检查。9日，进行变比、绕组绝缘试验，结果符合标准。ABB厂家安排外国专家对三相有载开关进行吊芯检查，发现A相有载开关芯体明显没有安装到正确位置，并推断分析B、C相开关安装位置可能不正确。对三台有载开关过渡电阻测量均无异常。当天将有载开关重新正确安装，更换了有载开关绝缘油，安装后经试验变比和直阻均合格。10日，联系电科院进行主变压器局放和变形试验前现场准备工作，对三相有载开关彻底进行清洗和换油，化验无异常。B相有载开关气体继电器送电科院校检正常。11日，省电科院高压所技术人员对甲变电站#1主变压器进行了现场试验，绕组变形试验结果正常，局部放电测量试验结果为A相200PC、B相800PC、C相1000PC（经现场多次测量判断B、C两相的局放信号为气泡放电所致），局放试验后对主变压器本体及三相有载开关取油样进行的色谱试验结果正常。同时取本体油样送电科院做油中含气量化验（含气量 2.5%）。12 日，根据省电科院要求局放试验 24 小时后，再次对主变压器进行循环重新取主变压器油样进行化验结果正常。13 日 15 时 13 分，甲变电站 # 1主变压器转运行，恢复正常运行方式。

2. 事故原因及暴露问题

（1）经分析认为造成事故的直接原因是主变压器有载开关因结构缺陷，厂家进行芯体安装时不到位，引起三相开关不同期，在调压过程中引起 B 相开关触头放电，产生气体，造成重瓦斯动作，跳开主变压器三侧开关。

（2）ABB 厂家 SE－771 型有载开关产品本身结构有缺陷，目前已停产。

（3）主变压器大修西变厂负责有载开关组装未按照工艺标准施工，造成芯体安装不到位，引起三相开关不同期，调压过程中引起 B 相开关触头放电。

（4）公司检修人员对有载开关安装工艺不熟悉，检修质量依靠西变厂和 ABB 厂家，在验收中没有有效把关。

3. 防范措施

（1）主变压器投入运行后，变电检修中心化验班每天取油样一次，进行连续跟踪监视直至状态稳定。

（2）与 ABB 厂家保持联系，寻找相同型号有载调压开关货源，及时进行更换，未更换前不允许采取有载调压。

（3）加强专业技术学习与培训，培养各专业关键技术专业带头人，在检修、验收工作中切实把好安全、质量关。

（4）进一步强化 AVC 系统管理，加强对用户、农网、配网无功装置的管理与考核，采取多种途径进行电压质量管理，尽可能减少主变压器有载调压开关调压的次数。

案例 11：开关柜内结露，合闸时发生短路引起主变压器停运

1. 事故简况

10 日 10 时 13 分，××供电局 220kV 变电站值班员远方操作将 # 6 电容器由备用转运行时，# 6 电容器 986 断路器过流 Ⅰ 段保护动作，# 2 主变压器差动保护动作，202、102、902 三侧断路器跳闸（变电站仅一台主变压器），造成 110kV 阳龙西线（与××县电力公司联网线路）和 110kV 阳麻东线（供××铁路牵引站）失电。经值班员对主变压器及相关设备检查无异常后，11 时 23 分，# 2 主变压器 202 断路器由备用转运行对 # 2 主变压器充电正常；11 时 32 分，将 # 2 主变压器 102 断路器由备用转运行对 110kV 母线充电正常；11 时 35 分，对 110kV 阳麻东线 161 断路器送电正常。11 时 52 分，对 110kV 阳龙西线 165 断路器送电正常。220kV 母线转供负荷未受到影响。

11 日，对变电站 10kV 开关柜母线进行试验时，发现 # 6 电容器柜母线支柱绝缘子表面凝结有水，耐压不足 30kV 即已击穿，经擦拭后 42kV 耐压正常。

2. 事故原因及暴露问题

柜内绝缘子防潮性能差，开关柜配置的加热器因温控器失效无法正常工作，正值雨天

空气湿度大，母线绝缘子结露导致绝缘降低。当986断路器合闸时，在合闸过电压作用下，986柜内电流互感器后部出线侧隔离开关绝缘子放电，形成B、C相间短路，产生短路电流，启动986过流Ⅰ段保护，经0.2s断路器跳闸。同时短路故障延伸至986断路器母线侧，引发三相持续短路。因开关柜内设备无隔离小室，使事故范围扩大。在986柜内下端发生的电弧没有得到有效隔离扩大为母线短路。在大约15000A的母线短路电流作用下，接触电阻偏大的9022隔离开关A相静触头与连接铜排处产生电弧，因902开关柜在母线侧（前柜）和主变压器侧（后柜）之间开有0.6m×0.4m的孔，电弧通过该孔飘至后柜引起后柜母线相间短路（处于主变压器差动保护范围），启动主变压器差动保护跳开主变压器三侧断路器。

事故暴露出：

（1）开关柜配置的加热器温控器大多数失效，必须置于手动挡才能加热除湿，并且加热器功率低（仅150W）。

（2）开关柜避雷器引线截面小于16mm^2，仅为8mm^2。

（3）开关柜内无隔离小室，且902开关柜内前室与后室的中间隔板上开有孔洞，未起到隔离电弧的作用。

（4）运行单位验收及日常巡视检查不力，没有及时发现开关柜存在的安全隐患。

（5）随着公司电网发展战略规划，新建部分变电站受目前当地负荷水平限制，普遍只安装了一台变压器，一旦发生故障势必引起对用户的停电。

3. 防范措施

（1）要求厂家配合运行单位，全面检查所投入运行的开关柜配置的加热器温控器，确保加热器能正常工作。

（2）公司在设计选型时，宜采用各功能小室相互隔离的具有较高防火、隔弧、防爆功能且性能优良的开关柜。

（3）要求公司所属各单位加强对新建输变电设备的质量验收工作，杜绝存在安全隐患的设备投入运行。

（4）针对厂家生产的开关柜存在问题，要求厂家进行全面整改处理。

（5）加强运行人员培训工作，提高巡视检查发现隐患的能力。

案例12：主变压器因TA抗饱和能力不强，引起差动保护动作，导致2座变电站全停

1. 事故简况

事故前运行方式：××电业局220kV变电站220kV双母线运行，110kV双母线运行，#2主变压器运行、#1主变压器热备用。3时16分，变电站110kV毛宁线架空地线掉落在B相导线上，保护零序、距离Ⅰ段动作跳闸，重合出口，同时#2主变压器保护C屏WBH－801保护因520TA饱和，B相波形畸变产生差流，导致差流速断保护动作跳三侧断路器。由变电站供电的另外三座110kV变电站、岳家桥变电站备自投装置动作成功，另两座110kV变电站全停。3时26分，变电站拉开110kV停电母线上的断路器。3时55

分，恢复#1站用电；4时26分，#1主变压器转运行；4时34分，毛长线恢复运行。

2. 事故原因及暴露问题

(1)#2主变压器差速保护用520电流抗饱和能力不强。

(2) 对线路存在的缺陷未及时跟踪处理。

(3) 备用电源自投装置不完善。

3. 防范措施

(1) 更换变电站520电流变比和#2主变压器中压侧套管电流变比，从600/5提高至1200/5。

(2) 调整变电站#2主变压器差流速断的定值至7倍。

(3) 完善全停的两座110kV变电站的备用电源自投装置。

(4) 变电站改为双主变压器并列运行。

案例13：变电站隔离开关母线侧引流线因铸造、安装质量不良，运行中脱落坠地，主变压器停运

1. 事故简况

15时18分，××供电局220kV变电站#2主变压器110kV侧零序过流Ⅲ段保护动作，主变压器三侧断路器跳闸。检查发现28202－1A隔离开关母线侧A相引流线从母线线夹中脱落坠地，在支持绝缘子接地扁铁处有明显放电痕迹。检查220kV ⅠA母线为双分裂导线，28202－1A隔离开关至220kV ⅠA母线引流线型号均为LGJ－500/35，T接点采用T型续接螺栓型设备线夹的方式。螺栓型设备线夹的型号为ST－6B－100，引流线的脱落点发生在A相ST－6B－100型螺栓型设备线夹处。经现场测量，A相ST－6B－100型螺栓型设备线夹线槽深度为175mm，脱落的引流线实际插入深度仅为130mm，相差45mm，引流线插入深度明显不足。按照设计规程，ST－6B－100型螺栓型设备线夹适用于截面500～630mm²的导线，截面为500mm²的导线是其使用下限。现场测量线夹、导线参数存在误差，造成线夹与导线实际上不匹配，线夹孔径明显偏大，施工安装未采取措施。引流线在风力及自身重量的作用下，发生振动、逐渐外移，因导线插入深度不够，最终造成引流线脱落。故障时造成35kV Ⅱ母线所带3家高耗能用户停电，损失负荷21MW。17时11分，恢复对外供电。

2. 事故原因及暴露问题

(1) 安装质量不良。

(2) 验收把关不严格。

(3) 线夹制造工艺不规范，同一批次的产品，孔径尺寸不一致。

3. 防范措施

(1) 检查主变压器进线间隔的所有引流线，更换孔径偏大的设备线夹，对其他线夹鞍子进行打磨处理，使线夹紧固。

(2) 全面核对设备台账资料，重点排查与螺栓型设备线夹匹配的导线截面、型号。根

据统计结果，安排停电消缺处理，避免类似事故再次发生。

(3) 对于新建工程，建议设计部门选用与导线型号匹配的线夹，且尽量采用液压型线夹。

(4) 严把设备验收关。

案例14：隔离开关支持绝缘子断裂，母差保护动作，变电站全停

1. 事故简况

事故前运行方式：××供电局220kV变电站220kV为双母线带旁路接线方式，Ⅰ、Ⅱ母并列运行，220kV #3、#4主变压器高压侧并列运行；110kV为双母线带旁路接线方式，Ⅰ、Ⅱ母并列运行，110kV #1、#2主变压器并列运行，带35kV、10kV负荷。事故前全站负荷总计156MW。

事故经过及处理情况：20日，根据调度安排，对变电站220kV母线运行方式进行调整，将接于Ⅰ母、Ⅱ母上的元件进行倒换，在倒母线操作过程中，取下母联11200断路器控制熔断器。11时06分，在倒#4主变压器过程中，在操作到“拉开11204－1隔离开关”时，11204－1隔离开关A相母线侧支柱绝缘子从根部断裂带引流线坠地，造成220kV Ⅰ母母线接地短路故障，220kV两套母差保护（BP－2A、RCS－915AB）动作，跳开220kV所有运行断路器（11200断路器除外），变电站全停。事故发生后，××供电局立即启动了变电站全停事故应急处理预案。11时16分，按中调令，恢复220kV Ⅱ母母线带电。11时28分，变电站110kV Ⅰ、Ⅱ母母线恢复正常带电，带110kV电铁负荷。11时34分，110kV #1主变压器恢复运行，35kV、10kV母线恢复带电。11时50分，220kV #3主变压器恢复运行。12时05分，110kV #2主变压器恢复运行。12时49分，变电站所有线路（包括备用线路）恢复正常运行方式。21日23时12分，11204－1隔离开关更换完毕，投入运行，220kV Ⅰ母及#4主变压器恢复运行。事故共计损失负荷80MW，损失电量8.6万kW·h。

2. 事故原因及暴露问题

变电站11204－1隔离开关为××开关厂1994年8月生产的GW7－220DW/1250A型隔离开关（电动操作机构），1996年11月投入运行，所使用的支持绝缘子为1994年8月××厂产品。经分析，本次绝缘子断裂事故是由于绝缘子（普通绝缘子，抗弯强度为4kN）在生产过程中工艺不良，绝缘子在法兰内偏心，有蓝边现象，水泥浇装薄厚相差10mm，无明显露砂（正常露砂高度为10～20mm）。经对未断裂的其他绝缘子进行试验，抗弯强度达不到要求。

3. 防范措施

(1) 对××厂生产的支持绝缘子今年春检中进行更换。

(2) 安排对支持绝缘子探伤抽测，并积极探索绝缘子带电检测技术，及时发现问题，做到防患于未然。

(3) 完善变电站事故处置预案。从技术上、方式上制定防止变电站全停的措施，组织有针对性的学习和演练。

(4) 对主要变电站的重要操作，认真做好“危险源分析”工作，采取相应的防范措施。

案例 15：GIS 内部共箱母线故障，母差保护动作，切除母线上所有运行断路器

1. 事故简况

事故前运行方式：×××供电公司 220kV 甲变电站 220kV Ⅰ母、ⅡA 母、ⅡB 母并列运行，Ⅰ－ⅡB 母联 2800 断路器、Ⅰ－ⅡA 母联 2600 断路器、ⅡA－ⅡB 分段 2200 断路器正常运行。220kV Ⅰ母带：#1 主变压器 4801 断路器、上恒 4815 断路器、恒钢 4821 断路器、万恒 4823 断路器，万恒 4813 断路器、当恒 4835 断路器运行。220kV ⅡA 母带：恒钢 4822 断路器、万恒 4814 断路器运行。220kV ⅡB 母带：#2 主变压器 4802 断路器、上恒 4816 断路器、万恒 4824 断路器、当恒 4836 断路器运行。

事故经过及处理情况：3 日 16 时 25 分，甲变电站 220kV ⅡB 母母线内部 B 相接地故障，15ms 内转为三相短路接地故障。220kV 母差保护动作，跳开ⅡB 母上万恒 4824、上恒 4816、当恒 4836 断路器，跳开#2 主变压器 4802 断路器、Ⅰ－ⅡB 母联 2800 断路器、ⅡA－ⅡB 分段 2200 断路器、乙变电站 4816 断路器、丙变电站 4836 断路器三相同时跳闸。事故造成#2 主变压器所带 57MW 负荷损失。事故发生后，×××供电公司立即启动应急预案，组织现场排查和恢复送电工作，并于 17 时 09 分，将#2 主变压器所带负荷转移到#1 主变压器，恢复用户供电。

事故原因：负荷恢复后，×××公司及时组织变电运行、变电检修人员进行故障检查、隔离。根据故障录波分析，初步判断故障点在ⅡB 母上，经过气体分析仪器检测分析，发现 220kV ⅡB 母线 4836、4824、2800 断路器间隔气室（1 号气室）SO_2 气体含量为 70.4ppm、H_2S 气体含量 17.3ppm，初步判断为该气室内发生过短路故障。4 日 1 时 35 分，经电科院及省公司复检，确认了×××供电公司对故障点的判断。现场确认除ⅡB 母及母联 2800、分段 2200 不可投，其余设备均可倒至Ⅰ母运行。从 1 时 35 分～7 时 12 分，万恒、当恒、上恒线路先后恢复运行。4 日 19 时 31 分，在对#2 主变压器及三侧间隔设备检查完毕后将#2 主变压器恢复到Ⅰ母运行。通过对ⅡB 母#1 气室开筒检查，发现 B 相母线支撑绝缘子半侧面严重烧毁，C 相导电杆位于 B 相母线支撑绝缘子上方的部分放电烧蚀痕迹明显，内筒壁（位于 B 相母线支撑绝缘子上方）有严重烧蚀发黑现象，下筒壁发现有大约 5mm 左右的烧蚀凹坑（筒壁厚 10mm），其他内筒壁均有不均匀放电喷溅物，筒底集有大量 SF_6 气体电弧分解产物。根据判断导致ⅡB 母#1 气室故障段母线筒短路的原因为 B 相母线支撑绝缘子存在制造工艺质量问题，在高电场条件下绝缘沿面放电，逐步累积继而造成单相接地故障。该支撑绝缘子首先对下部固定其位置的屏蔽罩放电造成单相接地短路，15ms 左右电弧击穿气体绝缘发展为三相短路。甲变电站 220kV ⅡB 母 2005 年 12 月份生产，2006 年 6 月份投运，2007 年 7 月 19 日，常规试验正常。事故发生后，公司组织专业人员先后 3 次赴××高压电气股份有限公司督促备品备件的生产和抢修方案落实。截止到 7 月 22 日，故障母线抢修工作全部完成。7 月 23 日 11 时 10 分，故障

母线耐压试验合格，具备送电条件。23日15时16分，ⅡB母线一次送电成功。

2. 事故原因及暴露问题

220kV ⅡB母线B相支撑绝缘子存在制造工艺质量问题。

3. 防范措施

（1）加强对变电站GIS设备的特巡工作，重点检查GIS设备的气体压力、机构回路、开展红外监测，争取及早发现缺陷。

（2）加强培训并逐步开展GIS设备在线局部放电监测等新技术的应用，为GIS内部故障提供早期判断手段。

（3）加强地区电网对于GIS设备内部故障事故处理预案管理，进一步完善故障发生后响应机制。

案例16：变电站线夹材质不良断裂，造成一段母线跳闸

1. 事故简况

27日0时20分，××××供电公司220kV变电站220kV母差保护动作，岳08凤岳Ⅰ回、岳07#2主变压器高压侧、岳06 220kV母联断路器跳闸，220kV Ⅱ母线全停，#2主变压器停电。损失负荷共计35MW，损失电量1万kW·h。1时30分，所有负荷全部恢复。现场检查发现220kV岳072 C相隔离开关与母线之间连接线夹（SYJ－400A铜铝过渡型，××线路器材厂）的铜铝过渡处断裂，引起B、C两相短路，造成220kV母差保护动作跳闸。经与××线路器材厂一起组织事故分析认为是线夹存在质量问题，加上大风引起隔离开关至母线的引线摆动，造成线夹铜铝过渡处断裂。依据《国家电网公司电力生产事故调查规程》第2.3.3.1条，定性为一般设备事故。

2. 事故原因及暴露问题

（1）铜铝过渡线夹材质不良。

（2）对线夹到场抽检力度不够。

（3）设备巡视质量不高。

3. 防范措施

（1）全面清查过渡线夹使用情况，列计划分批、逐步更换。

（2）严把线夹进货关，杜绝劣质产品进网运行。

（3）加强设备巡视检查，发现异常及时处理。

案例17：变电站GIS装配工艺不良，对地放电，母线停电，造成负荷损失

1. 事故简况

事故前运行方式：18日，××超高压管理局220kV变电站#1主变压器、#2主变压器并列运行，鄢叶线604、叶白Ⅰ线606、株叶Ⅰ线612，#1主变压器610断路器在Ⅰ母运行；叶王线602、叶白Ⅱ线608、株叶Ⅱ线614、#2主变压器620断路器在220kV Ⅱ母运

行；600 断路器在母联运行。

事故经过及处理：18 日 14 时 41 分，变电站 220kV GIS Ⅰ母母差保护动作，跳开鄗叶线 604、叶白Ⅰ线 606、株叶Ⅰ线 612，#1 主变压器 610 及母联 600 共 5 台断路器。当日 22 时 33 分，将跳闸间隔倒Ⅱ母运行（单母线运行）。经过对 220kV Ⅰ母 GIS Ⅲ段气室解体检查，发现气室内部有刺鼻气味和大量粉尘，在 604 与 610 间隔 GIS 母线 A、B、C 三相均有放电痕迹，B、C 相对母线筒内壁有 30mm×30mm×1mm 多个放电小坑，C 相导电管连接触头触指部分熔化。经过厂家人员和超高压检修人员全力抢修，220kV Ⅰ母于 27 日 18 时 48 分转为运行。

经与××高压电气股份有限公司现场技术人员一起分析，导致 220kV Ⅰ母跳闸的原因如下：因厂家装配工艺不良造成母线 C 相连接处接触不良，长期运行发热，最后导致触指弹簧失效，接触不良引起触头熔焊，融化物掉落引起 B 相对外壳放电（C 相处于 B 相放电通道的正上方），后发展成 A、C 相短路，导致母线保护跳闸。该段气室于 2008 年 8 月 31 日扩建投产。根据《国家电网公司电力生产事故调查规程》第 2.3.3.2 条规定，定性为一般设备事故，根据第 5.2.2.2 条规定，不中断安全记录。

2. 事故原因及暴露问题

厂家装配工艺不良。

3. 防范措施

（1）已于 19 日 8 时 01 分对该站 220kV Ⅰ母 GIS Ⅲ段气室进行修复。

（2）25 日 15 时已完成该站 220kV Ⅰ母Ⅰ、Ⅱ段气室的彻底检查，对管线导电杆插入深度进行复检和处理。

（3）结合生产安排，对该站 220kV Ⅱ母各段气室及其他变电站的同型号设备进行普查。

（4）与××高压电气股份有限公司技术部联系，改进该产品结构。

（5）加强对厂家装配部件的验收，把厂家装配的 GIS 母线管线导电杆动、静触头插入深度的检查列入到验收大纲项目内。

案例 18：主变压器高压侧一相套管制造工艺不良，内部故障炸裂起火，引发另外两相套管炸裂

1. 事故简况

事故经过及处理情况：14 日 19 时 56 分，××超高压输变电公司 330kV 变电站警铃警报响，3331、3330、1103、3503、04 断路器跳闸，并听到爆炸声，从值班室窗户看到 #3主变压器着火。当时值班长安排三名值班员进行电气事故处理，重点监视 #1 主变压器负荷和通风投退以及保护信息抄录，两名值班员室外检查并进行故障点隔离。19 时 56 分，#3 主变压器Ⅰ套、Ⅱ套差动保护动作，变压器轻、重瓦斯及压力释放器动作，三侧断路器跳闸。主变压器高压侧 B 相套管内部故障炸裂起火，引发 A、C 两相套管炸裂。变压器充氮灭火装置动作信号发出，运行人员手动启动灭火装置，并联系当地消防队在 20 分钟内将火扑灭。事故导致限电 6MW。

直接原因是由于主变压器 330kV 高压 B 相套管（××高压电瓷厂 1999 年 4 月生产）末屏接地小套管导电杆与末屏接触不良，造成低能量局部放电，经长时间向内发展，烧蚀短接了外部部分电容屏，致使剩余电容屏电位分布改变，套管电容屏在工作电压下击穿，高压对地短路；套管绝缘油在电弧作用下迅速分解、套管内部压力增大，使 B 相上、下瓷套爆炸并着火，碎片及火焰波及 A、C 相套管及中性点套管。技术监督和运行管理不到位是本次事故发生的又一原因。运行单位对该类型套管的末屏接地装置的结构、性能了解不够，对套管末屏接地可靠性未及时研究采取有效的检测手段，变压器搬迁重新投运后未及时开展预试检查，也未采取有效的运行监视措施，致使运行中未能及时发现设备缺陷。

2. 事故原因及暴露问题

（1）事故暴露出制造厂该类型套管末屏接地装置在结构、装配等方面存在缺陷，易造成套管末屏接地不良，套管生产厂家××高压电瓷厂负事故的主要责任。

（2）运行单位××超高压输变电公司未严格落实省公司设备管理要求，技术监督和运行管理措施不到位，致使未能及时发现和消除设备安全隐患，负事故的管理责任。

3. 防范措施

（1）要求厂家更换高压套管。

（2）严格执行技术监督各项规定，认真做好设备在线检测工作。

（3）运行人员加强对设备的巡视监控，及时发现设备缺陷。

（4）加强对设备的管理，切实保证设备的安全正常运行。

三、运行管理工作不到位

案例 1：线路电缆由于电缆沟着火受损，导致全站失压

1. 事故简况

事故前运行方式：××供电公司 220kV 变电站凤珞Ⅰ回送 220kV Ⅰ母线经珈 05 供#3主变压器，凤珞Ⅱ回送 220kV Ⅱ母线经珈 06 供#4 主变压器，220kV 外桥断路器珈 02 合上；#3 主变压器中压侧断路器珈 15 送 110kV Ⅲ母线，供珞洪Ⅰ回珈 17、珞沙紫线珈 19、珞桃线珈 22 负荷，#4 主变压器中压侧断路器珈 16 送 110kV Ⅳ母线，供珞鲁景卓线珈 14、珞沙彭线珈 20 负荷，珈 21 珞平线热备用，110kV 母联断路器珈 12 合上；10kV #7、#8、#9、#10 分段运行。

9 时 10 分，变电站 220kV 凤珞Ⅰ、Ⅱ回过负荷保护动作，珈 05、06 断路器三相跳闸，造成珈#3、#4 主变压器停运，全站失压。事故损失情况：电缆沟起火造成 4 条 10kV 电缆（彭医线、后宰门线、路灯线、书院线）和 2 条 110kV 电缆（珞沙彭线、紫彭线）被烧损。因变电站由 220kV 凤珈Ⅰ、Ⅱ回供电，全站停电造成 110kV 5 条馈线、相关 3 座 110kV 变电站全停，3 座变电站停 1 台主变压器，另两座 110kV 主变压器失压，备自投成功，事故共计损失负荷 160MW。9 时 52 分，变电站恢复供电；19 时 38 分，事故所涉及线路负荷全部恢复。事故共计损失电量 10 万 kW·h。

2. 事故原因及暴露问题

事故直接原因是由于一 110kV 变电站一条 10kV 出线电缆中间接头故障起火，造成共沟的 110kV 珞沙彭线线路末端 C 相经过渡电阻接地。由于 220kV 变电站 110kV 线路没有配置全线速动保护，而 220kV 珈 05 凤珞Ⅰ回、珈 06 凤珞Ⅱ回过负荷保护时限 0.5s 短于 110kV 珞沙彭线线接地距离Ⅱ段及零序二段保护动作时限 1s，致使变电站 05、06 断路器跳闸，全站失压，导致事故扩大。

事故暴露出：

(1) 设备老化，存在的安全隐患未及时发现和整治。

(2) 短线路未配置全线速动保护，且上、下级保护定值整定协调配合不到位。

(3) 电缆防火管理工作存在漏洞。

3. 防范措施

(1) 加强设备运行维护管理，加强设备隐患排查，加大设备整治力度。

(2) 进一步强化继电保护核查工作，加大投入力度，针对电网的变化，及时复核继电保护整定方案，确保电网安全运行。

案例 2：主变压器零序差动保护因施工单位调试错误导致保护误动，变电站停电

1. 事故简况

22 日 12 时 47 分，××公司 220kV 甲变电站 110kV 福唐Ⅰ回（用户资产上网线路）#73杆与#74 杆导线因天气较热，弧垂降低，A 相导线对下方树竹放电，110kV 开关站（用户资产上网开关站）191 断路器零序保护动作跳闸，110kV 乙变电站福唐Ⅰ回 173 断路器零序保护和 220kV 甲变电站 110kV 福天Ⅱ回 164 断路器零序保护均正确启动。与此同时，220kV 甲变电站#1 主变压器零序差动保护动作，主变压器三侧断路器跳闸，由主变压器保护永跳继电器发出了永跳命令，并通过 220kV 天东线保护光纤使 500kV 丙变电站 220kV 天东线 269 断路器跳闸。220kV 甲变电站、110kV 乙变电站全站失压，损失负荷约 34MW。4 月 23 日 2 时 19 分，恢复 220kV 天东线和甲变电站#1 主变压器正常运行。事故减供负荷 34.3MW，少送电量 1.66 万 kW·h，经济损失 5.31 千元。

2. 事故原因及暴露问题

(1) 本次误动的保护装置为××厂生产的 PST－1200 系列微机变压器保护。随产品到现场的说明书没有零序差动保护的定值清单和相关的整定说明，说明书与现场实际到货装置不相符。

(2) ××电力送变电建设公司在变电站投运前的保护调试过程中，没有按照调度定值单进行主变压器零序差动保护区内外故障保护可靠动作和不动作项目试验，没有发现零差保护变比定值存在的问题，就在二次设备修试记录簿上得出了“符合设计要求、定值整定正确、具备投运条件”的结论。

(3) 运行单位××公司在基建验收过程中，没有严格按照验收规程规范的要求，对重

要保护装置的试验项目进行把关。同时，甲变电站的运行人员在变电站投运前的定值核对时不仔细，没有发现变压器保护装置打印出的定值单中“高压侧零序 TA 变比”、“中压侧零序 TA 变比”均为“9999”与地调下发的定值通知的差异，投运时就埋下了隐患。

3. 防范措施

（1）开展为期一个月的“安全生产执行力”整顿活动。

（2）在公司范围内开展为期 15d 的继电保护专项治理活动。

（3）安排对 220kV 甲变电站进行一次全面的检修调试。

（4）加强继电保护监督管理，防止由于二次设备故障引发扩大电网事故。

（5）加强对员工的技术培训，不断提高员工的业务技术素质。

（6）加强对用户资产（并网电厂）的输变电设备的监管力度，防止因用户原因造成事故发生。

案例 3：差动保护动作，主变压器停运

1. 事故简况

××供电公司 110kV 变电所#2 主变压器运行。19 时 13 分，#2 主变压器低压侧过流保护动作，1002 断路器跳闸；19 时 14 分，#2 主变压器差动越限告警，同时#2 主变压器比率差动保护 B 相动作三侧断路器跳闸。当时 10kV 高压室 10kV 侧 1002 开关柜有爆炸声、火光、浓烟，#2 主变压器声音异常。10kV、35kV 母线失压。经检查发现#2 主变压器 10kV 侧 1002 开关柜断路器爆炸，电流互感器烧损严重，10022 隔离开关断路器侧绝缘子烧毁，A、B 相绝缘子所连母排烧断，开关柜烧损严重。经事故处理后，19 时 28 分，#1主变压器由热备用转运行，所带 35kV 线路、10kV 线路恢复送电正常。

2. 事故原因及暴露问题

（1）本次 110kV 变电所#2 主变压器差动保护动作断路器跳闸，主变压器停运的事故主要原因是：#2 主变压器 10kV 母线侧隔离开关下桩头导电杆在合闸位置由于接触不良发生过热，高温使导电杆烧断、真空断路器真空泡烧坏，故障情况下#2 主变压器低压侧过电流保护动作，1002 断路器跳闸，同时真空断路器爆炸燃烧，电流互感器、隔离开关和 A、B 相绝缘子所连母排、开关柜烧损造成#2 主变压器差动保护动作主变压器停运。

（2）运行巡视维护不到位，巡视检查设备不认真，对设备存在的发热缺陷未能及时发现。

（3）公司各级领导及有关部门对现场规程制度制定、审查不严格，运行规程制定不完善并没有及时进行修订，最终形成了现场规程规定的运行人员巡视设备间隔时间过长，对设备存在隐患不能及时发现。

（4）生产技术管理部门对于设备隐蔽部位发热情况没有采取必要的检测手段，设备存在异常问题时不能及时发现处理。

（5）节前安全检查不到位，对于重要设备安全隐患没能及时发现，各级人员的安全责任落实不到位。

3. 防范措施

(1) 建立健全现场运行管理制度，完善设备巡回检查制度，加强运行人员设备巡视工作并缩短运行人员设备巡视时间的间隔。

(2) 加强运行管理，根据设备的实际状况修订现场运行规程并严格执行；加强运行巡视检查，不定期进行设备发热情况的红外热成像监督检测和灭灯检查。对开关柜隐蔽的导电连接部位要采取有效的技术手段检测监督，及时发现设备缺陷；并对该类型断路器的导电连接部分进行全面热塑处理，提高绝缘强度和耐过电流、过电压的能力。缩短红外热成像监督检测时间。

(3) 认真落实各级安全责任制，特别是加强设备安全检查工作，认真开展反事故斗争措施和应急预案工作，严格落实设备安全隐患排查与治理，确保电网安全稳定运行。

案例 4：开关站因隔离开关绝缘子折断，造成母线停电

1. 事故简况

事故前运行方式：×××水力发电总厂新厂 220kV 开关站Ⅰ、Ⅱ段母线经分段开关 2800 联络运行；Ⅰ段母线带镜温线、#2 主变压器运行，旁路 2842 断路器备用；Ⅱ段母线带镜平线、镜联线、#3 主变压器运行，#3 主变压器所带的#5、#6 机各带负荷 15MW。

11 时 13 分，新厂 220kV 母差Ⅱ母保护动作，220kV 镜联线 2844 断路器、镜平线 2843 断路器、#3 主变压器 2803 断路器、母线分段 2800 断路器跳闸，220kV Ⅱ段母线停电，#5、#6 机甩负荷，事故未造成对用户停电。检查发现，镜联线 2844 甲隔离开关 A 相母线侧的支柱绝缘子上节根部折断（有约 1/3 的旧痕），同时拉断了母线与甲隔离开关之间的支撑绝缘子。

事故处理：拉开母线分段开关两侧的 2800Ⅰ、Ⅱ隔离开关，镜平线 2843 甲、乙隔离开关，镜联线 2844 乙隔离开关和#3 主变压器 2832、2835 隔离开关，合上了相应的接地开关，220kVⅡ段母线转入检修状态。13 时 04 分，由旁路代送镜平线，镜平线恢复运行。更换了折断的绝缘子后，17 时 25 分，220kV Ⅱ段母线恢复运行；17 时 52 分，镜联线恢复运行；22 时 09 分，#3 主变压器恢复运行。

2. 事故原因及暴露问题

新厂 220kV 开关站的绝缘子均已运行 20 多年，运行中老化折断，造成 220kV Ⅱ段母线接地，致使 220kV 母差Ⅱ母保护动作跳闸。新厂 220kV 开关站的绝缘子老化严重，近年来经常发生断裂现象，已严重威胁 220kV 开关站的安全运行。

3. 防范措施

筹措资金更换已经老化的绝缘子。

案例 5：倒母线操作中支柱瓷瓶断裂，母差保护动作，母线失压，4 座变电站失压

1. 事故简况

事故前方式：××供电局变电站 330kV 闭环运行，#1、#2 主变压器并列运行，共带负

荷 90MW；110kV 母线经 1100 断路器并列运行；金焦、金铝Ⅱ、金铜Ⅱ、金柳、1102 在西母线运行；金宜、金铝Ⅰ、金铜Ⅰ、金红、1101 在东母线运行。

7 时 5 分至 8 时 27 分，1110 旁路带金铜Ⅱ线路运行、金铜Ⅱ断路器运行转检修，金铝Ⅰ线路运行转检修。8 时 37 分，省调令将 110kV 西母线元件全部倒至 110kV 东母线运行，110kV 西母线运行转检修。8 时 58 分，#2 主变压器 1102 断路器倒至东母线后，将金焦断路器由西母线倒至东母线过程中，合上金焦东母线隔离开关，在拉开西母线隔离开关后，西母线隔离开关 B 相支持瓷瓶（靠东母线侧）从根部断裂，支柱瓷瓶及隔离开关动触头杆脱落地面，东、西母线隔离开关引线搭在东母线隔离开关架构上，造成 110kV 东母母线 B 相接地短路，110kV 母差保护动作，110kV 东、西母线失压；东、西母线所带断路器（除 1100 断路器）均跳闸，导致 4 座 110kV 变电站失压。事故损失负荷 74.6MW，少送电量 3.6283 万 kW·h。

2. 事故原因及暴露问题

（1）110kV 金焦 B 相隔离开关（GW4－110/600，1977 年××厂生产）瓷质老化，且因停电检修困难超周期造成瓷瓶转动机构卡涩和传动部分锈蚀，操作时瓷瓶受力从根部断裂。

（2）变电站 110kV 隔离开关支持瓷瓶运行年久，瓷质老化，瓷瓶转动机构卡涩和传动部分锈蚀是影响电网安全运行的突出问题。

（3）110kV 电网结构薄弱，部分变电站不满足 $N-1$ 要求。当环网于同一母线，如果母线故障失压，易造成变电站失压事故。

3. 防范措施

（1）下发隔离开关操作注意事项，要求对老旧变电站设备的操作必须检查隔离开关支柱瓷瓶的外观情况，发现有卡滞应停止操作，严禁强行操作；在隔离开关操作时，对存在严重问题的隔离开关要结合现场实际调整操作方法或变更停电工作方案。

（2）采取移动式可视系统、高清晰摄像机、红外探伤仪器等手段，对所有隔离开关进行一次全面外观普查，若发现瓷瓶有异常现场，应及时调整停电操作方案。

（3）对运行时间较长（20 世纪 80 年代以前）的变电站隔离开关支柱瓷瓶，进行一次全面的外观普查，并积极开展瓷瓶探伤工作，发现问题，及时处理。

（4）积极联系电科院对 110kV 金焦西母线隔离开关 A、C 相支柱瓷瓶进行强度测试和探伤。

案例 6：电容器开关爆炸短路，造成主变压器损坏

1. 事故简况

5 日 10 时 10 分，××供电局 330kV 变电站值班人员根据省调下达的无功电压曲线将#1电容器组热备用转运行。10 时 13 分，3501、1101、3320、3322 断路器跳闸，3511 断路器跳闸，3511 #1 电容器开关 B 相爆炸，造成 35kV 三相短路，导致#1 主变压器因低压侧近区短路引起低压绕组绝缘损坏。主变压器返厂处理。25 日，#1 主变压器及 3511 断路器更换后投入运行。

2. 事故原因及暴露问题

（1）3511断路器运行近20年，断路器合闸后B相接触不良是造成本次故障的直接原因。

（2）#1主变压器抗短路电流能力弱，在外部发生故障时造成绝缘击穿，是本次事故扩大的原因。

3. 防范措施

（1）对老旧设备加强运行中的监视，结合设备运行状况适当缩短预防性试验周期，及时发现设备运行隐患，适时更换老旧设备，提高设备安全运行水平。

（2）对老旧变压器开展普查，对抗短路电流弱的变压器通过调整运行方式降低短路电流水平。

案例7：因盗窃电气设备导致主变压器跳闸，造成4座变电站全停

1. 事故简况

故障前运行方式：××供电局330kV变电站330kV系统全接线运行；#1主变压器带北部新Ⅰ、新Ⅱ段母线，#2、#3主变压器并列带南部旧Ⅱ、旧Ⅲ段母线运行。

事故经过及处理情况：13日21时36分，变电站#2、#3主变压器差动保护相继动作，同时，#2主变压器还伴有轻瓦斯动作信号。#2、#3主变压器三侧断路器跳闸，110kV旧Ⅱ段、旧Ⅲ段母线全停。经110kV旧Ⅱ段、旧Ⅲ段母线供电的4座110kV变电站备自投成功；110kV甲、乙、丙变电站以及×××牵引变电站全停。故障发生后，变电站值班人员立即对现场设备进行检查。发现#3主变压器110kV侧旁路母线隔离开关（11035）处有血迹，地面有丢弃的钢锯、扳手等工具及带血烧烂的裤子等，11035隔离开关主变压器侧静触头有放电痕迹，判断为有人盗窃电气设备造成110kV设备发生接地短路故障。经处理，当日22时10分，甲变电站、×××牵引变电站恢复供电。当日22时19分，乙变电站恢复正常运行。根据330kV变电站故障情况并结合故障录波分析，认为#3主变压器差动保护动作正确，检查主变压器本体无异常，当日23时20分，恢复#3主变压器运行。23时37分，恢复110kV旧Ⅱ母、旧Ⅲ母线正常运行。经330kV变电站供电的丙变电站于当日23时40分恢复正常供电。因变电站故障点在#2主变压器差动保护范围外，根据#2主变压器差动保护及轻瓦斯保护同时动作的情况对#2主变压器进行检查，发现#2主变压器110kV中压侧A相绕组受损导致变压器本体故障。#2主变压器更换后投入运行。

2. 事故原因及暴露问题

（1）变电站技术防范措施不到位。因330kV变电站正在进行全站设备改造，“技防”设备厂家技术人员认为现场不具备安装“技防”设备条件，因而没有进行安装。虽然变电站采取了加强人员巡视（每间隔2小时巡视一次）来弥补“安保”系统不完善的措施，但仍无有效的手段进行全天不间断地防范，反映出变电站的“安保”措施存在漏洞。

（2）变电站安全隐患排查不彻底。在百日安全督查专项活动中，将主要精力放在了主设备的隐患排查上，忽视了对变电站周边环境隐患的排查。该变电站地处城乡结合部，外

围环境较为复杂，相关部门虽多次和地方政府交涉联系，但仍缺乏有效手段保证变电站安全运行，导致发生不法分子夜间进入变电站盗窃电气设备，造成110kV母线全停的设备故障。

（3）对重要用户的供电可靠性考虑不周。变电站整体改造期间，对重要用户的供电方式考虑不周。生产和营销部门沟通不够，营销部门对重要用户上一级的供电方式未完全掌握，对重要用户的保安电源要求不明确。

3. 防范措施

（1）尽快落实变电站"技防"设施的安装使用。在"技防"设备未投运前，要加强变电站安全检查，实行变电站24小时不间断监视，确保不发生类似事故。

（2）检查、消除变电站周边环境安全隐患。对重要变电站外围和线路通道等问题进行彻查，加强同各级政府、公安部门的沟通协调，消除变电站环境安全隐患。

（3）针对本次事故暴露出的问题，对重要用户开展一次供用电安全检查，特别是重要用户的上级电源是否可靠，是否符合规程要求，对重要用户自备应急电源配置提出明确要求。

案例8：运行中站用变压器低压电缆绝缘击穿起火，引起相邻电缆燃烧造成对外限电

1. 事故简况

事故经过：20时32分11秒，××电业局变电站后台监控系统发出"4号主变压器冷却器全停"、"4号主变压器冷却器交流电源故障"、"4号主变压器本体控制柜电源Ⅰ故障"告警信号。20时33分14秒，发出"3号主变压器冷却器交流电源故障"告警信号。20时35分，值班人员巡查发现所用电室及北面电缆沟冒烟起火，立即将起火情况迅速汇报当值值长，当值值长立即打火警119报警，同时汇报站长、网调、省调、地调当值值班员，并组织灭火。20时40分左右，当值值班人员迅速奔向着火地点进行灭火，以控制火势蔓延。22时40分，经消防队努力，明火扑灭。事故未造成人员伤害，造成××及××县调直接拉限电432MW。

（1）事故主要是变电站站用电低压电缆设计选型采用了磁性钢带铠装的单芯电力电缆，违反了《电力工程电缆设计规范》（GB 50217—1994）第3.5条"交流单相回路的电力电缆，不得有未经非磁性处理的金属带、钢丝铠装"的规定，电缆在运行中长期存在磁性铠装层涡流发热，电缆内外护套层绝缘老化加速。

（2）事故直接原因为敷设施工过程中转角处电缆外护套局部绝缘层拉薄，电缆磁性铠装层存在涡流，对电缆支架持续性间隙放电并形成环流，铠装层局部出现过热，致使电缆主绝缘层逐渐融化并击穿，引发单相接地短路故障，最终导致电缆起火燃烧。

（3）事故扩大原因为变电站站用变高压熔断器熔体设计配置上未对熔体保护范围和动作可靠性进行严格计算校核，存在保护死区，站用变压器低压出线电缆末端单相故障时不能可靠熔断，无法快速切除电缆故障，致使电缆持续燃烧并波及同沟其他电缆。

2. 事故原因及暴露问题

（1）电缆选型存在严重失误。承担设计任务的××电力设计院设计人员对电缆制造有

关国家标准（GB 12706）及其变更不熟悉，未按老标准（1991 版）对选用的单芯电力电缆型号（VV22）铠装层防磁性能提出明确说明，也未按新标准（2002 版）及时修改设计选用的电缆型号（新标准应为 VV62），直接导致工程中使不符合规范要求的电力电缆。

（2）站用变压器高压熔断器熔体设计配置不当。由于站用变压器布置在高压设备区，站用变压器至站用电室之间使用了较长距离的低压电力电缆，设计人员在熔断器熔体选择上仅依据站用变压器额定容量计算，未对熔体规格选择的合理性、可靠性进行严格计算校核，导致保护上存在死区，站用变压器低压侧电缆末端故障不能可靠快速切除，造成了事故扩大。

（3）建设单位××省电力公司超高压建设分公司项目管理把关不严，未严格执行国家有关标准规定，在变电站建设设计、采购、施工、验收等环节管理不到位，对电缆设计选型、电缆制造的国家标准不熟悉，未要求设计部门提供电缆采购技术规范，材料采购质量把关不严。承担施工任务的××送变电工程公司施工前验收把关不认真，未对电缆做抽样试验分析，电缆敷设过程中未采取有效的保护措施，致使电缆外护套层局部绝缘层受损拉薄，监理单位也未能及时发现设计和施工质量问题，遗留了事故隐患。

（4）供货厂家未按规范要求核实用户的使用条件，向用户提供了带有磁性铠装的单芯电力电缆。从对事故电缆检测和解剖检查看，电缆还存在绝缘电阻常数不符合要求以及绝缘厚度不均、钢带向绝缘层方向内嵌等质量缺陷。

（5）基建和生产管理部门在变电站基建和生产环节存在“重高压、轻低压；重主设备、轻辅助设备”的问题，对变电站站用电系统重视程度不够，低压电缆专业管理技术规程和管理规范不健全，低压动力电缆定期巡视检查不到位，全过程专业管理亟须加强。

（6）低压电力电缆与保护、控制电缆同沟集中布置。由于站用变压器低压电力电缆工作电流大，发生故障的概率较控制、通信电缆高，一旦发生火灾事故，极易波及同沟的控制、通信电缆，造成全站控制、通信失灵而酿成全站停电事故。

3. 防范措施

（1）应立即对 220kV 及以上变电站所有的站用电保护配置、电缆选型情况进行清查，对存在配置问题的应加强巡视维护，增加红外测温等巡视检查项目，并尽快制订反措计划，加快整改。

（2）强化对基建工程全过程管理，严格设计审查、采购、施工、验收等过程，对重要环节建立风险控制制度，确保工程建设质量。

（3）加强变电站运行维护管理，特别加强对站用电系统的专业技术管理，建立完善的管理制度。提高变电站全停等重大危险源的辨识能力，针对运行中出现的问题，完善防止变电站全停的应急预案，确保不发生新的险情和问题，加快组织实施永久性改造方案。

第八章　变电检修工作中人身伤亡事故案例

一、违反保证安全的组织措施

案例1：监护人失职，作业人员右手碰跳线致死

1. 事故简况

某供电局变电工区检修班在某变电所测量110kV耐张悬式绝缘子串的分布电压。测量顺序是：先测量单层布线的母联Ⅱ型架构5上的绝缘子，由于上层母线1的跳线对下层构架仅有1500mm的距离，故决定下层母线的中相绝缘子不检查。

此次作业共3人，由甲登构架负责检查，乙监护。甲登至架构5，在测完母联构架上的绝缘子串后，便将检测杆3（长2800mm）放在构架柱孔上，随即越过架柱进入上层母线Ⅲ型架内，拟从柱孔中抽出检测杆对下层母线绝缘子串进行测量（监护人失职，对此动作未进行监护）。在抽取检测杆4的过程中，没有注意右侧上层母线的跳线，以致右手靠近跳线，造成单相弧光接地。甲被电击后从10m高的构架上摔落在一相隔开关的引流线上（离地约3.5m）缓冲一下后，再侧身落在水泥地面上，抢救无效死亡。后经检查，烧伤面积达70%。

2. 事故原因及暴露问题

（1）监护人在作业人员抽取检测杆时，认为没有作业任务，仅仅是取检测杆，人虽然在现场，但却失去了监护，严重违反了《安规》（变电部分）第3.4.1条规定的“……工作负责人、专责监护人应始终在工作现场，对工作班人员的安全认真监护，及时纠正不安全的行为”。所以，作业人员右手靠近带电的跳线，造成单相弧光接地，是发生事故的主要原因。

（2）作业人员未根据《带电作业操作守则》（以下简称《带电守则》）2.1条“现场勘查”的各项有关规定，对作业现场的设备间距在作业前进行观测，加之在取检测杆时，思想上只注意检测杆，忘记了右手有触及带电跳线的危险，是发生事故的重要原因。

3. 防范措施

（1）监护人既是现场带电作业任务完成的组织者，又是人身和设备安全监督者，责任重大，在作业中必须不打折扣地认真尽到《带电作业安全工作规程》（以下简称《带电安规》）第13条规定的“工作负责人的安全责任”，在监护的全过程中，应该头脑清醒地进行监护，不能随便忽略任何一个环节，连续不断地对作业人员的每一个动作进行监护，并正确指导作业人员下一步该做什么，并能分析作业人员每个动作的意图，及时发现事故苗头，防患于未然。

（2）带电作业人员在作业中，对带电作业场所的上下、左右和前后的周围环境应有清醒的认识和记忆，时刻联想到每一个动作是否会碰到周围的带电体（间接作业时）或接地体（等电位作业时），以免发生触电事故。

案例 2：检修人员在检修站用变压器开关时，误入带电柜被电弧严重烧伤

1. 事故简况

某电业局检修一公司对 220kV 窑坡变电站#1 站用变压器及#1 站用变压器 316 开关、316 开关电缆、316 保护仪表进行预试检验工作。运行值班人员对检修设备停电操作完毕并做好安全措施后，将 316 开关柜前后下层柜门打开，由值班负责人周××会同工作负责人熊××到现场，再次检查所做安全措施，交待安全注意事项，许可开工。工作中，工作班成员周××擅自打开相邻的 3161 刀闸柜门，进入柜内触电，电弧将周××、熊××烧伤。据医院初步诊断，周××烧伤面积约 80%，其中约 60%为Ⅲ度烧伤；熊××灼伤面积约 20%。

2. 事故原因及暴露问题

在工作许可人办理完工作许可手续后，工作负责人熊××在不清楚工作任务和具体工作位置的情况下，盲目指挥开工，并超出工作范围，共同与工作班成员周××将 XGN9－10－041 型开关柜上层柜门打开，周××进入 10kV 带电母线及 3161 刀闸柜内时触电短路（工作票上已经注明“3161 刀闸靠 10kV 母线侧带 10kV 电压”，不属本次工作范围），酿成了一次一人重伤、一人轻伤的人身事故和主变压器低压侧开关跳闸。

事故暴露出：

（1）工作负责人（工作监护人）熊××违反《安规》（变电部分）第 3.2.10.2 条工作负责人安全职责之一“正确安全地组织工作”、之三“工作前对工作班成员进行危险点告知，交待安全措施和技术措施，并确认每一个工作班成员都已知晓”的规定，没有安全地组织本次检修工作，并且在开工之前没有将工作任务和危险点详细告知工作班成员。究其原因是工作负责人对工作任务、工作内容、停电范围不清楚就开工，超停电范围作业。结果是既伤自己，又伤别人，严重失职。

（2）工作班成员周××违反《安规》（变电部分）第 3.2.10.5 条的规定，在不明确工作内容、工作流程、安全措施以及工作中的危险点的情况下就盲目工作。

3. 防范措施

（1）加强学习，提高工作人员的工作责任心和业务能力，在明确工作任务和安全措施的情况下，才能开工。

（2）工作时相邻的所有非工作设备必须加锁。

（3）加强作业现场督查，消除各类违章行为。

案例 3：变电修试公司在电容器间隔进行检修时，检修人员误碰带电设备触电死亡事故

1. 事故简况

某变电修试公司在 110kV 园珠岭变电站进行 326 电容器间隔的检修工作。谢××

（死者、男、39岁）与工作班成员贺××在326开关柜后进行电缆试验，电缆未解头带TA进行试验时，发现C相泄漏电流偏大，随即将电缆解头重新试验，泄漏电流正常。试验完毕后，谢××听到326开关柜内有响声，便独自去326开关柜前检查，擅自违章将柜内静触头挡板顶起，不慎触电倒在326开关柜内，经急救无效死亡。

2. 事故原因及暴露问题

事故原因：

(1) 工作负责人谢××违章作业。为了查清326电容器电缆接头前后两次试验数据差别较大及326开关柜内存在异常声响的原因，谢××在贺××通知继保人员来326开关柜检查的过程中，打开小车柜内隔离带电部位的挡板，对326小车静触头的表面污秽等情况进行外观查看，在继保人员解释完继电器发出响声的原因后，谢××在准备恢复挡板的过程中，意外跌倒，右手腕背触及带电触头，头部对开关柜顶放电，电击致死。谢××身为工作负责人，却在无人监护、未戴安全帽的情况下，擅自开启已封闭的挡板，是导致此次事故的直接原因。

(2) 现场安全措施不到位。工作票签发人朱××在工作票上所列安全措施不完备，没有按安规的规定，在326小车柜拉出后设置“止步，高压危险!”警告标示牌，而工作许可人曾××又未发现这一问题，未补充设置上述警告标示牌，是造成此次事故的间接原因。

事故暴露出：

(1) 工作票签发不合格，高压试验工作只安排一名高压试验人员，致使工作负责人参与高压试验工作，工作人员失去监护。

(2) 安全意识淡薄。工作负责人谢××在明知10kV母线带电，326开关静触头带电的情况下，仍将326开关柜内挡板打开，使得带电部位暴露在外。

(3) 未按规定正确使用劳动防护用品，工作负责人谢××在检查326开关柜时未戴安全帽。

(4) 工作许可人曾××未严格履行安全职责，没有补充和完善现场安全措施，未在326小车柜挡板前设置“止步，高压危险!”警告标示牌。

3. 防范措施

(1) 加强各级现场安全把关及现场安全稽查力度，用“三铁”反“三违”，严厉打击违章。

(2) 严格履行好工作负责人、工作监护人和工作班成员的职责，工作班成员在现场作业中要做到相互关心，相互监督。

(3) 严格按安规的要求设置好安全措施。

案例4：变电站因外包单位油漆工误登带电间隔，造成3座110kV变电站失压，1人电弧灼伤

1. 事故简况

某电业局220kV新乐变电站110kV潘花乐1230断路器及线路间隔预试、油化、维

护、消缺、正母线隔离开关调换及保护调换、自动化改造；110kV 新中 1377 断路器间隔正母线隔离开关、断路器调换及保护调换、自动化改造。油漆工在完成了 110kV 潘花乐 1230 正母线隔离开关油漆工作后，工作监护人发现 110kV 潘花乐 1230 隔离开关垂直拉杆拐臂处油漆未到位，要求油漆工进行补漆。其间，工作监护人因其他工作需要临时离开作业现场，并通知油漆工作暂停。而油漆工为赶进度，在工作监护人离开后擅自进行油漆工作，并跑错间隔，在攀爬与 110kV 潘花乐 1230 相邻的 110kV 潘荷新 1229 间隔的正母线隔离开关过程中，110kV 潘荷新 1229 正母线隔离开关 A 相对油漆工毛××放电，导致其从约 2m 处跌落，造成轻伤。110kV 母差保护动作，跳开 110kV 副母线上断路器，造成 110kV 明楼、宝桥、幸福 3 座变电站失电。

2. 事故原因及暴露问题

（1）外包油漆工安全意识淡薄，不听从监护人命令，擅自工作，误入带电间隔，是发生本起事故的主要原因。

（2）工作监护人监护不到位，是发生本起事故的直接原因。

（3）油漆工工作不认真、不仔细，造成返工；油漆工负责人未尽到安全管理职责，是发生本起事故的重要原因。

（4）施工单位对作业人员安全教育不全面、不到位，现场管理不严格，是导致本起事故发生的另一重要原因。

3. 防范措施

（1）进一步加强对外包队伍的资质审查，严把进场的“准入关”。

（2）加强对外包作业人员安全意识教育。

（3）加强对外包队伍的监督与管理，特别是作业过程中的监督、指导，确保工作全过程必须在有效监护下进行。

案例 5：变电站检修工作中，发生人身触电轻伤事故，并引发电网部分用户停电事故

1. 事故简况

某电力公司安排对 110kV××变电站日白线 544 断路器进行大修工作。在工作前，检修班组为工作方便，在 544 断路器三相钢结构底座各固定一根槽钢，用两颗螺栓固定，再在槽钢上搭建角钢和木板，形成检修工作平台。大修工作完成后，由于试验设备故障无法进行断路器试验，工作班组申请将工作延期至第二天的 21 时 30 分，并办理了工作延期手续。第二天 21 时 30 分，试验工作仍没有结束，工作班组在没有进行重新申请工作的情况下继续进行工作。23 时 07 分，检修和试验工作全部结束，工作班组将临时搭建的角钢和木板拆除，但三根槽钢并没有拆除，并向变电站运行人员申请办理工作终结手续。变电站值班人员提出了应将检修工器具和槽钢全部拆除后再办理工作终结手续，但工作班负责人说第二天再来拆除。随后当值运行人员同检修班组达成协议，办理了工作终结手续，并汇报调度，将日白线 544 断路器由检修恢复到热备用状态。第二日中午，公司维检部工作人员普××和丹××进入 110kV××变电站，准备清理现场遗留的工器具，并拆除临时加

装的槽钢。在进入变电站后，二人直接走向日白线544断路器位置处。此时变电站一值班人员发现后，到日白线544断路器位置处询问二人，二人回答说只收拾检修工具。随后该变电站人员走向值班室向值班长汇报，普××和丹××则准备拆除C相搭建的槽钢。二人走到544断路器处后，丹××就将梯子搭在544断路器C相北侧构架上，沿梯子向上爬，准备拆除C相搭建的槽钢，普××在下面进行监护。在拆除C相槽钢一颗螺栓、准备拆除第二颗时，所带扳手不够，普××随即到6m远处去拿另外一把扳手。丹××从544断路器C相北侧移动到南侧，处在B、C相间，准备拆除B相槽钢，所带扳手靠近到B相断路器中间放油阀，造成B、C相间弧光短路，丹××直接摔落在地上，脸和手部被电弧灼伤。

事故发生后，在场工作人员立即将丹××送往××地区人民医院治疗，并向公司领导汇报。经医院检查，伤者脸部、腿部被电弧灼伤，属浅表层二度烧伤。

事故引发110kV××变电站35kV日白线544断路器B、C相短路，110kV××变电站#1、#2主变压器中压侧531、532断路器复压过流Ⅱ段保护动作跳闸，35kV母联512断路器复压过流Ⅰ段跳闸；塘河电站1号机组灭磁开关跳闸，连跳发电机开关；强旺电站1～4号机组过流动作跳闸；满拉电厂1号机负序过流保护动作跳闸；××电网11条10kV馈线安自动作跳闸，损失负荷12.5MW，电量0.91万kW·h，经济损失2.33万元。

2. 事故原因及暴露问题

（1）检修班组在完成工作后，没有按规定清理完现场和拆完工作时搭建的检修平台就要求办理工作终结手续；变电站运行人员不严格执行工作终结规定，在没有将设备状态恢复到检修前方式和清理完现场的前提下与检修班组办理工作终结手续，并将设备转入热备用状态，留下事故隐患。

（2）检修工作人员到变电站工作时，无票违章工作，同时在未告知变电站工作人员详细情况下，擅自扩大工作范围，是造成此次事故的主要原因。

（3）工作人员不严格执行工作票终结手续，工作班负责人违章指挥、工作班安全员严重失职，变电站值班人员不能坚持原则，在不符合规定的情况下办理了工作终结手续。

（4）工作人员安全意识淡薄，严重违反安规，在没有清理完现场的情况下结束工作。未办理工作票重新工作。

（5）工作人员在工作前没有认真了解设备运行状况，无自我保护意识，缺乏安全措施。

（6）工作负责人失职，没有按照要求进行危险点分析和安全交底，工作中安全监护失职。

（7）电网继电保护管理存在问题，35kV城区变电站日城线保护装置在事故情况下拒动，满拉、塘河、强旺电站机组在事故时误动作；满拉电厂机组误跳闸原因是现场定值整定错误，强旺、塘河电站机组误动原因为二次接线错误。

3. 防范措施

（1）应加强对现场工作人员的安全教育，组织相关人员对安规中的有关内容进行认真学习，做到有章必循。

(2) 加强“两票三制”执行力度，认真落实现场工作危险点分析与预控工作，严格作业前的安全交底，加强工作许可、终结与工作票审核、签发管理和工作现场安全监护。

(3) 对日电网继电保护进行检查、试验和调整。

二、违反保证安全的技术措施

案例1：检修人员误入带电间隔发生人身触电死亡事故

1. 事故简况

某电业局修试所根据年度设备预试工作计划，对××变电站110kV城西Ⅱ回042开关、避雷器、TV、电容器预试及断路器做油试验工作，在做完开关试验，并取出油样后，高压班人员将设备移到线路侧做避雷器及TV预试工作。此时，开关班人员发现042三相开关油位偏低，需加油，在准备工作中，开关班工作人员（兼监护人）查××在工作现场向工作人员热××（死者）交代“在此等候，不要工作”，于是离开现场上厕所，当工作负责人在110kV场地墙边方便时，突然听到“砰”的一声，回头一看热××正从运行的032（#2主变压器高压侧开关）断路器A相处坠地，立即跑回现场查看，发现热××侧卧在地上，被电击严重烧伤，且呼吸困难，进行现场抢救，同时联系120急救，经医生抢救无效死亡。

2. 事故原因及暴露问题

(1) 工作监护人短时离开工作现场，致使工作人员在无人监护下误入带电间隔。

(2) 工作现场安全措施不到位，未装设遮栏。

(3) 未严格执行规程规定，工作票上未填现场应设遮栏或其他安全措施。

事故暴露出：工作票上缺少最基本且必须的安全措施，工作负责人、工作许可人、工作班成员及现场值班人员均未把关，采取补充措施，反映出电业局安全管理存在严重漏洞，安全工作流于形式，安全检查监督严重不到位；工作负责人（兼监护人）违反《安规》有关规定，监护不到位，工作期间随意离开现场，没能及时纠正工作人员违反安全的行为；工作现场安全措施不完善，未装设遮栏；工作人员安全意识淡薄，自我安全防护能力不强。

3. 防范措施

(1) 做好工作前的安全交底、危险点分析及预控工作，落实好各项安全组织措施和技术措施。

(2) 进一步加强管理，检查各项规章制度及“两票”的落实情况，加强工作现场的安全监督，严格执行各项规章制度。

(3) 工作监护人员要切实加强责任心，明确监护部位及对象，要不间断地监护作业人员的作业全过程。

(4) 加强工作人员的安全培训和安全教育，提高工作人员的安全意识和自我保护能力。

案例2：220kV变电站66kV线路出线间隔检修时，作业人员误入带电间隔造成人身触电重伤

1. 事故简况

事故前××一次变电站的系统运行方式是：220kV乌大线2613通过主母线带大东线2614运行，220kV旁路母线热备用；220kV #1主变压器停电，#1主变压器的主一次2611、主二次221、主三次231三个间隔停电进行预试；66kV大西线227、大热线216带××一次变电站66kV负荷运行，66kV主母线带电，66kV旁路母线热备用，66kV大塔线226停电进行预试；10kV配电装置全停。

2005年4月15日9时30分至12时00分，××电业局××一次变电站66kV大塔线计划停电，工作任务是大塔线226开关、电流互感器和线路耦合电容器高压试验和清扫检查。工作组共7人，倪××为工作负责人，工作分工是检修2人（倪××、张××）配合高压试验3人拆卸设备端子，运行2人清扫瓷瓶。

工作负责人倪××办理完工作票许可手续，在现场交代完工作票后开始工作。倪××让张××监护，他亲自登上线路耦合电容器拆卸引线端子。在倪××进行耦合电容器引线拆除过程中，张××在未与倪××联系的情况下自行拆除大塔线226开关和电流互感器引线，因66kV大塔线耦合电容器实际位置在相邻带电的大林线215间隔线路出线的下方，耦合电容器处的围栏开口处正对着大林线215丙刀闸、电流互感器、开关方向，张××误认为大林线215间隔是停电的226间隔，直接登上大林线215间隔内开关支架，造成A相开关法兰接线板对其右手放电，右上臂上1/3处截肢。

2. 事故原因及暴露问题

（1）作业人员违章作业，工作中监护关系错位。

（2）工作现场安全措施不完备。工作许可人在没有完全做好安全措施的情况下，就将工作票发出允许开工。工作负责人在部分停电作业中，亲自参加作业，严重违反安规规定。

（3）现场作业班组安排工作不周。工区领导对此项工作重视不够，对其危险性认识不足，人员安排不合理。

（4）对职工安全技术培训和安全教育针对性不强。

（5）设备实际位置不对位（66kV大塔线耦合电容器实际位置在大林线215间隔内）。

3. 防范措施

（1）对事故分析本着“四不放过”的原则，对事故进行认真分析，举一反三，吸取教训，查找事故隐患和管理中的薄弱环节，制定措施认真整改。

（2）加强两票的管理，严格履行工作票开工许可手续，加强对防误装置的管理和安全措施标准化管理。

（3）加大违章处罚力度，加强对安全围栏、接地线、警示牌的管理。整顿标准化作业工作，确保作业现场安全、规范、有序。

（4）进一步明确运行、检修人员的职责，重点落实各项管理制度。

（5）加强对青年职工特别是新上岗职工的管理，合理安排工作，突出对重点人员的监护。

（6）立即将66kV大塔线耦合电容器移回本间隔，消除事故隐患。

第九章　变电检修工作中设备事故案例

一、违反保证安全的组织措施

案例1：设备改造施工中，未履行工作许可手续施工人员就去处理遗留缺陷，造成误操作，引起220kV变电所母线全停

1. 事故简况

某供电局变电处服务公司在南苑220kV设备改造施工中，工程处于结尾阶段，二次线班副班长刘××带领工人张××在未履行工作许可手续和不掌握运行方式的情况下进入施工现场工作，违章处理前一日遗留的2215－5刀闸操作闭锁回路失灵问题。但运行方式已在前一天改变，220kV#5母线由检修转运行，而刘××误认为仍在检修状态，在工作负责人与工作许可人重新办理工作票手续中，就擅自到2215－5刀闸处工作，在电动合2215－5刀闸时，造成带地线合闸发生电弧三相短路接地，把施工中悬挂在2212－4、2212－5刀闸之间的临时接地线卡子处全部烧断，母线差动保护动作，2211、2213、2214、2203、3304开关跳闸，母线全停。

2. 事故原因及暴露问题

（1）变电服务公司二次线班副班长刘××违反《安规》（变电部分）中“工作票制度”和“工作许可制度”，未得到工作负责人许可，就进入现场进行工作，带地线误合2212－5刀闸，是发生事故的主要原因。

（2）工作中负责人吴××没有尽到工作总负责人的职责，在施工过程中，对二次线班的工作放松管理，没有坚持执行小组工作措施票以及必须每日履行工作许可手续的制度，导致了新刀闸接好母线引线后，二次线班在工作总负责人未下工作许可令前便开始工作，是发生事故的重要原因。

（3）变电服务公司的领导和组织重视工作任务，轻视安全管理工作，表现在对青年工人的安全思想和安全知识教育不够，一些青年工人不懂规程，违章工作，是发生事故的潜在原因。

3. 防范措施

（1）认真吸取这次事故教训，并结合历次误操作事故情况，教育职工，尤其是工作负责人严格执行规程制度，严明纪律，在组织措施上把好防止误操作关。

（2）对未装防误闭锁装置的设备要尽快补装。对已装用的防误闭锁装置要加强管理，明确责任。闭锁装置出现缺陷要及时消除，对擅自解除闭锁进行操作的要严肃处理。今后，新装闭锁装置必须选用鉴定通过的合格产品。

（3）加强职工的安全培训，提高人员技术素质和认真执行规程制度的自觉性。

案例 2：检修人员带地线合手车柜式保险，造成三相短路

1. 事故简况

某电业局××变电所由变电工区检修人员进行更换 10kV #2 所用变压器工作。在工作即将结束时，一名工作组成员更换完手车柜式保险后，为方便运行值班员，自行决定把更换完的手车柜式保险恢复到预备位置，因不熟悉特性和用力过大，手车柜滑入合闸位置，因在开工前根据工作票的要求，在柜内保险管后侧电缆头引线上装有一组地线，造成带地线合闸三相短路。

2. 事故原因及暴露问题

（1）在检修过程中，检修人员未经许可，在无人监护下擅自将手车柜式保险推入间隔内，尤其是在部分停电作业中，工作票未办结束，安全措施没有拆除的情况下，将手车柜式保险推入是极为错误的，也是发生事故的主要原因。

（2）开工前工作负责人没有全面认真地向工作组成员进行安全措施交底，分析危险点，而在工作即将结束时放松了对工作人员的监护，致使一名工作人员擅自将手车柜式保险恢复到预备位置是发生事故的重要原因。

3. 防范措施

（1）工作负责人应在开工前认真地交待安全技术措施，对作业中可能发生事故或异常的危险点进行全面分析，在检修过程中，时刻不允许失去监护，不要以为“工作就要结束了就没有危险”，经验告诉我们事故往往就在这样的情况下发生。

（2）在部分停电作业中，检修人员未经运行值班人同意，不得随意动运行设备。检修更换手车柜式保险后，严禁操作。

（3）落实检修人员岗位责任制，提高检修人员技术素质。检修人员应确实明确自己的岗位责任，作业中哪些活应干哪些活不应干，不要任意超越职责。同时应学习检修工艺，提高技术水平，对所修的设备一定要首先熟悉结构、性能和操作方法。

二、违反保证安全的技术措施

案例 1：检修人员误将运行中的 110kV 开关释压，造成开关慢分

1. 事故简况

某电业局××变电所，#190 开关（SW7－110）检修完毕后，未办工作终结手续，检修人员就撤离现场。在乘车离所时，检修副组长王××突然想起检修开关的压力没有释放，就独自跑回开关场，来到运行中的#124 开关处，未核对设备名称，就将#124 开关的压力释放了，造成开关慢分，开关带负荷慢分未发生爆炸实属万幸。

2. 事故原因及暴露问题

发生事故的主要原因是现场纪律松弛，不认真贯彻执行《安规》（变电部分）中各项

有关规定，检修与运行之间缺乏必要的联系与制约。在设备进行部分停电检修时，运行员不按规定装设遮栏和悬挂足够的、明显的警告标示牌，刀闸操作把手不加锁，检修人员也不提出要求。另一方面，检修人员可以随意在开关场行动，检修结束后，不向运行人员交待，不办工作间断或终结手续，就离开现场，运行人员也不闻不问，不遵守《安规》（变电部分）第3.5.3条规定“工作班若继续工作时，应重新履行工作许可手续”，就独自跑回开关场，来到运行中的开关处，未核对设备名称与编号，就进行开关压力释放。事故就是在这种忽视安全、工作松散、各行其是、不负责任的情况下发生。

3. 防范措施

（1）部分停电工作现场，特别是室外开关场的部分停电工作，应严格遵守《安规》（变电部分）第4.5条中“悬挂标示牌和装设遮栏（围栏）”的各项规定，“……工作地点四周装设围栏……围栏上悬挂适当数量的‘止步，高压危险！’标示牌，标示牌应朝向围栏里面”。

（2）严格执行每日收工时的工作间断和终结制度，收工时必须将工作票交回值班员，次日复工时，应得到值班员许可，取回工作票，若无工作负责人或监护人带领，工作人员不得进入工作地点，更无权单独操作设备。

（3）加强检修人员劳动和组织纪律教育，发现检修工作中有遗留问题，应向工作负责人汇报，并组织有关人员共同去处理，工作人员无权单枪匹马的到检修现场私自进行处理或操作。

案例2：安装防误闭锁装置采取措施不当，造成带负荷拉刀闸

1. 事故简况

某电业局××变电站，在进行35kV一台线路刀闸（运行中的设备）分闸位置销子加锁的防误闭锁装置时，因措施不当，仅用棕绳将刀闸杆拴在网门的角钢上，当刀闸销子取出后，由于绳子未拴牢，拉杆掉下，造成带负荷拉刀闸。

2. 事故原因及暴露问题

装设防误闭锁装置，本来是为了防止误操作事故，但在安装防误闭锁装置时，由于采取的安全技术措施不当，用棕绳拴刀闸，还不拴牢，在自身重量作用下拉杆掉下，是发生事故的唯一原因。

3. 防范措施

在安装闭锁装置中，应认真做到以下几点：

（1）严格执行《安规》（变电部分）的“保证安全的组织措施和技术措施”。

（2）各种防误闭锁装置的安装工序步骤、操作程序要事先拟好，认真研究，使所有参与该项工作的检修人员和运行人员都熟练掌握。

（3）防止安装防误闭锁装置时，在取下操作机构的销子后，刀闸会失去控制造成的事故，采取必要的固定或隔离措施。

（4）对安装后的防误闭锁装置进行试验时，要经过现场检修人员的允许，并对作业现场进行周密、细致的检查，确认无异常情况时，在监护人的认真监护下，方可进行操作试验。

案例3：检修人员一人操作，走错方向，带地线合闸造成66kV系统全停

1. 事故简况

1987年12月14日，××发电厂变电班，按事先提交的工作票，组成两个工作组，负责66kV朝东线油开关北刀闸和北母电压互感器清扫的检修任务。运行人员按工作票要求布置安全措施，将原北母运行改为南母线运行。北母停电，在朝东线南、北母刀闸间和北母线分别挂四组地线。变电班技术员赵×带领3名同志负责朝东线北母刀闸的清洁、检修工作。由赵×负责地面监护，当该组在架构上的3人完成了朝东线北母刀闸的清扫任务后，要求地面监护人赵×合上朝东线北母刀闸，进行试验。当时赵×在失去监护的情况下，一人操作，走错方向，既没有看刀闸位置，也没有核对刀闸名称及编号，误将朝东线南母线刀闸合上，造成带地线合闸。

2. 事故原因及暴露问题

（1）监护人严重违反《安规》（变电部分）工作监护制度中“专责监护人不得兼做其他工作”的规定。像这种检修后的刀闸试合工作，本应在监护人的监护下，由检修人员进行。可是监护人却严重失职，在无人监护下，自己去操作。加之安全思想极其麻痹，既没有核对设备配置、名称及编号，也没有与构架上的检修人员联系，是发生这次事故的主要原因。

（2）安全措施不完善，朝东线南刀闸把手上没有挂“禁止合闸”的标示牌，也没有执行《安规》（变电部分）第4.2.3条规定的“隔离开关（刀闸）操作把手应锁住”，给误合提供了条件，是发生事故的重要原因。

事故暴露出领导对防误装置重视不够，有关部门多次提出防误装置不好用，但领导对防误装置长期存在的缺陷没有组织人员及时消除，致使防误闭锁不好用，失去了防误作用，导致事故的发生。

3. 防范措施

（1）监护人必须认真执行工作监护制度，做到尽职尽责，在监护工作中不得兼做其他工作，更不允许在无人监护情况下去进行各种操作。

（2）部分停电工作，必须完善安全措施，按规程规定，该挂标示牌的地方一定要挂好标示牌，数量上应符合规程规定，不得存有丝毫麻痹和侥幸思想。

（3）组织有关人员认真检查防误装置的运行情况，已安装防误闭锁的设备必须保证好用，并经常投入，对存在的缺陷要及时消除，要制定防误装置维护使用制度，防止误操作事故发生。

案例4：放线方法不当，导线带绝缘子压在旁路母线上，母线受力过大立式绝缘子断裂，母线塌落

1. 事故简况

某电力承装公司承担220kV鸡牡线#1塔至某电厂门型构间更换导线工作。

电厂电气车间主任李××签发了第一种工作票，工作负责人张××，成员共6人，其中

2人是承装公司人员，电厂配合4人。工作任务栏填写为：拆装鸡牡线阻波器引线，耦合电容器引线。要求鸡牡线、旁路母线停电并装设接地线。办理完许可工作手续。承装公司参加此项工作实际是5人，由电厂工作负责人张××交待了安全注意事项，并允许工作。电厂工作成员将220kV鸡牡线出口刀闸与旁母刀闸线路侧引线以及耦合电容器引线、阻波器引线拆下。承装公司有2人在门型构上分别将B、C两相导线和悬式绝缘子串整组放下，使B、C两相导线一端连在出线塔上，另一端带绝缘子搭在220kV旁路管母线（A相）上，28个绝缘子中，只有10个悬式绝缘子落地，使旁路管母线线路侧方向受力，当进行放A相导线准备工作时，220kV A相旁路管母线因绝缘子断裂而塌落到架构上，与牡尚甲、乙、牡温线的旁路刀闸（GW6－220型）接触造成这3条线路保护动作跳闸，电厂与系统解列。

2. 事故原因及暴露问题

（1）电力承装公司在更换#1塔到门型构间导线时，放线方法不当，没有从线夹处松开导线，而是带绝缘子串整组放线，使导线带绝缘子压在旁路母线上，受力过大绝缘子断裂，C相母线塌落，是发生事故的直接原因。

（2）电力承装公司虽然制定了鸡牡线线路施工的安全技术措施，但在变电所门型构间施工时，没有与电厂共同进行研究，制定切合现场实际的施工方法并落实相应的安全技术措施，反而沿用带绝缘子串这一施工方法，是发生事故的主要原因。

（3）作业中不认真执行“工作票制度”和“工作监护制度”，工作票中公司作业人员为2人，实际参加作业的是5人，施工中监护人离开施工现场，没有指定能胜任的人员临时代替，使作业失去监护，是发生事故的重要原因。

（4）电厂变电所作业当天，电力承装公司所属局、电厂安监部门及局、厂领导均不知道，说明在安全生产管理上有严重漏洞，对复杂作业缺乏共同把关，防患未然。

3. 防范措施

（1）在变电所内作业时，凡遇有跨越各种导线时必须搭设牢固的跨越架，放线时应尽量减少重量。

（2）在变电所施工时，各施工单位必须主动提出施工的安全技术组织措施，有关单位应对所提出的安全技术组织措施进行全面审核，使之符合现场实际，确保人身和设备安全。

（3）认真填写工作票，施工单位参加作业人员必须提交正式名单和“《安规》考试合格证”，开工前由工作负责人进行安全教育和交代安全注意事项。

（4）监护人必须始终在现场认真监护，若监护人需要离开现场，又没有能胜任的人员代替，工作班人员必须撤离现场，不得在现场工作。

（5）较复杂的施工作业开工前，必须通知有关领导和专业部门，以便在作业现场共同把关，切实保证作业中人身和设备安全。

三、安装防误闭锁装置中发生的事故

案例1：不了解防误闭锁装置性能，引起带地线合闸

1. 事故简况

某供电局××变电站，值班人员在验收10kV防误闭锁装置时，想试验刀闸的灵活

性，由于不了解防误闭锁装置性能，现场检修人员也未及时提醒，因而，在没有拆除刀闸与开关之间接地线的情况下就关闭了网门，一试刀闸，引起带地线合闸，弧光放电造成10kV母线停电。

2. 事故原因及暴露问题

（1）值班人员想试验刀闸的灵活性，但对防误闭锁装置的性能并不了解，现场检修人员又未及时提醒，在没拆除地线的情况下就关闭网门试合刀闸，引起带地线合闸，是发生事故的主要原因。

（2）防误闭锁装置设计考虑不周，如果防误装置考虑了接地线不拆除网门就关不上，刀闸就合不上的话，这次事故是可以避免的。

3. 防范措施

在安装闭锁装置中，应认真做到以下几点：

（1）严格执行《安规》（变电部分）的“保证安全的组织措施和技术措施”，特别应设有专人监护和工作地点应悬挂接地线。

（2）各种防误闭锁装置的安装工序步骤，操作程序要事先拟好，认真研究，使所有参与该项工作的检修人员和运行人员都必须十分熟悉。

（3）对安装后的防误闭锁装置进行试验时，要经过现场检修人员的允许，并对作业现场进行周密、细致的检查，确认无异常情况时，在监护人的认真监护下，方可进行操作试验。

第十章　继电保护工作中事故案例

一、继电工作中人身伤亡事故

案例 1：超越工作票的许可范围，手持改锥伸向带电的电流互感器，触电身亡

1. 事故简况

某供电局 110kV××变电所，#1 主变压器计划停电，进行预防性试验检修及继电保护年度检验工作。停电范围为#1 主变压器及 10kVⅠ段母线，10kVⅡ段母线运行。因此需将Ⅰ、Ⅱ段联络开关（545 小车开关）拉出柜外，并在Ⅰ、Ⅱ段母线通道口设遮栏，挂“止步，高压危险!”标示牌。

545 小车开关拉出，要摇测 545 二次回路绝缘。保护班工作负责人陈××要给工作人员刘××（死者）指明电流互感器接地点。陈××一手托起触头绝缘挡板，一手用手电照在带电的电流互感器二次端子上，以指示接地部位。此时，刘××手持改锥伸向电流互感器，当即触电身亡，在场外的四人受弧光灼烧。

2. 事故原因及暴露问题

（1）工作负责人严重违反了《安规》（变电部分），超越工作票的许可范围，到带电设备上工作，并打开小车开关柜中起保护作用的绝缘挡板，当刘××手持改锥伸向带电的电流互感器，工作负责人没有认真监护，及时提醒和制止其危险动作，不慎触电身亡，是发生事故的主要原因。

（2）没有认真执行保证安全的技术措施，是发生事故的重要原因。保护班所持的“安全措施票”与变电站的许可工作票，在工作内容上不一致，措施票上有 545 联络开关检查的项目，而许可工作票 545 开关一侧停电、一侧带电。没有将运行的Ⅱ段母线全部围死，在Ⅱ段母线侧通道上检修小车开关，“止步，高压危险!”标示牌形同虚设。工作许可人向工作负责人交待停电范围及安全措施时，亦未按票逐项说清。

3. 防范措施

（1）到现场进行继电保护装置检验前，应编制好试验方案，并经技术负责人审批。工作负责人应填写好“安全措施票”，到现场开始工作前，工作负责人应认真查对运行人员所做的安全措施是否符合要求。如有不符之处，严禁凑合进行工作。

（2）对保护装置检验过程中，一定要清楚停电和带电范围，监护人一定要认真执行工作监护制度，并认真做到以身作则，对工作班成员的违反规程的企图或动作及时予以制止，否则就是失职行为，后患无穷。

案例2：工作许可人不尽职尽责，试验人员不熟悉设备，触电身亡

1. 事故简况

某电厂继电班长蒋××布置于××填写第一种工作票："630开关保护定检"。于××将写好的工作票送主任处签发，工作票签发人在备注栏上写明"630开关有电"，提醒工作人员注意。8月31日2时3分，运行班长审查了工作票，并布置安全措施，班长考虑备注栏上有"630开关有电"，还应再注明其他措施，当即让值班员李××填写，李××在"630开关有电"后填上"勿入间隔"四个字。8时30分于××去主控办开工，运行班长派厂用值班员李××办理开工，李××只在主盘上签字，就同意开工。于××到工作地点后，就开始工作。蒋××接试验电流继电器的接线，于××清扫端子排。蒋××看继电器太高（约2.28m）检查不了，就去找凳子，回来后，于××已上到630油开关柜内平台上，蒋××把试验电源放到端子排处，再抬头发现于××已触电，经抢救无效死亡。

2. 事故原因及暴露问题

（1）工作许可人值班员李××违反《安规》（变电部分）第3.3.1条"工作许可人在完成施工现场的安全措施后还应完成以下手续，工作班方可开始工作：

1）会同工作负责人到现场再次检查所做的安全措施，对具体的设备指明实际的隔离措施，证明检修设备确无电压。

2）对工作负责人指明带电设备的位置和注意事项。

3）和工作负责人在工作票上分别确认、签名。

值班员李××在主控室只在工作票上签了名，就算许可开工，没有再次到现场检查安全措施，特别是没指明带电设备位置。同时现场的安全措施也不完善，"630油开关有电"都是在书面上重视，而实际上却忽视了，630开关柜网门未加锁，未挂标示牌，为于××误入带电间隔开了方便之门，是发生事故的主要原因。

（2）工作负责人于××违反《安规》（变电部分）第3.3.1条"工作许可人在完成施工现场的安全措施后还应完成以下手续，工作班方可开始工作"的规定，从主控办完不合格的开工手续后，回头就开始工作，没有向工作人员交待上述规定内容，蒋××虽为试验班长，但对设备并不熟悉，所以，当于××登上630油开关柜内平台时，蒋××毫无不安全的感觉，也没制止，而于××身为工作负责人在无人监护的情况下，登上带电油开关柜内触电，是发生事故的直接原因。

事故暴露出运行单位安全管理差，一次简单作业的开工手续就漏洞百出，为作业人员误入带电间隔提供了方便之门。

3. 防范措施

（1）不论是运行值班人员，还是试验人员都必须认真学习《安规》（变电部分）有关条文，要真正懂得每项条文的真正含义，并在工作中认真贯彻执行。

（2）对工作负责人、工作许可人等的任职资格重新进行审查、考核，对不称职的工作负责人坚决予以调换，绝不能姑息迁就。

（3）所有参加高压设备上工作的人员，都必须学习设备运行方式、接线，要求都能背

画一次系统图，特别是某些专业班组的负责人应该尽快熟悉设备，便于今后安全地工作。

（4）值班人员在办理工作许可手续时，都必须严格按《安规》（变电部分）的规定条文执行。现场的安全措施要做到正确、全面、完善、不出现漏洞。

案例3：不认真执行工作票，工作负责人自行决定扩大工作任务，触电致伤

1. 事故简况

某电业局继电所检修二班工作负责人田××，在××变电所更换35kV #1、#2电容器开关操作机构至端子箱之间的电缆工作中，为了检验端子排编号与电流互感器变比是否对应，自行决定复试电流互感器的变比（工作票中没有此项任务），当他站在35kV电容器开关操作机构箱上，用夹子夹35kV电容器开关电源侧套管时感电，从操作箱上坠落到地面，造成左手手心烧伤和头部划伤。

2. 事故原因及暴露问题

（1）工作票是准许工作人员在电气设备上进行工作的书面命令。工作票签发人将根据工作票上所列的工作任务，详尽签发出保证工作安全进行的组织措施和技术措施。身为工作负责人的田××不认真的向工作班成员宣读工作票和交代安全措施，还自作主张干工作票中没有的工作，所以发生感电，是发生事故的主要原因。

（2）继电所在《继电保护安全措施票》的管理上存在严重漏洞，票中所提的工作任务不明确，所内负责《继电保护安全措施票》的签发人没有及时纠正和补充，致使工作负责人到现场后，自作主张，随便干工作票中没有的项目，是发生事故的重要原因。

3. 防范措施

（1）加强对《继电保护安全措施票》的管理，工作负责人对票中所列项目和内容必须认真填写，并应结合现场实际情况考虑全面，避免到现场后再自作主张，随意增加项目。签发人在签票前应逐条、逐项地进行审阅，对有异议的条款或内容，必须认真地进行讨论、研究和修改。

（2）工作负责人到现场后，开工前必须组织工作班成员列队认真宣读工作票，并与《继电保护安全措施票》对应检查，看《继电保护安全措施票》所列的措施是否全部落实，并符合现场实际无异议后，方可开始进行检定或试验。如工作中需要临时增加工作项目，不得由工作负责人自作主张，应重新填写《继电保护安全措施票》和重新与变电运行值班人员办理工作票，并做好相应的措施后方可进行。

二、继电保护误接线事故

案例1：主变压器差动保护误接线，发生误动作

1. 事故简况

某地区10kV用户发生带负荷拉刀闸事故，致使66kV变电所10kV速断保护动作跳闸，同时主变压器差动保护误动作，一、二次主开关跳闸。

2. 事故原因及暴露问题

(1) 继电人员在检定主变压器差动保护时，没有严格遵守《继电运行规程》第五章第六条中规定的“新投入母差保护或运行中的母差保护回路有变动时，必须检查回路接线的正确性……”误将主变压器差动保护电流平衡线圈接错，试验人员没有查出，送电后，又因变压器所带负荷一直很小，测差电压时，差电压值无法判断接线错误，故在发生穿越性故障时，造成差动保护误动作跳闸，是发生事故的主要原因。

(2) 继电人员技术素质低，在变压器负荷小测差压时，差压不足以判断电流回路接线是否正确时，没有另外采取有效的试验方法进行测量判断，掩盖了错误接线，是发生事故的重要原因。

3. 防范措施

(1) 加强继电人员的工作责任心，严格执行“三检制”，验收工作要全面细致，保护方案要与图纸、保护屏实际接线一致。

(2) 加强继电人员的专业技术培训，提高技术水平。遇有因变压器负荷小，不能用测电流相位和压差判定差动保护接线是否正确时，应用外加一次电流的办法检查其接线和平衡线圈补偿的正确性。

案例 2：电流互感器二次接线错误，引起保护误动

1. 事故简况

某电业局 66kV××变电所 10kV 城内线 A、C 相电流互感器有缺陷。变电工区检修人员进行了更换，继电人员对回路进行检查后送电。城内线送电后，3 天内共发生 4 次误动跳闸。

2. 事故原因及暴露问题

城内线原保护回路接线有错误，将 A 相电流元件接在 N 相回路中，在更换电流互感器之前，没有遵守《继电保护及电网安全自动装置现场工作保安规定》(以下简称为《继电现场保安规定》) 第 3.13 条规定的对原有接线“应查线核对，……检查有无问题……”就进行接线，结果将电流互感器 A、C 两相接成差接线之后，又没有遵守《继电现场保安规定》第 3.16 条规定的“变动一次设备、改动交流二次回路后，均应用负荷电流和工作电压来检验其电流、电压回路接线的正确性”。就将保护投入运行，是发生事故的唯一原因。

3. 防范措施

(1) 更换电流互感器后，对二次回路和电流互感器的极性，应按《继电保护及安全自动装置试验规程》规定进行极性测量和检查。

(2) 更换电流互感器后，还应做一次电流检查，测量各相回路电流或观察继电器动作情况，以判断保护电流回路接线是否正确。

(3) 在线路带负荷后，应用钳型电流表测量电流互感器回路电流，比较各相电流数值，用负荷电流检验保护交流电流回路有无问题。

上述各项试验必须逐一进行，试验中不允许并项、漏项，以杜绝类似事故的重演。

案例 3：不认真执行定值方案，接线错误，线路瞬间故障造成变电所全停

1. 事故简况

某电业局××变电所 220kV 郊拉线 B 相瞬间接地（220kV 郊拉线#115 杆 B 相因鸟筑巢致使该相绝缘子串第 1 片、第 13 片绝缘子闪络）跳闸，重合成功。与此同时，220kV 郊拉线（拉东变侧）零序灵敏Ⅰ段、不灵敏Ⅰ段保护动作，三相开关跳闸，因综合重合闸按省调命令投在“1”位，故未重合，拉东变全停电，10 分钟后拉东变 220kV 郊拉线开关合上，恢复送电。

2. 事故原因及暴露问题

继电人员在保护的回路改线工作中，违反了《继自现场保安规定》第 3.13 条“现场工作应按图纸进行，严禁凭记忆作为工作的依据”；第 3.14 条“修改二次回路接线时，事先必须经过审核，拆动接线前要先与原图核对，接线修改后要与新图核对。”第 3.17 条“继电保护装置调试的定值，必须根据最新整定值通知单进行，先核对通知单与实际设备是否相符及有无审核人签字。”等规定，在现场临时决定停用低压选相元件改线。由于继电人员考虑和处理问题不全面，想得不周到，在断开低压选相元件电压回路的同时，没有把其直流回路接点断开，造成单相故障跳三相，综合重合闸不启动，是发生事故的主要原因和直接原因。

事故暴露出：

（1）继电专业技术管理上还存在漏洞。

（2）继电人员技术素质还应提高。

3. 防范措施

（1）加强继电专业技术管理，凡是保护停用和回路修改，应事先下通知单，并绘制改线图纸，经主管领导批准后执行。

（2）试验工作中，临时发现定值和接线有问题，应做好现场的安全措施，并组织工作组成员认真研究，确定方案，经请示专业领导审批后执行。

（3）回路改线后，还应按照《继自现场保安规定》条文规定，针对改动回路，做回路传动试验。必要时还应模拟各种故障做整组试验，以确认回路改线的正确性。

案例 4：220kV 保护装置误接线，区外故障时误动，引起变电站侧方向高频保护越级跳闸，重合成功

1. 事故简况

事故前运行方式：××地区电网中 220kV 万潭线、渡潭线、虎潭线环网运行。

某电业局 220kV 虎潭线 C 相遭雷击跳闸，重合成功，甲变电站 220kV 嘉金线 212 开关方向高频保护也动作跳闸，重合成功，乙变电站 220kV 嘉金线 212 开关保护启动，未动作出口，开关未跳闸。根据雷电定位系统显示在 220kV 虎潭线#36～#43 杆、#50～#51

杆耐张段内有落雷，检查发现 40 号杆 C 相绝缘子全串雷击闪络。

2. 事故原因及暴露问题

根据 220kV 名变电站相关保护装置及故障录波器录波报告分析：220kV 虎潭线遭雷击 C 相瞬时接地故障，两侧保护动作正确；甲变电站 220kV 嘉金线 212 开关方向高频保护动作跳闸，属于线路区外故障保护误动。经与厂家技术人员共同检查发现：乙变电站嘉金线 212 开关高频闭锁保护屏左边端子排 4D157、4D175 间多出一根短接线，这根短接线正好把 ZFZ— 812 分相操作箱的三跳位置重动继电器 1ZJ 的常开触点 1ZJ2－1 短接，该 1ZJ2－1 常开触点也就是到高频方向保护收发信机停信Ⅲ开入的三跳停信触点。解开 4D157－4D175 短接线后，检查 220kV 嘉金线的甲变电站和乙变电站两侧开关方向高频保护装置本体各项试验及两侧方向高频保护配合试验均正确。

暴露问题：

(1) 由于施工接线人员在乙变电站高频闭锁保护屏左边端子排 4D157—4D175 间错加了一根短接线，造成乙变电站 220kV 嘉金线 212 开关在合位时方向高频主保护收发信机停信Ⅲ有三跳位置停信长期开入（处于高电位），当 220kV 虎潭线故障时，甲变电站 220kV 嘉金线 212 开关方向高频主保护在区外故障时因收不到闭锁信号、误判为区内末端故障而出口跳开关，重合闸动作成功。

(2) 省电力设计院设计的乙变电站高频闭锁保护屏左边端子排安装图上，4D157—4D175 端子间没有这根短接线，是施工单位（省送变电工程公司）施工人员接线错误，引起保护误动。

3. 防范措施

(1) 施工单位二次调试人员和接线人员须提高技术素质。现场施工更改接线，须按省公司设计更改管理规定执行。

(2) 监理单位现场检查、监督能力有待进一步提高。

(3) 有关单位在对新投变电站的 220kV 线路保护高频通道统调试验时，应严格细致，把各项试验内容做仔细、做全，线路两侧调试的人员应加强相互协调，防止今后类似事故的再次发生。

(4) 在基建管理中，新建变电站应增加运行单位全面验收的环节；在竣工验收中，交、验双方认真核对图纸，不放过任何细节。

三、继电保护定值误整定事故

案例 1：电流互感器变比不符，主变压器差动保护误动

1. 事故简况

某电业局发电变主变压器差动保护动作，跳开 10kV、35kV 两侧开关，主变压器停电，经测试和外观检查主变压器无异常，于 1 小时 35 分钟后，主变压器恢复正常运行。

2. 事故原因及暴露问题

(1) 事故的直接起因是 10kV 市区线 58 号杆故障，引起主变压器差动保护误动作，

主变压器停电。

（2）变压器差动保护用的10kV侧电流互感器变比实际为1500/5，而继电人员在整定时却按1000/5整定，错误地补偿了35kV侧，故在市区线#58杆外力破坏短路故障时，造成主变压器差动保护动作跳闸，主变压器停电。继电人员在保护整定后，没有按《继自现场保安规定》第3.17条“继电保护调试的定值，必须根据最新整定值通知单进行，先核对通知单与实际设备是否相符（包括互感器的接线、变比和变化）及有无审核人签字”的规定执行。没有核对电流互感器设备的实际变比，用错误的变比来进行保护整定，结果导致差动保护误动作，是发生事故的主要原因。

事故暴露出继电人员责任心不强，保护整定前没有按规定进行设备核对。

3. 防范措施

（1）继电人员按定值通知单进行保护定值整定前，应与运行人员一起，核对设备的实际情况，看其是否和通知单相符，如发现问题，应立即与上级有关部门联系，及时予以纠正。

（2）继电人员应熟悉和掌握变电设备的实际情况，要加强与运行人员的联系，及时掌握设备变动情况。

（3）继电人员必须增强责任感，要深知自己一时疏忽大意将会造成严重后果，因此，作业时必须认真负责，按继电保护的有关规程进行工作。绝不可图省事、凭记忆来进行继电保护回路工作。

案例2：保护动作时限误整定，造成越级跳闸

1. 事故简况

某电业局××变电所66kV华矿线故障，锦华线西一变侧保护动作，开关跳闸，未重合，定时限信号表示，××变66kV西华线1066备自投合闸。

2. 事故原因及暴露问题

（1）继电人员在进行继电保护装置调试定值时违反《继自现场保安规定》第3.17条“继电保护装置调试的定值必须根据最新定值通知单进行……。”在执行通知单时，缺乏严细作风，误把锦华线西一变侧定时限保护动作时限4.5s，误整定为0.5s，是造成越级跳闸的主要原因和直接原因。

（2）保护定值调试后，没有遵照《继自现场保安规定》第4.1条“现场工作结束前，工作负责人应会同工作人员检查试验记录，整定值是否与通知单相符，试验结论、数据是否完整、正确，经检查无误后才能拆除试验接线。”的规定，《继自现场保安规定》第3.14条“在变动直流二次回路后，应进行相应的传动试验，必要时还应模拟各种故障进行整组试验。”的规定进行试验和周期定检，是造成越级跳闸的重要原因。

事故暴露出：

（1）继电专业人员技术业务素质低，各级继电人员责任制落实不到位。

（2）继电专业技术管理制度不完善，执行不力，保护定检未能按周期完成。

3. 防范措施

(1) 继电保护装置必须按《继电保护及系统自动装置检验条例》的规定周期进行定检。

(2) 保护定检时，应核对通知单和试验结果是否相符。

(3) 保护记录簿填写应参照试验记录、定值通知单进行。

(4) 建立健全各级继电人员安全生产责任制，并认真加以执行。

案例3：220kV变电站主变压器差动保护整定错误，区外故障引起误动跳闸

1. 事故简况

某电力局220kV变电站#1主变压器A套、B套差动保护均动作出口，三侧开关跳闸，#1电容器开关跳闸，110kV、35kV母线失压，并造成110kV甲变电站停电（110kV甲变电站有一段母线年度检修，单线供电）以及110kV乙变电站停电（该变电站正在投产操作中）。

2. 事故原因及暴露问题

#1主变压器保护程序版本升级时，主变压器三侧接线方式与控制字整定值不符，当35kV侧区外故障时，引起主变压器差动保护误动。

暴露问题：

(1) 主变压器保护程序版本升级准备工作不充分，整定过程中对厂家临时传真的版本升级说明研究不透，以至出现了差错。

(2) 在版本升级工作结束后的带负荷试验中，只考虑差流的大小，没有注意差流值的变化。

3. 防范措施

(1) 增加整定专职1名，把保护整定校对工作落到实处。

(2) 带负荷试验工作必须保证足够的负荷，实测差流值必须与历年数据进行对比分析。

四、继电人员工作时误碰保护装置

案例1：继电人员作业不小心，线头碰到保护端子上，线路跳闸

1. 事故简况

某电业局××一次变220kV五哈线开关检修，按省调要求：用旁路开关代送五哈线，但五哈线的振荡解列装置必须投入运行，而旁路开关原设计没有这个回路，考虑到系统需要，临时加装交流电流回路来满足保护的需要，这项工作涉及三个保护盘（五哈线、振荡解列装置和旁路保护盘），在振荡解列端子排第三号端子上接交流电流回路，继电人员在拧M1螺丝时，不慎螺丝掉下，低头找螺丝的瞬间，M1线头突然弹出，碰到相邻下端M2交流电压U_a上，引起220kV五哈线零序保护灵敏一段，不灵敏段动作跳开A相开关

(综合重合闸时间为 2s）在此期间，时通时断，后加速保护动作，重合时间未到，跳开三相开关。

2. 事故原因及暴露问题

（1）继电保护人员在作业时，违反《继电现场保安规定》第 3.5 条“在运行中的二次回路工作时，必须由一人操作，另一人监护，监护人由技术水平和经验较高者担任。”的规定。一个人进行操作，在拧 M1 螺丝时，螺丝掉下，在无人监护的情况下，低头找螺丝，M1 线突然弹出碰到相邻的 M2 端子 U_a 上，造成该线零序动作跳开 A 相开关，是发生事故的主要原因。

（2）在二次回路工作的继电保护人员缺乏严细认真的工作作风，对相邻、前后保护观察不够，思想麻痹大意，当 M1 螺丝掉下时，没有想到会脱落弹出，是发生事故的直接原因。

（3）继电作业的工作负责人，在安排工作时，不能认真执行《继自现场保安规定》中对作业人员的要求，安排人员时考虑不周，是发生事故的重要原因。

事故暴露出继电人员安全思想不牢，对作业中可能发生的事故考虑不周。

3. 防范措施

（1）在运行中的二次回路工作前，要对作业中可能发生的事故进行分析和预想，制定出预防措施，让参加作业的全体继电人员都心中有数。

（2）在运行中的二次回路上作业，必须由两人进行，一人操作，一人进行监护。

（3）在运行中的二次回路上作业，对带电的直流、交流电流、交流电压等端子，根据工作范围、内容，对有可能触、碰的相邻端子要采取遮挡措施，防止作业中误触、误碰。

案例 2：继保人员误碰，导致旁路开关跳闸，主变压器失电事故

1. 事故简况

某供电局修试所综合调试班在 220kV 变电站进行#2 主变压器预试、定检工作。当作业人员雷×执行继电保护安全措施票：“解开#2 主变压器保护至 220kV 旁路#215 开关跳闸线”时，手持的螺丝刀与紧临的旁路控制正电源压片接触，导致运行中的#1 主变压器高压侧 215 号开关跳闸，引起#1 主变压器失电。

2. 事故原因及暴露问题

（1）调试人员任意识薄弱，在工作中采取的安全防范措施不力，危险点分析不到位，对可能发生误碰的重要危险点未采取切实可行的防范措施。

（2）作业人员对作业环境的复杂状况认识不足，技术水平不过硬，未能正确掌握工作过程中的操作技能。现场查勘中工作不细，对双层排列的端子排接线较多、作业过程中易引起误触、误碰的危险点未制定有针对性的防范措施。

（3）在继电保护工作中常用工器具螺丝刀所采取的防护措施不规范：螺丝刀裸露部分近 20mm，绝缘胶带缠绕不满足工作要求。

3. 防范措施

（1）提高各级人员安全意识和责任意识。

（2）从技术上采取有效防范措施。

（3）施工作业严格执行标准化作业程序，完善危险点分析与控制措施，加强事前、事中控制。

案例3：保护人员误碰，造成110kV变电站主变压器差动保护误动

1. 事故简况

某电业局变电工区继电保护班班长（工作负责人）杨×带领工作班成员刘××、樊××，在110kV××变电站#1主变压器保护屏进行消缺时，将试验线误接至#1主变压器差动回路造成差动保护动作，导致××变电站全站失压。

2. 事故原因及暴露问题

变电工区保护人员在处理#1主变压器中压侧复压闭锁过流保护光耦缺陷后，在进行传动试验时，误将试验接线接至#1主变压器差动回路造成。

3. 防范措施

（1）提高各级人员安全意识和责任意识。

（2）从技术上采取有效防范措施。

（3）施工作业严格执行标准化作业程序，完善危险点分析与控制措施，加强事前、事中控制。

案例4：因继保人员误碰跳闸，3座110kV变电站失压

1. 事故简况

某电业局继保班吴×（工作负责人），持电气第二种工作票进行220kV母差保护改造工作中，在拆除220kV母差保护旧屏时，拆开母差跳220kV涵石Ⅰ路273开关出口端子接线后，误碰220kV母差保护屏Ⅰ上的母差跳#2主变压器高压侧27B开关出口端子，造成27B开关跳闸，变电站所带的3个110kV变电站全站失压。

2. 事故原因及暴露问题

（1）现场继保人员在拆除接线时，未逐根可靠包扎，暴露出工作人员不良的工作习惯。

（2）《继电保护安全措施票》和《标准化作业指导书》中对可能导致误动、误碰、误（漏）接线的措施未进行细化，指导性不强。

3. 防范措施

（1）工作负责人切实执行监护职责，确保工作在监护下进行。

（2）切实按照《继电保护安全措施票》的措施开展工作，保证工作可靠。

（3）二次线在核对确认无误后，才可解开并立即进行绝缘包扎。

（4）优化《标准化作业指导书》，对可能导致误动、误碰、误（漏）接线的措施进行细化，达到可操作的要求。

案例5：因继保人员误碰，导致330kV变电站主变压器跳闸

1. 事故简况

某电业局××变电站#3310开关大修。为配合电研所#3310开关耐压试验工作，继保人员（工作班工作负责人高××、工作人员王××）在#3310开关TA端子箱内，将电流回路靠TA侧用短接线进行短接并接地。耐压试验结束后，由继保人员（工作班成员高××）将#3310开关TA端子箱内靠TA侧用短接线拆除。拆除过程中，#1主变压器第二套差动保护动作，三侧开关跳闸，#1主变压器保护屏显示“差动保护出口”。经现场检查，确认系继保人员拆除短接线过程中误碰#1主变压器第二套差动保护电流回路所致。

2. 事故原因及暴露问题

（1）保护人员拆除二次短接线时，未将与运行设备相联系的二次线解开并用绝缘胶布包扎，致使工作中误碰运行中的二次电流端子。

（2）工作负责人（监护人）在工作时失去监护。工作人员未认识到该回路的潜在危险性，不清楚该回路与运行设备的关联。

（3）作业指导书中未对此项工作进行细化说明，管理人员对作业指导书审核不严。保护人员对该项危险点分析不到位，危险点预控措施不全面。

（4）管理人员对保护“三误”重视不够，没有从制度上进行规范。

（5）二次回路拆线、接线工作分别为不同的工作人员，存在交代不清的现象。

3. 防范措施

（1）严格执行各级人员到位标准，切实落实各级管理人员现场安全监督检查制度。各级专业技术管理人员应及时询问现场工作进展情况，发现问题及时给予指导解决。

（2）加强继电保护专业管理，尤其是对保护“三误”事故的预防，提出书面的预防措施。

（3）合理安排检修现场工作人员，确保工作质量，遇有与运行设备相关联的复杂回路的工作，应指派有丰富工作经验的专业人员进行。

（4）对配合一次设备检修的二次回路拆、接线工作应制定专门的危险点分析和预控措施。

（5）拆、接二次回路接线时，必须将与运行设备相联系的二次线全部解开，并用绝缘胶布包扎，以防止类似事故的再次发生。

（6）将330kV变电站老式电流端子更换为防护性能较好的新式电流端子。

五、继电人员错误操作事故

案例1：继电人员试验时误投压板，造成线路跳闸

1. 事故简况

某电业局××变电所主变保护定检，系统运行方式为66kV旁路开关代高磷线开关运

行，主变压器停运进行绝缘试验、继电定检。当继电人员在做主变压器保护传动试验时，误投了主变压器重瓦斯跳旁路开关的压板，造成高磷线开关跳闸。

2. 事故原因及暴露问题

（1）继电人员在作业时，违反《继自现场保安规定》第3.13条“现场工作应按图纸进行，严禁凭记忆作为工作的依据。”的规定，作业时既不看图纸，也不看保护记录；违反第3.5条“在运行中的二次回路上工作时，必须由一人操作，另一人做监护。”的规定，根本无人监护，就一人操作；同时还违反《安规》（变电部分）第10.8条“在全部或部分带电的运行屏（柜）上进行工作时，应将检修设备与运行设备前后以明显标志隔开。”的规定，作业前没有进行标志对照和核对，这些均属继电人员过失，是发生事故的主要原因和直接原因。

（2）变电运行人员在布置安全措施时，违反《安规》（变电部分）第3.2.10.3条之关于“工作现场布置的安全措施是否完善”的规定，忽略了主变压器重瓦斯旁路开关压板，属安全措施漏项，是发生事故的重要原因。

事故暴露出：

（1）变电运行人员现场安全措施做得不完善、不彻底，而继电工作负责人对现场安全措施是否完善、无误检查不认真，漏项未能检查出来。

（2）继电人员工作不认真、不负责任。

3. 防范措施

（1）加强运行管理工作，对特殊部位的特殊标志，运行人员必须正确无误的做好。

（2）继电人员在作业时，必须认真执行《继自现场保安规定》、《安规》（变电部分）等有关规定。

（3）继电人员在专业开工前应做专业安全措施，其中包括打开切主变压器开关之外的开关正电源及跳闸线并取下其压板。

案例2：继电人员擅自操作设备，造成变电所全停

1. 事故简况

某电业局66kV变电所10kV花园线更换电流互感器（10kV开关为手车式）。当继电人员在做电流互感器一次通电测量时，由于用力过猛，误将小车开关推入运行位置，造成三相短路，由于爬弧使10kV母线短路，主变压器后备保护动作切除主变压器两侧开关，造成全所停电事故。

2. 事故原因及暴露问题

继电人员在做电流互感器一次通电测量时，违反《安规》（变电部分）第10.11条“继电保护、安全自动装置及自动化监控系统做传动试验和一次通电或进行直流输电系统功能试验时，应通知运行人员和有关人员，并由工作负责人或由他指派专人到现场监视，方可进行”；第10.17条“检验继电保护、安全自动装置、自动化监控系统和仪表的工作人员，不准对运行中的设备、信号系统、保护压板进行操作，但在取得运行人员许可并在检修工作盘两侧开关把手上采取防误操作措施后，可拉合检修断路器（开关）。”的规定，

没有通知值班人员取得许可，就擅自操作设备，造成短路，保护动作，变电所全停电，是发生事故的主要原因和直接原因。

事故暴露出工作票中所列安全措施不完善，继电工作人员对小车开关结构不清楚，直接将小车开关推入运行位置。

3. 防范措施

(1) 继电工作人员无权操作停电和投运的设备，凡因定检试验需要动用设备时，应联系值班人员进行操作。继电作业的工作负责人必须把住这一关。

(2) 继电作业的工作票或参加检修班的继电作业，都要在工作票上列出继电作业的主要安全措施和安全注意事项。

(3) 继电人员本身要牢固树立“安全第一”的思想，时刻想到自身一举一动涉及电网、设备的安全，切不可粗心大意。

案例3：继电人员误动开关机构，造成10kV系统全停

1. 事故简况

某电业局在××一次变电所进行10kV磐机线继电保护定检结束后，找值班人员配合操作试验，值班员合上主直流后，因工作现场光线不足和主控室距离较远，继电保护工作负责人分配王××、李××合上行灯电源，同时到高压室外和主控室传话联系观察灯窗和警报情况，王××合上行灯电源开关后，走到#2主变压器三次开关处，看到一个铸铁箱上有一个铁帽子，不知是什么东西，就将铁帽子打开，按动脱扣铁杆，造成三次主开关跳闸，10kV系统全停。

2. 事故原因及暴露问题

(1) 工作成员王××在入局时及现场作业一年多的时间里，虽然经过集中安全培训教育，知道不经许可不准乱动设备，但由于好奇心强，忘记了安全纪律要求，在执行传话途中，擅自按动三次主开关脱扣机构，严重违反了《安规》(变电部分) 第10.17条规定的“检验继电保护、安全自动装置、自动化监控系统和仪表的工作人员，不准对运行中的设备、信号系统、保护压板进行操作……。”的规定，造成10kV系统全停，是发生事故的主要原因。

(2) 工作负责人于××，在现场交待安全事项，没有强调不准乱动设备，对王××合行灯电源的行动指令不明确和监护不够，发出传话令后没有监护其行动，严重违反了《安规》(变电部分) 第3.4.1条规定的“……对工作班人员的安全认真监护……”，是发生事故的重要原因。

3. 防范措施

(1) 对新参加工作的人员，应进行严格的安全教育，严肃认真的对待其好奇心，特别强调在工作现场，不允许随意操作工作范围内的其他设备。

(2) 认真执行工作监护制度，特别是新参加工作的人员，必须严格遵守《安规》(变电部分) 第1.4.3条规定的“……下现场参加指定的工作，并且不得单独工作”。

案例4：继电保护人员失误导致开关跳闸

1. 事故简况

某发电厂长平线开关B相跳闸，监控系统反映长平线“直流接地”、“长平线事故”。检查发现：长平线开关0511B相跳闸，跳闸前长平线重合闸停用状态，0511开关B相跳闸后长平线A、C两相运行正常，现场检查保护使用正确、未发现其他告警信号，开关检查操动机构蓄能正常。联系省调同意后于14时12分合上0511B相开关，长平线恢复正常。

2. 事故原因及暴露问题

事故后查明事故原因为继电班在更换母联操作屏工作时，由于长平线切换保护盘跳母联B相开关的电缆中有一根芯线号头脱落（实际电缆号为1EL－111N，号头为134B），为保证回路的正确性，工作人员对这一芯线进行重新对线（在长平线切换保护盘，电缆号为1EL－111N，端子号为1D120），在对线过程中，误将长平线跳本线B相开关的电缆芯线接地（在长平线切换保护盘，电缆号为1E×L－111B，端子号为1D70，号头为134B），使长平线B相开关跳闸线圈通有近110V直流电压，跳闸线圈铁芯动作，造成长平线B相开关跳闸。

暴露问题：

（1）作业现场，作业人员未将运行设备和停电设备做出明显的区分标志。

（2）班组对此次更改工作重视不够，事故时工作负责人临时因其他工作离开工作现场，失去了监护作用，而工作人员对现场停电设备和运行设备不清楚，是导致此次事故的直接原因。

3. 防范措施

（1）在今后的工作中，特别是大型技改作业，工作负责人必须在场，认真履行工作监护制度，杜绝习惯性违章问题，要求各级管理人员不仅要管理到位，更要发现问题，制止违章，帮助现场作业人员解决实际问题。

（2）对运行设备和停电设备做好明显的标志。

（3）针对此次事故暴露出的继电作业人员不熟悉继电保护二次回路，现场安全措施不全等问题，要求现场作业人员严格执行标准化作业，杜绝习惯性违章问题。

（4）结合现场实际加强对新工人的业务培训工作，提高继电保护人员的业务素质及安全意识。

案例5：调试人员工作失误，造成500kV变电站设备跳闸

1. 事故简况

某超高压公司500kV变电站沙昌#2线路保护进行改造工作，变电所运行人员未严格按已制定的标准作业指导书进行操作，简化保护操作步骤，保护人员在拆除沙昌Ⅱ线5033开关旧失灵保护，用万用表测量该连线电位时，误将万用表的欧姆挡作为电压挡使

用，造成失灵保护动作，500kV #2 母线停电。

2. 事故原因及暴露问题

(1) 调试人员在测量失灵启动母差保护连线的电位时，万用表的挡位使用不准确，暴露出工作人员在使用仪器、仪表时，未认真执行规程中关于仪器、仪表使用的有关规定。

(2) 调试人员对失灵保护启动母差保护装置原理上的一些特殊性，理解不够深刻，对保护回路中光隔元件的启动条件未能充分掌握，对其可能造成的后果未加以充分分析。

(3) 500kV #2 母线母差保护（2005 年 1 月 23 日投运）采用光隔输入（光隔靠 8mA 左右电流启动），抗干扰能力差；常规一般采用启动继电器输入方式。4 月 25 日经与××电科院在现场用录波仪监视回路波形，对装置动作现象模拟发现：当直流系统产生直流接地时，大约有 10mA 的接地电流，启动该光隔动作。因此，产生该保护动作的原因为光隔开入的元件配置不合理。

(4) 措施执行不利。

3. 防范措施

(1) 针对本次跳闸，要求工作人员凡在保护盘上进行测量、校对等工作时，必须使用专用高内阻电压表，杜绝类似事件的发生。

(2) 调试人员针对新投入保护的特殊性，制定出相应的技术措施，并加强业务技术培训，不断提高技术水平。

(3) 立即对公司现采用此原理的保护装置进行统计，并通报各相关部门。

(4) 针对此类光隔开入的保护装置，在征得专业主管部门同意后采取继电器开入的措施。

(5) 加强工作人员的安全意识教育，防止在工作过程中产生直流接地现象。

案例 6：安全措施不到位，引起误动跳闸

1. 事故简况

某电业局 220kV 变电站 110kV 母联开关跳闸引起 110kV 正母失电。

2. 事故原因及暴露问题

事故原因：检修工区对 220kV 变电站进行#1 主变压器保护反措改造过程中，保护厂家工作人员在进行#1 主变压器保护二次回路改造焊接线时，未做好电缆、端子排的防烫措施，焊锡滴落到导线上，造成二次回路导线绝缘损伤，相互导通，当试验人员进行#1 主变压器改造后的传动试验时，导致 110kV 母联开关出口跳闸。

暴露问题：

(1) 保护厂家工作人员对保护屏内的焊接工作，现场安全防范措施不完善，没有及时做好电缆、端子排的防烫伤措施。

(2) 检修工区工作危险点分析不足，对外来工作人员的安全知识教育、安全措施交底以及工作中监护工作不到位。

3. 防范措施

(1) 加强对外来工作人员的安全管理，工作前进行安全知识教育、安全措施交底，工

作中加强监护力度。

（2）对保护屏内的焊接、热缩等高温或明火工作，加强危险点分析，采取有效措施防止影响电缆、端子排等设备的安全运行。

（3）工作结束后，应仔细清理工作现场，清除事故隐患。

案例7：线路保护改造时，因压板标识错误导致开关跳闸

1. 事故简况

某超高压公司500kV变电站，顺安#1线5012、5013发生开关跳闸。

2. 原因分析及暴露问题

事故发生时变电站正在进行盘安线保护改造的调试工作，盘安线和顺安#1线同在第三串，5031开关带顺安#1线运行，5032、5033开关在调试状态。调查发现：由于继电保护人员未认真审核图纸及回路，导致压板标识错误（将5032断路器保护屏失灵远跳盘安线的压板标识与失灵远跳顺安#1线的压板标识相互颠倒），致使保护调试人员传动5032开关失灵启动盘安线远跳回路时，远跳顺安#1线顺义侧5012、5013开关。

暴露问题：

（1）工作人员责任心不强，工作不认真，仅凭经验制作压板标识，安装后又未认真校核，埋下事故隐患。

（2）工作人员参加工作时间短，实际工作经验不足。

3. 防范措施

（1）立即对变电站5032断路器保护屏失灵远跳盘安线和失灵远跳顺安#1线的压板标识进行核实、更正，并对本线路所有压板的正确性进行复核。

（2）进一步加强安全意识教育及技术培训，提高工作人员的安全意识、责任感及技术水平。

（3）严肃继电保护工作，工作中必须认真仔细地核对图纸、回路和压板。

第十一章　试验、计量工作中事故案例

一、试验工作中事故案例

案例 1：220kV 少油开关油中有水，潜伏近十个月，没有消除导致开关爆炸

1. 事故简况

某电业局 220kV××变电所主变压器一次开关 B 相瓷套突然爆炸。造成 3 个一次变电所停电，28 个 66kV 变电所全停，总共切除电力电负荷 15 万 kW，少送电 6 万 kW·h。开关瓷套爆炸，碎片飞溅，将其余二相瓷套崩坏不能使用，刀闸瓷柱击坏 2 节，其他设备有轻微伤痕，损坏设备价值 14 万元。因事故停电一化工厂被迫排放氯气，造成 5 人中毒，经抢救恢复健康，化工厂生产损失 4.4 万元。一玻璃厂因停电使玻璃窑停产 6 小时，少生产平板玻璃 2808 箱，损坏生产玻璃纤维的白金锅 2 个。其他遭受停电的工厂，都造成了一定的损失。

2. 事故原因及暴露问题

(1) 发生事故的直接原因是开关油中有水，使提升杆受潮引起局部放电，最后发展到对地绝缘击穿爆炸。

(2) 此开关一年前该局试验所做预试时，已发现这相开关油中有水，耐压仅为 18.8kV，结论为不合格。××变电所将“不合格”的结果分别书面通知修造厂（负责检修单位）与生技科，要求尽快停电处理。修造厂专责工程师韩××接到通知单后，安排开关班班长姜××派人采油样复试，采油样复试结果：耐压为 31.2kV，不合格。但韩××在缺陷处理栏内误写为“油试 42kV”，用电话告诉了变电所和生技科。在 7 月份的两次设备评级期间，××变电所专责工程师多次打电话，并两次亲自到修造厂向韩××要油复试结果，韩告诉说：“合格”，但找不到合格的试验通知单。于是韩××于 11 月份又责成姜××采油样复试，此次试验结果仍不合格。11 月末红旗变电所互查时，××变电所又催要试验通知单，韩××再次派人于 12 月 16 日采样，试验结果合格。实际上，当时天气寒冷，水分结冰，试验结果不能真实反映油中有水，以致这个重大缺陷，一误再误，未及时处理，是造成事故的主要原因。

(3) 设备缺陷与检修管理方面，没有建立起完善的管理制度，对出现的相互扯皮和管理上的漏洞无法制约。这台开关油中有水，运行单位提出尽快处理，而检修单位则反复试验，长期不做处理。绝缘监督，油务监督未坚持正常开展工作。知道这件缺陷的人不少，像开关专责人、变电运行专责人、生技科长等，可是没有一个人认真负责一抓到底，一件重大缺陷，在秋检、××变电所验收以及年终设备定级等活动中被漏掉，掩盖了隐患，是

发生事故的重要原因。

事故暴露出贯彻安全第一方针不力，生产管理混乱，岗位职责不清，上级颁发的各项反事故措施不能认真落实。220kV 一主变压器少油开关油中有水，耐压降至 18.8kV，这样一个重要设备上的重大缺陷，运行单位、检修单位、生产管理部门，上至总工程师、主管生产的副局长都知道，但谁也不去认真查一下是否已真正消除。谁也没有把好关，带有重大缺陷的设备，最后变成了完好设备。

3. 防范措施

(1) 深入发动群众，揭露安全生产管理上的混乱现象，尽快把安全生产管理上的各部门、各级人员的岗位责任制落到实处，明确建立缺陷管理制度。

(2) 认真落实上级颁布的各项反事故措施，本着“举一反三”的精神，查找各类设备隐患，预防和杜绝类似事故的重演。

(3) 加强绝缘油的监督力度，对试验中发现的不合格油，一定要跟踪监督，追踪到具体设备、具体负责处理的班组以及具体负责的人员和处理日期，做到定期到现场进行实际设备考核。如未进行处理，应及时反映到主管领导，必要时应将设备停止运行。

案例 2：高压试验人员纪律松散，不认真做好试验前准备工作，未带试验用的“放电棒”，割一个树枝代替时误触带电引线身亡

1. 事故简况

某电厂高压试验班，班长李××安排组长王××等 5 人去试验 10kV #506 开关。

试验工作没办理工作票，也不在检修工作票之内，到现场后工作负责人王××发现试验人员刘××未来上班。开始做试验前准备时，发现未带电压表，便派陈××去取。接线时又发现未带放电棒，又派胡××去取，胡××不去，反而让王××自己去取，胡××看王××不愿意去，便提出弄根树枝代替，王××表示同意。这时工作班成员刘××赶到工作现场（刘××晚来 1 个多小时，是因为昨天晚上参与打扑克玩到凌晨 1 点多，早 8 点才起床，8 时 50 分到厂前看到劳资员在门口检查考勤，未敢进来，故迟到 2 个小时）。胡××看到刘××什么也没交待，便让刘××去弄个树枝，刘××便拿着电工刀爬上变电站西侧围墙上，割了一个树枝用手拿着，由于距 #502 耦合电容器引线太近，引线对树枝放电，导致刘××感电后从围墙上摔下，抢救无效死亡。

2. 事故原因及暴露问题

(1) 试验人员对 #506 开关进行试验，工作负责人没有严格遵守《安规》（变电部分）第 11.1.1 条规定的“高压试验应填用变电站（发电厂）第一种工作票”。自己不办理工作票，也没有纳入检修工作票之内，致使该项试验工作失去了保证安全组织和技术措施的保障，是发生事故的主要原因。

(2) 纪律松散，试验人员参与打扑克半宿不眠，影响休息，影响精力。不遵守纪律迟到上岗，工作负责人不批评教育、不交代措施，就让其割树枝，是发生事故的重要原因。

(3) 试验前不进行认真的准备工作，根据试验内容和项目要求，应携带齐全试验设备和工具，到现场后临时割树枝代替放电棒，是绝对不能允许的，是发生事故的直接原因。

3. 防范措施

（1）高压试验工作应按《安规》（变电部分）规定填用第一种工作票；在一个电气连接部分同时有检修和试验，可填用一张工作票，但试验工作应得到工作负责人的许可，此时试验人员必须参加现场列队宣读工作票，听工作负责人讲解现场安全措施、工作任务、工作地点、带电设备位置及其他注意事项。试验工作人员此时应视为工作负责人管辖下的一个工作组。

（2）试验工作前应有充分的准备，必须带齐试验仪器、仪表、工具等。这些工作应指定较为熟悉试验的人员来担任，出发之前工作负责人还要亲自检查一遍。

（3）参加高压设备上工作的全体人员，头天晚上必须很好地休息，以便第二天精力充沛，头脑清醒，能精力集中和安全的完成工作任务，防止发生由于人员精神状态不佳而发生人员伤亡和设备事故。

案例3：电流互感器绝缘油试验，发现氢值含量成倍增大，历时9个月未进行处理，互感器内部受潮烧损爆炸

1. 事故简况

某电厂220kV线路A相电流互器爆炸，瓷套碎片沿四周崩出50余米，由于爆炸起火，将其他2台互感器及本线路开关同时烧损，并造成220kV西上母线停电，3条220kV线路跳闸，事故直接损失达20余万元。

2. 事故原因及暴露问题

（1）该电流互感器系某厂70年产品（LCLWD－220型，座式呼吸器），从1983年以来，介损试验一直稳定在0.6%左右。绝缘油色谱试验：氢值为0.075（百分含量）。但1984年12月12日及12月20日两次色谱试验：氢值分别为0.65和0.63，较1983年增加9倍，比标准值0.1增加6倍，化学分场油务班将色谱分析结果，填写试验结果通知单（写有“氢的含量大”，没有具体结论）共8份，分别送给总工程师、负责检修的副总工程师、检修科、运行科、电气分场及绝缘监督等。因为试验结果没有进行综合分析判断，没提出明确结论，没有采取跟踪试验措施，无人过问和组织研究，反映出生产技术管理工作上职责不清、分工不明，是发生事故的主要原因。

（2）事故后对互感器检查发现呼吸器与端盖连接处内部严重锈蚀，胶垫有局部压偏现象，一次线圈端部连接螺丝上有锈迹。这些都说明了互感器绝缘烧损爆炸是由于内部受潮引起的。关于互感器的防雨防潮措施，部、局的《反事故技术措施》中，早有明确规定，并多次在专业会议上、事故通报中再三强调，但该厂对部、局的《反事故技术措施》执行不严肃、不认真，是发生事故的重要原因。

3. 防范措施

（1）对设备绝缘试验和色谱试验要指定专人进行综合分析。试验结果要与历年试验结果对比，与同类型设备的试验结果对比，切实做好综合分析判断，再做出明确结论。发现异常应缩短试验周期，坚持跟踪试验，并及时组织研究，提出处理意见，限期完成。

（2）对上级《反事故技术措施》要认真组织落实，要逐条、逐项、有针对性的一一对照检查，务必做到逐台设备的落实。由于资金、时间影响，暂时落实不了，亦应制定出相应的补充措施，以防事故重演。

案例4：高压试验人员手持带有接地导线的绝缘杆，误碰带电导线造成接地，使主变停电

1. 事故简况

某电业局试验所高压班在220kV××一次变电所进行66kV避雷器试验工作。先试完66kV母线3组避雷器，然后转移到220kV南母线处，进行试验工作。当A、B两相测完后，于11时46分测试C相时，试验人员手持带有接地导线的绝缘杆（5节，4.8m长）想越过避雷器遮栏，由于没注意附近电压互感器上部带电导线，误碰B相带电导线，造成B相接地，#1主变压器差动保护动作，一、二次开关跳闸，三次开关在停位，使#1主变压器停电。

2. 事故原因及暴露问题

（1）发生事故的主要原因是整个试验过程中，严重违反《安规》（变电部分）“工作监护制度”中的各项规定。开始工作时工作负责人没有向工作班成员交待清带电部位；进行测量工作转移时，又无专人监护，所以才发生了手持绝缘杆触碰带电导线。

（2）试验人员在布置试验设备位置时，没有认真遵守《安规》（变电部分）第11.4.5条中规定的“……应选择适当，保持安全距离，以免引线或引线支持物触碰带电部分。”致使绝缘杆误碰B相带电导线，是发生事故的重要原因。

3. 防范措施

（1）对于带电试验电压等级较高且数量很多的避雷器时，应事先拟定好试验方案，详细制定保证安全的技术措施和试验方法、步骤，并经主管生产技术的领导和安监部门批准后进行。

（2）对试验环境较复杂的带电测验工作，必须认真执行“工作监护制度”，设置专责监护人，且监护人应尽职尽责，对试验进行每一步骤都应监护到位，切不可疏忽或失职。

案例5：高压试验人员加压前不通知有关人员离开被试设备，加压过程中检修人员触电致伤

1. 事故简况

某发电厂电气高压试验班做#2主变压器110kV套管介损试验。升压过程中，在变压器顶部工作的检修人员刘××手碰变压器中性点套管触电掉下，头朝下，脚朝上卡在变压器散热器钢架中间，衣服角被铁挂住，幸未落地，刘的右手食指有电弧烧伤痕迹。

2. 事故原因及暴露问题

（1）发生这次事故的主要原因是试验人员严重违反《安规》（变电部分）第11.1.6条“加压前……通知有关人员离开被试设备……。”的规定就加压和升压，造成在变压器上工

作的变电检修人员触电摔下。

(2) 根据《安规》(变电部分) 第 11.1.5 条规定“试验现场应装设遮栏或围栏，遮栏或围栏与试验设备高压部分应有足够的安全距离，向外悬挂‘止步、高压危险!’的标示牌，并派人看守。”可是所有这些保证安全的有效措施均没有认真执行，是发生事故的重要原因。

事故暴露出：由于试验负责人严重失职和试验操作人员违章蛮干，才发生这样一起人身伤亡未遂事故。因此，应举一反三，认真吸取教训，以防止类似事故的再次重演。

3. 防范措施

(1) 认真执行《安规》(变电部分) 第 11.1.5 条和第 11.1.6 条中规定的所有内容，加压前必须由试验负责人对上述规定完全落实后，方可下令开始升压。

(2) 被试设备加压前，应对其他设备连接有关的部位，都派专人看守和监护，并在这些人到位、得到允许“可以加压!”的通知后，试验人员方可开始升压。

案例 6：更换试验仪器的保险后，没看设备上有无人就给电，造成配合试验的人员触电

1. 事故简况

某电业局试验所高压班在 220kV 某变电所进行预试工作。在试验 220kV 二庆乙线电流互感器时，由于是管引线与开关连接，两侧均无法拆头，只是在电流互感器侧将软连接打开测介质损失角，“M”型试验器一通电便有放电声。9 日由检修人员在接头处垫树脂板，由高压班程××、陈××、宁××复测二庆乙线由流互感器介质损失角。测 A 相时干扰特别大，测得电容量和介质损失角均不合格。于是将管引线屏蔽起来进行测试，由陈××上去引屏蔽线，程××操作“M”型试验器，一给电“M”型试验器的保险丝当即烧断，据此判断树脂板没垫好。检修人胡××在下面又找了一块树脂板，让陈××下来，他上去重新垫。胡××系上安全带，开始垫树脂扳。陈××下来后，见程××拿出保险修理，程××换完保险后，没看设备上有没有人就给电，造成胡××感电，右手 5 处烧伤。

2. 事故原因及暴露问题

在测量电流互感器的介质损失角的过程中，由于干扰的影响，测得结果均不合格，再次进行试验时，一给电“M”型试验保险丝就熔断，在反复更换保险丝的过程中，“M”型试验器的操作人员忽略了应认真遵守《安规》(变电部分) 第 11.1.6 条中规定的“加压前……通知所有人员离开被试设备。”因此，也没有看设备上有没有人就给电，造成配合试验的检修人员感电，是发生事故的唯一原因。

3. 防范措施

(1) 在对设备进行高压试验过程中，所使用的试验仪器一旦发生故障，并在试验现场进行检修时，最容易使试验人员精神涣散，因此，当试验仪器修复，试验工作重新开始时，试验负责人一定要认真督促每个试验人员精神集中，注意安全，试验工作从头开始，要严格认真的遵守试验操作规程。

(2) 对设备加压前，一定要严格遵守《安规》(变电部分) 第 11.1.6 条，与配合试验人员、配合检修人员打好招呼，注意安全，防止给设备加压过程中发生感电事故。

案例 7：高压试验加压前未通知配合人员，就按下试验按钮，造成配合试验的人员感电击伤

1. 事故简况

某电业局 35kV 变电所“春检”预试。试验所高压班在试验 35kV 电压互感器 B 相时，“M”型试验器发生故障，当高压班班长李××修复后，交给“M”型试验器的操作人员吴××（徒工），吴××当即按下试验按钮，造成正在 35kV 电压互感器构架上，手拿试验电缆挂钩的马××（徒工）感电，双手被击伤，从 2.4m 高的构架上掉下来。

2. 事故原因及暴露问题

(1)“M”试验器的操作人员吴××严重违反《安规》(变电部分) 第 11.1.6 条规定的“加压前应认真检查试验结线，使用规范的短路线，表计倍率、量程、调压器零位及仪表的开始状态均准正确无误，经确认后，通知所有人员离开被试验设备，并取得试验负责人许可，方可加压。……”在未得到试验负责人许可，未通知配合试验的人员拿好并挂好电缆挂钩的情况下，也未检查“M”型试验器的调压器是否在零位，就按下试验按钮，造成配合试验的人员感电，是发生事故的主要原因。

(2) 高压班班长、试验负责人将“M”型试验器修好后，未将所有调整按钮都调归零位，特别是调压器未调到“零位”就将“M”型试验器交给操作人员，所以，当操作人员按下按钮后，配合试验的人员就发生了感电，是发生事故的重要原因。

(3) 配合试验的人员在配合试验过程中，精神不集中，当“M”型试验器发生故障后，在修理过程中，就忽略了“M”型试验器修好后随时有来电的可能，竟然用手直接拿着试验电缆的导电部分，也是发生事故的重要原因。

3. 防范措施

(1) 在对设备进行高压试验过程中，所使用的试验仪器一旦发生故障，并在试验现场进行检修时，最容易使试验人员精神涣散，因此，当试验仪器修复，试验工作重新开始时，试验负责人一定要认真督促每个试验人员精神集中，注意安全，试验工作从头开始，要严格认真的遵守试验操作规程。

(2) 对设备加压前，一定要严格遵守《安规》(变电部分) 第 11.1.6 条，与配合试验人员、配合检修人员打好招呼，注意安全，防止给设备加压过程中发生感电事故。

二、计量工作中事故案例

案例 1：在电能表校验台上，没拉电源开关又双手同时拆 B、C 两相线夹，触碰线夹金属部分感电死亡

1. 事故简况

某电业局营业科电能表室二班胡×（女、二级电表检验工），在校表台校验三相四线

制电能表，胡×将电能表满负荷、5A负荷及潜动等项目均校验完毕后，在准备拆除电能表试验接线时，胡×忘记将电源开关拉开，就去拆线，用左手握着B相线夹，用右手去拆C相线夹，触碰线夹金属部分，形成380V电压加在两手之间而感电，当即倒下，同室人员发现后，立即组织人工呼吸抢救，并送往医院，抢救无效死亡。

2. 事故原因及暴露问题

（1）电表校验人员在校表过程中，思想分散精力不集中，发生事故的当天上午，想下班后去买香瓜，就曾三次问人“几点钟了?”特别是一听到快要下班了，就严重违反了《电能表校验台工作注意事项》中有关“工作结束后，要拉开电源及不得带电拆除试验线夹”的规定，反而双手同时拆B、C两相线夹，触碰线夹金属部分，是发生事故的主要原因。

（2）对辅助生产部门的安全工作重视不够，该室安全工作存在的问题和劳动纪律松散等问题，领导虽然都知道，但没有得到认真解决和纠正，是发生事故的重要原因。

3. 防范措施

（1）建立健全辅助生产部门各专业工种的安全操作规程和制度，改进工具的不安全部件。如电能表试验用的线夹，应加长绝缘柄的长度或采取绝缘隔离措施，以防触电。

（2）一切电气工器具、电表校验台应有专人负责管理，必须按规程规定进行定期检查试验，保证设备各部绝缘良好，外壳接触良好。

（3）校验电表工作中，校表人员一定要精力集中，严肃认真。对劳动纪律不好或者松弛的班组及个人，各级领导要加强对他们的教育，迅速扭转松散状态，以确保人身和设备安全。

案例2：仪表试验误接线造成主变压器差动保护误动跳闸

1. 事故简况

某电业局计量所景××等3人，在某变电所进行仪表定检。当进行主变压器一次电流表定检时，由于短路B相电流表工作中将端子排接错，造成主变压器差动保护动作跳闸，10时45分变电所全停。

2. 事故原因及暴露问题

（1）工作负责人违反《安规》（变电部分）第3.4.1条“……工作负责人、专责监护人应始终在工作现场，对工作班人员的安全认真监护，及时纠正不安全行为。”的规定。自己本身是监护人，在没指定监护人的情况下，自己去干，而且在工作中，既不看图纸，又不记端子号，光听旁人读端子号蛮干，将短路B相电流表的端子接错是发生事故的主要原因。

（2）工作班成员工作不认真、不负责任，看图纸读错端子号，是发生事故的直接原因。

（3）工作票签发人所签发的工作票中，没有写出此项工作的必要安全措施及安全注意事项，没有把住安全第一关，是发生事故的重要原因。

事故暴露出：

(1) 领导对安全工作抓得不认真、不得力。

(2) 各级人员的安全责任不清，作业中不能各负其责。

3. 防范措施

(1) 作业人员拆开或短接二次回路中的任何接头，各线头处必须做好标签或标记，并记录在册；恢复时逐项核对无误；严禁凭记忆变动或恢复二次回路。

(2) 对交流电压、电流二次回路经作业被断开而恢复接线后，作业人员应等待该一次电力设备送电时观察二次监视测量仪表指示或分别利用工作电压负荷电流分析，测量或检验其相别、相序、极性、接线和量值的正确性，以及是否断路或短路等情况的存在。

(3) 要履行作业人员自行负责制。作业人员既要保证作业质量，还应自行进行有关检验，并向运行人员交待，做好记录，说明注意事项，经值班人员验收合格，方可投入运行。

(4) 对检验工作中发生的任何细小疑问或异常现象，作业人员都应慎重对待，不应轻易放过，更不应盲目行事，必须找出原因，得出合乎理论的正确结论。

(5) 作业中必须严格执行安规中有关“工作监护制度”的规定。

案例 3：电能表试验人员将主变压器差动保护电流互感器短接，造成差动保护误动

1. 事故简况

某电业局××变电所#2 主变压器差动保护 C 相电流互感器二次回路被电能表试验人员误短接，当系统故障时，差动保护误动跳闸。

2. 事故原因及暴露问题

电能表试验人员在拆开电流互感器二次回路线头时，没有认真遵守“必须做好标签做标记”的规定，单凭记忆，所以，在恢复时将主变压器差动保护 C 相电流互感器二次回路误短接，当系统发生故障时，该差动保护误动跳闸，是发生事故的唯一原因。

3. 防范措施

鉴于电能表试验人员在试验工作中，经常遇有涉及到交直流二次回路上的作业，为保护作业和系统的安全，除严格遵守有关“二次回路有关条款”外，还应特别做到以下几点：

(1) 履行作业人员自行负责制。作业人员既要保证作业质量，还应自行进行有关检验，并向值班人员交待，做好记录，说明注意事项，经值班人员验收合格，方可将设备投入运行。

(2) 作业人员拆开或短接二次回路中的任何线头，各线头处必须做好标签或标记，并记录在册；恢复应逐项核对无误；严禁凭记忆变动或恢复有关二次回路。

(3) 对交流电压、电流二次回路经作业被断开而恢复接线后，作业人员应等待该一次电力设备送电时观察有关二次测量表计指示情况，只有在设备、表计运行工况正常后，作业人员方可离开现场。

（4）对检验工作中发生的任何细小疑问或异常现象，作业人员都应慎重对待，不可轻易放过，更不应盲目行事，一定要查出原因，得出正确结论。

案例4：对新建变电所检查验收，不知道变电所已经临时送电，检查互感器铭牌时触电跌伤

1. 事故简况

某电业局电能计量室张××（副班长、47岁），为某耐火材料厂新建10kV变电所做装表的检查验收。在检查工作中，张按常规检查互感器铭牌，登上构架时右手触摸到电流互感器套管上部母线，发生感电。现场其他工作人员发现后立即停电，断开电源。张××从构架上跌落造成轻伤。

2. 事故原因及暴露问题

（1）电能计量室的张××到达工作现场后，没有对工作现场进行充分了解，对现场已经临时送电并不清楚，误认为该变电所是新建变电所，尚未送电，所以就没有遵照《安规》（变电部分）的有关规定，进行停电和做保证安全的技术措施，所以在登构架时发生感电，是发生事故的主要原因。

（2）在新建变电所进行装表的检查验收工作，应严格遵守××电业管理局颁布的《低压安全工作规程》第48条规定的"……工作人员要在用户电气负责人或施工单位电气负责人陪同下进行工作。"可是施工单位并没有人陪同，也未说明设备已带电，就将门打开让张××进去检查，是发生事故的直接原因。

3. 防范措施

（1）进入现场前要充分了解用户设备和现场情况，并严格执行《安规》（变电部分）中的"保证安全的组织和技术措施"。

（2）对于没有经过审核和中间用户一律不予验收挂表。

（3）对用户进行验收接电，一定要在用户电气负责人或施工单位电气负责人的陪同下方可进行工作。

第十二章　调度工作中事故案例

案例1：不严格执行受令复诵制，值班员接令不清，误停线路

1. 事故简况

某电厂丁班值班员林××接地区调度员苏××予通知电话，并做如下记录："黄石二线路有人工作需要停电，切128开关西侧刀闸，合线路地刀，停电时间为今天8时至17时，操作等待地调通知方可执行。"林××将黄石二线停电之事报告了班长和当值值长，并布置填写操作票，为下班做好准备。8时07分，地调苏××通过中调的电话下达黄庙二线停电命令，并讲述了操作步骤，甲班值班员曾××接电话后，没有复诵停电命令，答应操作完再回复电话。由于班长接班后操作（丁班在进行机组并列操作），8时16分，曾××经中调电话转向地调副调度员肖×讲明现在不能操作原因，肖×曾两次提至黄庙，曾××也一次讲到黄石，但由于电话声音小，谁也没发现错误。8时19分，曾××监护，停下黄石二线，直到黄石化工厂2次来电话询问，才发现误停线路。

2. 事故原因及暴露问题

（1）电厂值班员曾××违反《安规》（变电部分）第2.3.1条"倒闸操作必须根据值班调度员或值班负责人的指令，受令人复诵无误后执行。"的规定，接受命令后不复诵、误将黄庙线听为黄石二线，是发生事故的直接原因。

（2）地区调度员苏××违反《安规》（变电部分）第2.3.1条"发布指令应准确、清晰，使用规范的调度术语和设备双重名称，即设备名称和编号。"的规定，发布停电命令时，只用线路名称，没有用编号，也未按《安规》（变电部分）第2.3.1条"倒闸操作"规定要求对方复诵，是发生事故的主要原因。

事故暴露出：

（1）地调与电厂值班员联系业务时不严肃、不认真（从录音记录中发现得知）。

（2）不使用正规操作术语。

3. 防范措施

（1）值班调度员下达操作命令时，必须严格执行《电力系统调度管理规程》、《安规》（变电部分）等规程规定的条款，要使用设备双重编号。

（2）值班调度员下发操作命令时要准确、清晰，并要求对方受令后复诵，值班调度员核对正确无误后，方可执行。

（3）值班人员受令后，要通过复诵，再次核对命令的正确性。同时，对于命令内容不清楚的地方，一定要询问清楚。

（4）调度与值班员进行业务联系时，必须使用正规操作术语，双方都要严肃、认真地进行，不得有与操作无关的对话，操作联系对话，双方都要录音，以便各负其责。

案例2：不严格执行受令复诵制，发、受令不认真，误停线路

1. 事故简况

某县电力公司变电所值班员陈××，接县调度员王××令："10kV 东三 416 线由运行改热备用"。单人值班的陈××思想不集中，接令后在值班记录簿写上"枫镇 416 线由运行改热备用"，并照此复诵，县调王××因去倒开水未听清，录音也未录上"枫镇"二字，发了操作指令。陈进开关室后，错拉了枫镇 413 线后向县调汇报仍为枫镇 416 线由运行改热备用，调度录音清楚，但没有听出有错，而是反问陈："东三 416 线由运行改热备用?"陈回答"咳"。这样就造成了误操作。直到 19 时左右，公司枫桥线路副站长杜××打电话给公司调度要求枫镇线早点送电，才发觉误拉枫镇 413 线开关。

2. 事故原因及暴露问题

（1）县调王××违反《安规》（变电部分）第 2.3.1 条"倒闸操作必须根据值班调度员或值班负责人的指令，受令人复诵无误后执行。发布命令应准确、清晰，使用规范的调度术语和设备双重名称，即设备名称和编号。……发布指令的全过程（包括对方复诵指令）和听取指令的报告时双方都要录音并做好记录。"的规定，王××虽然做了应做的工作，但对对方错误的复诵，没有认真听，没听出错误的地方，事故后还做出涂改录音带等隐瞒事故的行为，是发生事故的主要原因。

（2）枫桥变值班员陈××填错操作命令，走错间隔，误拉开关，事故后隐瞒事故真相，是发生事故的直接原因。

事故暴露出：

调度员、值班员工作责任心不强，调度纪律和规章制度执行不严肃认真。

3. 防范措施

值班调度员必须认真执行电力系统《调度管理规定》和《安规》（变电部分）中有关倒闸操作的各项规定。

案例3：不严格执行受令复诵制，值班员漏停"低压解列装置"造成线路跳闸

1. 事故简况

某电业局 220kV 变电所进行 110kV 北京甲线检修，东母线由运行转检修，调度令停用 110kV 北九线低周减载装置，停用 110kV 北厂甲、乙线低周、低压解列装置，但值班人员只将北厂甲、乙线低周减载装置停用，而没有停低压解列装置，并将北九线低周减载装置压板放在中间位置（标签标的是断开位置，实际该位置是低压解列位置），当拉开 110kV 母联开关时，110kV 低压解列装置动作，北厂甲、乙线、北九线跳闸。

2. 事故原因及暴露问题

（1）调度员在下操作令时，没有对双方所有联系事项——认真记录清楚，下令后没有要求值班员复诵，以致值班员漏停低压解列装置是发生事故的重要原因。

（2）变电所值班员没有认真执行调度令，漏停了低压解列装置，是发生事故的主要原因。

（3）变电运行人员对所停运行设备不清楚，不掌握。

3. 防范措施

（1）值班调度下操作令时，必须按照《安规》（变电部分）第 2.3 条“倒闸操作”中的规定，要求变电运行人员对各项操作令，一字不漏地进行复诵，在运行人员复诵时，调度必须认真听，认真看操作令条文。

（2）加强对变电运行人员的技术培训，让运行人员熟悉维护的设备，特别是各种压板的位置。

（3）运行人员和调度的业务联系必须进行录音，如果录音设备不好使要及时修理或更换，哪一方没有录音，发生事故时哪一方就讲不清，影响对事故进行分析。

案例 4：调度下令含糊不清，值班员错误理解，造成误操作

1. 事故简况

某电业局 220kV 变电所运行值班员张××与局实习调度员谭××电话联系：①继电人员要把 66kV 电机乙线接入低周跳闸回路，请求将低周保护停用。②66kV 西滨乙线变电所侧工作结束，具备送电条件。谭××请示第一调度员后回答：“你干吧，干完告诉我”。张××指挥西滨乙线送电操作，当合上西滨乙线开关时，线路另一端地线没拆除，过流速断保护动作，开关跳闸，造成一起带地线合开关事故。

2. 事故原因及暴露问题

（1）实习调度员谭××在下令时违反《操作票调度术语细则》：一次联系多件事不得含糊，使双方都要逐一明确，并一一落实的规定，对 66kV 西滨乙线送电令和 66kV 电机乙线接入低周跳闸回路，停低周保护令，两个任务没有说清，本应先下电机乙线低周接入跳闸回路停用低周保护的操作令，而西滨乙线值班员只汇报变电所侧具备送电条件，由于调度员没把两个任务说清，是发生误操作事故的主要原因。

（2）变电所值班员在受令时，《操作票调度术语细则》，对调度下达的不明确令，误理解为两个任务都可以执行，是发生事故的直接原因。

（3）实习调度员无权下令指挥操作。

（4）调度和运行人员联系业务时，没有使用调度术语，违反《安规》（变电部分）第 2.3.1 条“发布指令应准确、清晰，使作规范的调度术语和设备双重名称……发布指令的全过程（包括对方复诵指令）和听取指令的报告时双方都要录音并做好记录。”的规定。

3. 防范措施

（1）变电所值班人员要认真理解、掌握逐项令、综合令、指令号的含意，执行调度任务不清楚，不能进行操作。

（2）实习调度员不能指挥系统操作，必须由熟悉业务的调度员指挥动作。

（3）调度员运行人员业务联系时，必须使用调度术语，同时，还必须严格遵守、执行

《安规》、《两票细则中》中有关规定。

案例 5：调度员跳项下令，变电所全停

1. 事故简况

某电业局 220kV 甲变电站 35kVⅡ段母线停电，更换母线支持绝缘子，35kV 乙变电站由甲变电站 35kVⅠ段旁母受北南线电源，通过北碾乙线经外桥带#1、#2 变压器负荷。

甲变 35kVⅡ段母线作业结束恢复送电后，地区调度员按系统票下令："北碾甲线送电，35kVⅠ、Ⅱ段母线分段 30270 开关由备用转运行。"但在北北变未汇报执行情况的条件下，就给碾开变下令："合北碾甲线线路侧 32404 刀闸和拉开外桥 32417 刀闸"。碾变运行人员合 32404 刀闸后，检查发现 B 相刀闸未合好。打开此刀闸时（北北变 30270 开关尚未投入），因切环路电流使 32404 刀闸相间短路。北碾甲、乙线同时跳闸，造成碾开变电所全停电 45 分钟。

2. 事故原因及暴露问题

（1）值班调度员违反《倒闸操作管理制度》中"逐项操作项目必须在接到现场值班负责人上一项操作项目执行完毕的汇报，并记录当时操作人姓名、操作时间后才能下达下一项操作令"的规定，当碾开变值班员在拉开刀闸准备重合 32404 刀闸时，北北变 30270 开关尚未投入。因此，值班调度下达跳项操作命令是发生事故的主要原因。

（2）执行《东电系统操作管理制度》不认真、不严肃。

（3）调度人员对运行方式学习、掌握不够。

（4）现场监督把关不严。

（5）第一调度员没有起到监护作用。

3. 防范措施

（1）坚决杜绝调度并项、跳项等违反规定的现象。

（2）大型、复杂操作，所领导和专工必须到现场，监护调度员的操作，大型或复杂操作必须事先组织调度人员认真学习。

案例 6：调度员未使用操作票，错误调度造成带接地刀闸合闸

1. 事故简况

××地区供电局线路工区对六蔡与蔡霍两条线路在同杆架设的#1 塔处，进行 T 接串联，将原由西山变 188、186 开关供电的 110kV 3 个变电所的供电负荷，倒由××开关站 114 开关供电。

线路 T 接工作及其他工作一并结束后。调度员万××在接到全部工作结束汇报后，未使用操作票，分别下令 110kV 3 个变电所和××开关站拆除六蔡、蔡霍线路上所挂地线，拉开线路侧接地刀闸，将××开关站 114 开关六蔡线转为热备用。在一变电所还没有

拉开六蔡线 1860 接地刀闸、蔡霍线 1880 接地刀闸的情况下，地调就错误下令：××开关站值班员合上 114 开关对线路送电，当即 114 开关距离保护Ⅲ段动作跳闸。

2. 事故原因及暴露问题

调度纪律松懈，值班调度员在恢复送电的调度过程中，不使用操作票，就口头下令进行恢复送电前的一系列操作，以致变电所还没有完全拆除接地刀闸的情况下，调度就下令对线路送电，是发生事故的主要原因和直接原因。

3. 防范措施

（1）值班调度必须严格执行《安规》、《电力系统调度规程》中各项规定。

（2）倒闸操作时必须严格执行操作票，而且每张操作票只能填写一个操作任务。

（3）值班调度员必须将线路停电检修的工作班组数目、工作负责人姓名、工作地点和工作任务记入记事簿。工作结束时，应得到工作负责人（包括用户）的竣工报告，确认所有工作班组均已竣工，地线已拆除，工作人员已全部撤离线路，并与记录簿核对无误后，方可下令拆除发电厂或变电所的安全措施，向线路送电。

（4）要严肃调度值班纪律，值班期间不得做与值班无关的事。

案例 7：误调度，造成带地线合刀闸的恶性误操作事故

1. 事故简况

某供电局调通中心调度室值班员依据设备检修申请票，下令在 10kV 开闭所 10kV 毛冠# 612 开关出线电缆侧挂地线 1 组，许可毛冠# 612 开关柜自动化改造工作可以进行。当值副班在准备恢复操作票时，由于对应恢复的方式不明确，电话询问方式专责，方式专责明确答夏了恢复方式，同时又交代了当天需要进行方式倒换的其他 10kV 线路。导致当值副班理解发生歧义，在填写倒换 10kV 线路典型运行方式的调度指令票时，错误将尚处于检修的 10kV 毛冠线填写进操作任务，当值正班审核也未发现错误，调度下令配网操作队合上毛冠线# 1 杆刀闸时，造成带地线合闸的恶性误操作事故。

2. 事故原因及暴露问题

（1）当值调度员严重违反《安规》和《调规》，未严格审查检修工作票内容，工作中失去监护。

（2）调度体系管理混乱，方式专责对方式票批注不严谨。

（3）配网中心管理不到位，导致配网线路倒闸操作与具有变电性质的开闭所倒闸操作之间脱节，操作未统一协调安排。

3. 防范措施

（1）加强调度员《安规》、《调规》和业务培训。

（2）调通中心方式专责下达给调度室的任务必须以书面的形式通知。

（3）强化配网管理的指导原则，优化配网管理流程，形成对配网操作队与调度联系管理制度。

案例 8：误调度造成 110kV 两个变电站短时停电

1. 事故简况

某局地调在调整系统方式时，调度员想当然认为 220kV 变电站为正常接线方式（正常接线方式：#1、#2 主变压器及 110kV 出线均逢单正母运行、逢双副母运行，而实际运行方式为：#2 主变压器 110kV 开关正母运行，#1 主变压器 110kV 开关副母运行），未核对系统实际运行方式，在运行方式调整时选择错误方案；运行值班人员操作前又未核对系统运行方式和现场 110kV 间隔设备的实际运行方式，11 时 44 分，当操作至龙门变电站 110kV 旁路开关由母联运行改为母联热备用（解环）时，造成 110kV 副母上的门西 1838 线失压。

2. 事故原因及暴露问题

（1）地调当值调度员安全意识不强、缺乏工作责任心，操作前未核对系统运行方式和现场 110kV 间隔设备的实际运行方式，严重违反调度操作管理制度。

（2）变电站值班人员操作前未搞清 110kV 旁路开关（母联运行）解环的操作目的及后果。

（3）地调调度交接班质量不高，对危险点预控措施落实不到位。

3. 防范措施

（1）结合本次事故对现行有关制度、规定进行重新审查和完善。

（2）定期组织调度事故处理原则、制度、规定和系统方式熟悉程度等内容的理论考试和反事故演习。